Photoshop 建筑效果图后期处理技法精讲（第4版）

王梅君◎编著

中国铁道出版社有限公司
CHINA RAILWAY PUBLISHING HOUSE CO., LTD.

内容简介

本书系统、详尽地介绍了使用Photoshop对室内外建筑效果图进行后期处理的方法和技巧。全书共分为20章，第1～第3章介绍了效果图后期处理的必备知识和Photoshop在建筑表现应用中的常用工具和命令；第4～第9章介绍了常用纹理贴图的制作、效果图的色彩和光效处理、效果图缺陷补救、配景素材的使用及处理方法、效果图的艺术处理、如何收集自己的配景素材库；第10～第20章介绍了欧式客厅、酒店大堂、室内彩平、别墅、住宅小区、仿古建筑、夜景、鸟瞰雪景、建筑立面、平面规划等效果图的后期处理，以及效果图的打印输出等内容。

配套资源中提供了书中实例的源文件和素材文件，以及演示实例制作过程的语音视频教学文件。

本书不仅适合作为室内外设计人员的参考手册，也可作为大中专院校和培训机构建筑设计、室内设计及其相关专业的教材。

图书在版编目（CIP）数据

Photoshop 建筑效果图后期处理技法精讲 / 王梅君编著 .—4 版 .—北京：中国铁道出版社有限公司，2019.11

ISBN 978-7-113-26211-2

Ⅰ．① P… Ⅱ．①王… Ⅲ．①建筑设计－计算机辅助设计－应用软件 Ⅳ.①TU201.4

中国版本图书馆 CIP 数据核字（2019）第 190871 号

书　　名： Photoshop建筑效果图后期处理技法精讲（第4版）
作　　者： 王梅君

责任编辑： 于先军　　**读者热线电话：** 010-63560056
责任印制： 赵星辰　　**封面设计：** 郑春鹏

出版发行： 中国铁道出版社有限公司（100054，北京市西城区右安门西街8号）
印　　刷： 北京米开朗优威印刷有限责任公司
版　　次： 2019年11月第4版　2019年11月第1次印刷
开　　本： 787 mm×1 092 mm　1/16　**印张：** 20.5　**字数：** 500千
书　　号： ISBN 978-7-113-26211-2
定　　价： 88.00元

配套资源下载地址：
http://www.m.crphdm.com/2019/0611/14100.shtml

前言

Photoshop软件是由Adobe公司推出的图像处理软件，相信很多人在处理静止图像时会优先选择Photoshop。Photoshop软件丰富的功能为图像处理工作者提供了很大的发挥空间。建筑效果图的一般制作流程是，首先用3ds Max或AutoCAD软件进行建模和渲染，然后在Photoshop软件中进行颜色调整、明暗处理及修复不理想区域等，使效果图更接近完工后的实际效果。在建筑物真实感的表现效果上，很少能有软件与Photoshop媲美。

一张效果图是否真正称得上“精品”，不仅与制作者对Photoshop等软件的熟悉程度、设计作品本身质量等因素有关，更与制作者的专业素养及美术修养有关。因此，读者要多补充一下这方面的知识并进行相应的训练。这样，做出的效果图就会上升一个台阶，而且客户也更容易与设计师交流沟通，更能领悟并表现设计的精华所在。

本书以室内外效果图后期处理为主线，以Photoshop 2018版本为主要工具，详尽地介绍了处理室内外效果图的常用技术及操作技巧。另外，在组织书稿内容时，还充分考虑了初学者的学习需要，在本书的前半部分精心安排了很多非常实用的基础内容，包括电脑建筑效果图方面的基础知识、Photoshop的重要概念、Photoshop工具的灵活运用、制作纹理贴图、配景素材的使用及处理方法、效果图的色彩和光效处理、补救缺陷的效果图等。这部分内容把工具的使用方法和技巧及小例子穿插在一起进行讲解，学起来不会感到枯燥。建议初学者要仔细阅读这一部分的内容。从第10章开始，结合商业实例讲述了室内外效果图后期处理工作中的各个方面，在实例中渗透讲解一些方便实用的小技巧、小方法，能使读者在学习实例制作的过程中积累一些必备的实战经验。

另外，为了方便读者的学习，本书还提供了配套资源，收录了书中实例的素材与效果图文件，供读者学习使用。同时还把书中的大型实例操作都制作成视频教学录像，方便读者观看学习。

本书不仅适合作为室内外设计人员的参考手册，也可作为大中专院校和培训机构建筑设计、室内设计及其相关专业的学习教材。

本书第3版出版后，受到读者的喜爱和欢迎。为此，我们针对建筑设计需求，吸收借鉴图像处理软件尤其是Photoshop软件的功能升级，结合自己的经验体会，在第3版基础上进行修改补充，力求能够反映当下建筑效果图制作的发展水平。在编写的过程中，虽然我们始终坚持严谨、求实的作风，但由于水平有限，不足之处在所难免，敬请读者、专业人士和同行批评、指正，我们将诚恳地接受您的意见，并在以后推出的图书中不断改进。

编　者

2019年9月

目 录

第 1 章　建筑效果图后期处理知识

第 2 章　Photoshop 建筑表现应用

第 5 章 效果图的色彩和光效处理

第 6 章 效果图缺陷补救

第 14 章 居民楼效果图的后期处理

第 15 章 中式古建效果图的后期处理

第 16 章 夜景效果图后期处理

第 17 章 鸟瞰效果图的后期处理

第 18 章 制作建筑立面图

第 19 章 平面规划图的制作与表现

第 20 章 效果图的打印输出

第1章 建筑效果图后期处理知识

本章内容

- 什么是电脑建筑效果图
- 电脑建筑效果图的特点
- 电脑建筑效果图与手绘图的区别与联系
- 电脑建筑效果图的用途
- Photoshop后期处理的作用
- 为什么用Photoshop软件进行效果图后期处理
- Photoshop在建筑表现中的应用
- 效果图后期处理的基本流程

随着计算机技术的不断发展，计算机正被广泛应用于各个领域。日常使用的计算机称为电脑，运用电脑进行室内设计、绘制建筑效果图已被人们广泛采用。在绘图效率方面，电脑设计所具有的表现速度快、色彩丰富等优势，是手绘所无法比拟的，要是能在电脑设计表现中融入艺术的成分，将会更好地表现设计师的创意。

本章将主要介绍一些关于建筑效果图及效果图后期处理方面的基本知识，如什么是电脑建筑效果图，电脑建筑效果图的用途、特色、优势，以及用Photoshop软件进行效果图后期处理的基本流程等。首先了解什么是电脑建筑效果图。

1.1 什么是电脑建筑效果图

所谓电脑建筑效果图就是在建筑、装饰进行施工之前，设计师根据施工图纸，以电脑作为工具绘制的施工后的实际效果图，非常真实和直观，让大家能够一目了然地看到施工后的实际效果。

在20世纪90年代末期，电脑逐渐代替了传统的手绘，3ds Max也慢慢地走入了设计领域，3D技术不仅可以做到精确的表达，而且可以做到高仿真，在建筑设计方面表现得尤为出色。在建筑方面电脑不仅仅可以帮我们把设计稿件中的建筑模拟出来，还可以添加人、车、树、建筑配景，甚至白天和黑夜的灯光变化也能很详细地模拟出来。通过模拟这些建筑及周边环境生成的图片称为建筑效果图，如图1-1所示。

图1-1　根据设计意图制作出的效果图

1.2　电脑建筑效果图的特点

电脑辅助设计建筑效果图，即电脑建筑效果图，是艺术与技术相结合的产物，利用AutoCAD、3ds Max、ZBrush、SketchUp、Photoshop等软件设计制作三维建筑效果图，在模型处理、材质质感、灯光效果、画面整体效果等方面具有方便快捷、易于修改等十分明显的优势。

电脑建筑效果图不仅是建筑师了解自己所设计建筑空间体量的一个重要依据，也是业主理解建筑师设计的一个重要途径。如图1-2所示为用电脑绘制的室内家居效果图和室外建筑楼体效果图。可以这么说，电脑表现是建筑效果图表现的一个重要手段，是艺术与技术的完美结合。

图1-2　电脑绘制的效果图

电脑建筑效果图的特点如下。

- 简洁明了：一方面制作出的效果图能够很准确地再现设计者的设计意图，而且尺寸绝对与实际场景尺寸相吻合；另一方面，拉近了业主与设计师的距离，利于业主与设计师之间的沟通。另外，其制作周期短，设计师可以根据具体情况详细制订绘制目标，更为简洁、方便。
- 容易修改：如果方案需要修改，制作人员无须重新制作，只要在原场景文件的基础上直接进行部分修改即可。这样就大大缩短了建筑设计效果图的制作周期。
- 效果表现丰富：电脑建筑效果图能表达出照片级的真实感效果，反映真实工程效果等。
- 易存储，易传输：使用电脑制作的效果图，不仅可以方便保存，还可以利用网络进行快速传输，打破了地域限制，节约了成本。

电脑建筑效果图以其多视角的模型、逼真的效果、真实的环境及对复杂细部的表现，吸引了设计师和用户。随着电脑软、硬件的发展，电脑效果图越来越显露出其优越性，日益成为设计师构思和完善建筑设计的得力助手。

1.3　电脑建筑效果图与手绘图的区别与联系

在商业领域中，建筑效果图通常使用电脑效果图和手绘效果图来表现，二者的区别是绘制工具不同，表现风格不同。电脑建筑效果图类似于照片，可以逼真地模拟建筑及其设计建成后的效果。手绘图除了真实地表现建成效果外，更能体现设计风格和画的艺术性。在设计过程中，这二者可以互相借鉴，互相融合。

电脑建筑效果图是设计师通过电脑制作，利用专业的设计软件绘制而成，其中包含CAD辅助设计，3ds Max建模设计，VRay渲染出效果图，最终通过Photoshop对效果图进行处理制作而成。当然，设计软件还有很多……配合电脑的一些制作可以表现出设计师在设计项目实现前的一种理想状态下的效果。图1-3所示为电脑建筑表现效果。

图1-3　电脑建筑效果图

手绘效果图是设计师依靠长期锻炼出来的功底利用画笔来表现出的一个装修概况，手绘效果图需要比较扎实的绘画功底，才能够让设计意图表现得栩栩如生。图1-4所示为建筑速写效果。

图1-4　建筑速写效果

效果图通常可以理解为是对设计者的设计意图和构思进行形象化再现的形式。现在见到的多是手绘效果图和电脑效果图。

不管是手绘效果图还是电脑设计效果图，最基本的要求就是：应该符合事物的本身尺寸，不能为了美观而使用效果把相关模型的尺寸改变，那样的效果图不但不能起到表现设计的作用，反而成为影响设计的一个因素。

1.4 电脑建筑效果图的用途

在建筑设计的构思阶段往往离不开对建筑平面关系、立面关系和剖面关系的反复推敲和分析。在这个过程中，对建筑立体形象效果的研究和评价往往有很重要的作用。

制作效果图的目的就是为了提前预览建成后的效果，从而避免建设中的实物修改。电脑建筑效果图的用途大致可以分为两类，即为了表现真实效果图的商业类效果图和为了辅助设计、体现设计构想的艺术类效果图。图1-5所示为根据房地产商的要求设计制作的建筑效果图。后一种用途的需求者大多是设计师和业主，他们要求效果图可以更深层次地在图面上体现设计的风格，从而能看到并未建成的建筑的视觉效果。电脑建筑效果图可以很容易做到这点，利用电脑可制作出照片般的渲染效果，如图1-6所示。

图1-5　商业类电脑建筑效果图

图1-6　电脑建筑效果图的表现效果

1.5 Photoshop后期处理的作用

Photoshop是建筑表现中后期处理很重要的工具之一，模型是骨骼，渲染是皮肤，而后期就是服饰，一张图的好与坏和后期有着很直接的关系。

从电脑效果图的制作流程可以看出，Photoshop的后期处理在整个建筑效果图中起着非常重要的作用，三维软件所做的工作只不过是提供给设计师一个可供Photoshop修改的“毛坯”，只有经过Photoshop的处理后，才能得到一个真实逼真的场景，因此它绝不亚于前期的建模工作。

室内效果图的后期相对简单些，一般是对各个物体的颜色明度进行调节，根据场景进行添加植物、人物、装饰物等，效果如图1-7所示。

图1-7 室内效果图处理前后效果对比

室外效果图处理的工作量相对来说就要大一些，主要是添加各种相应的配景，比如树木、花草、车、人等，以此来丰富画面的内容，使其更加接近于现实，效果如图1-8所示。

图1-8 室外效果图处理前后效果对比

由于后期处理是效果图制作过程的最后一个步骤，所以它的成功与否直接关系到整个效果图的成败，它要求操作人员不仅要有高超的建模和渲染能力，最主要的还应该有过硬的后期处理能力，能把握住作品的整体灵魂。总结Photoshop在建筑效果图后期处理中的具体应用，其作用如下。

（1）调整图像的色彩和色调

调整图像的色彩和色调，主要是指使用Photoshop的【亮度/对比度】、【色相/饱和度】、【曲线】、【色彩平衡】等色彩调整命令对图像进行调整，以得到图像更加清晰、颜色色调更为协调的图像。

（2）修改效果图的缺陷

当制作的场景过于复杂、灯光众多时，渲染得到的效果图难免会出现一些小的瑕疵或错误，如果再返回3ds Max中重新调整，既费时又费力。这时可以发挥Photoshop的特长，使用修复工具及颜色调整命令，轻松修复模型的缺陷。

（3）添加配景

添加配景就是根据场景的实际情况，添加上一些合适的树木、人物、天空等真实的素材。前面介绍过，3ds Max渲染输出的场景单调、生硬、缺少层次和变化，只有为其加入了合适的真实世界的配景，效果图才有生命力和感染力。

（4）制作特殊效果

比如，制作光晕、阳光照射效果，绘制喷泉，将效果图处理成雨景、雪景等效果，以满足一些特殊效果图的需求。

 1.6 为什么用Photoshop软件进行效果图后期处理

制作效果图时，前期的模型创建与灯光材质以及渲染是Photoshop无法完成的，这些工作需要在三维软件中完成，在建筑行业中最常用的三维软件就是3ds Max。而三维软件在处理效果图的环境氛围和制作真实的配景方面又有些力不从心，但是使用Photoshop就可以轻松地完成此类任务。因此设计师一般都是将从3ds Max中渲染输出的建筑场景放到Photoshop软件中，用Photoshop最基本的工具将配景素材与渲染输出的建筑场景轻松合成，例如天空、草地、树木和人物等素材都可以直接使用Photoshop进行处理。这个后加工的过程就是效果图后期处理，Photoshop就是后期处理最常用的软件之一。如图1-9所示为渲染图进行后期处理前后的对比效果。

图1-9　用Photoshop处理前后的图像对比

另外，使用Photoshop软件还可以轻松地调整画面的整体色调，从而把握整体画面的协调性，使场景看起来更加真实，如图1-10所示。巧妙地应用Photoshop还可以轻松地创作出令人陶醉的意境，如图1-11所示。

对于设计师来说，如果把效果图的后期处理这个环节把握好了，将会使用户的作品锦上添花，更加具有魅力和感染力。

图1-10　调整为单一色调的建筑效果图

图1-11　轻松地创作出令人陶醉的意境

 1.7 Photoshop在建筑表现中的应用

自从电脑辅助设计工具在建筑设计领域中被普遍应用后，Photoshop就一直备受设计师的

青睐。今天Photoshop已经成为创作建筑效果图的有力工具。用电脑绘制的建筑效果图越来越多地出现在各种设计方案的竞标、汇报，以及房产商的广告中，成为设计师展现自己作品、吸引业主和获取设计项目的重要手段。

今天Photoshop在建筑表现中的应用，大致可以分为4个方面：室内彩色平面图的制作、彩色总平面图的制作、建筑立面图的制作和建筑效果图的制作。

1.7.1　室内彩色平面图

随着经济的飞速发展，房地产业异常火爆。新楼盘开发，新的居住方式与新的户型层出不穷，这一切都需要通过户型图来向人们展示。如图1-12所示为AutoCAD绘制的户型图，它表现出了整套户型的结构，还标示了各房间家具的摆放位置，缺点是过于抽象，不够直观。

图1-13是使用Photoshop软件在图1-12的基础上进行加工处理的结果，不同功能的房间采用不同的图案进行填充，并添加了许多带有三维效果的家具模块，如床、沙发、椅子、桌子等，由于它是形象、生动的彩色图像，因而效果逼真，极具视觉冲击力。

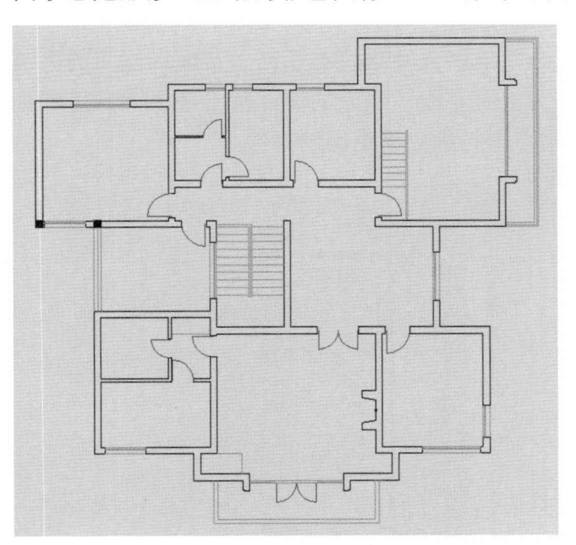

图1-12　AutoCAD绘制的户型图

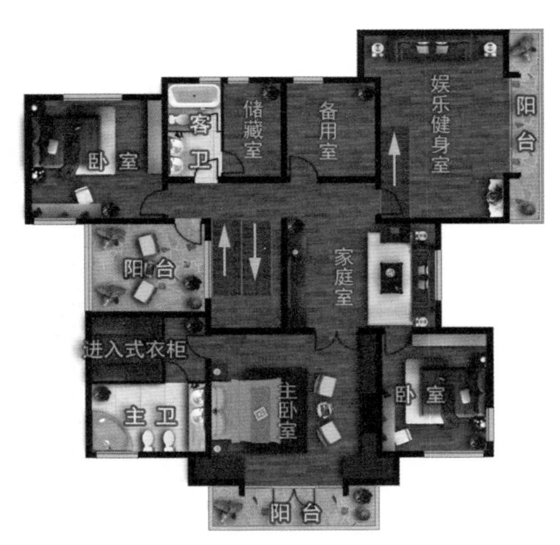

图1-13　Photoshop制作的彩色户型图

1.7.2　彩色总平面图

总平面图，是指新建工程四周一定范围内新建或拟建的建筑物或构筑物连同其周围的地形、地物状况用水平投影方法和相应的图例所画出的图样。如图1-14所示为某住宅小区总平面图。

总平面图一般是使用AutoCAD进行绘制，由于使用了大量的建筑专业图例符号，因此非建筑专业人员一般很难看懂。而如果在Photoshop中进行填色，添加相应的树、水、建筑小品等图形模块，总平面图就会立刻变得形象、生动、浅显易懂起来，这样就可以大大方便设计师和客户之间的交流，如图1-15所示。

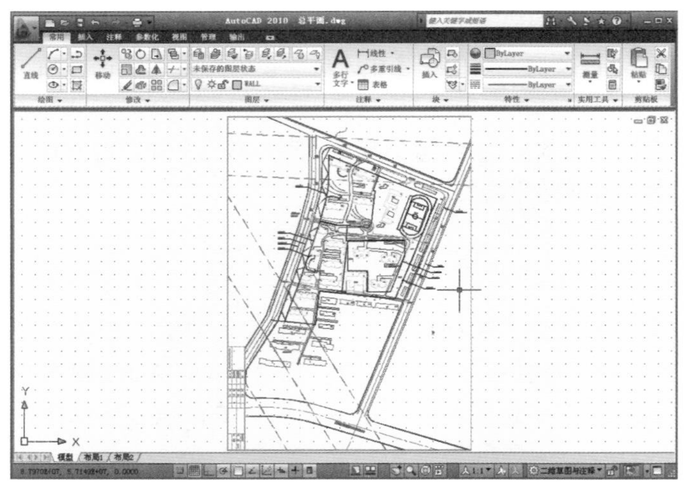

图1-14　AutoCAD绘制的住宅小区总平面图

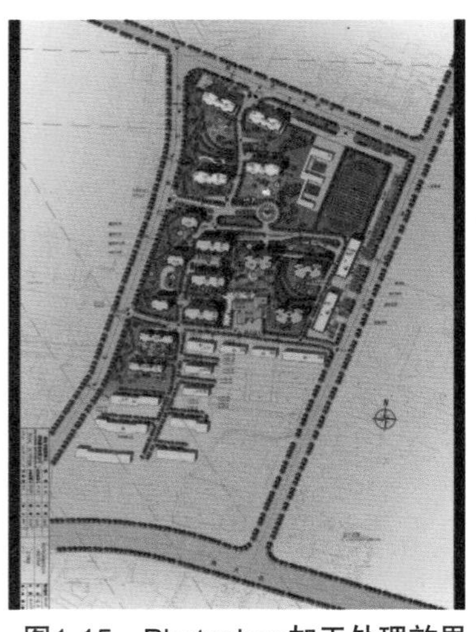

图1-15　Photoshop加工处理效果

1.7.3　建筑立面图

与总平面图不同，建筑立面图主要用于表现一幢或某几幢建筑的正面、背面或侧面的建筑效果。传统的建筑立面图都是以单一的颜色填充为主要手段，今天的设计师已经不再满足那种简单生硬的表达方式了，如图1-16所示的效果为当今流行的立面图绘制方法。

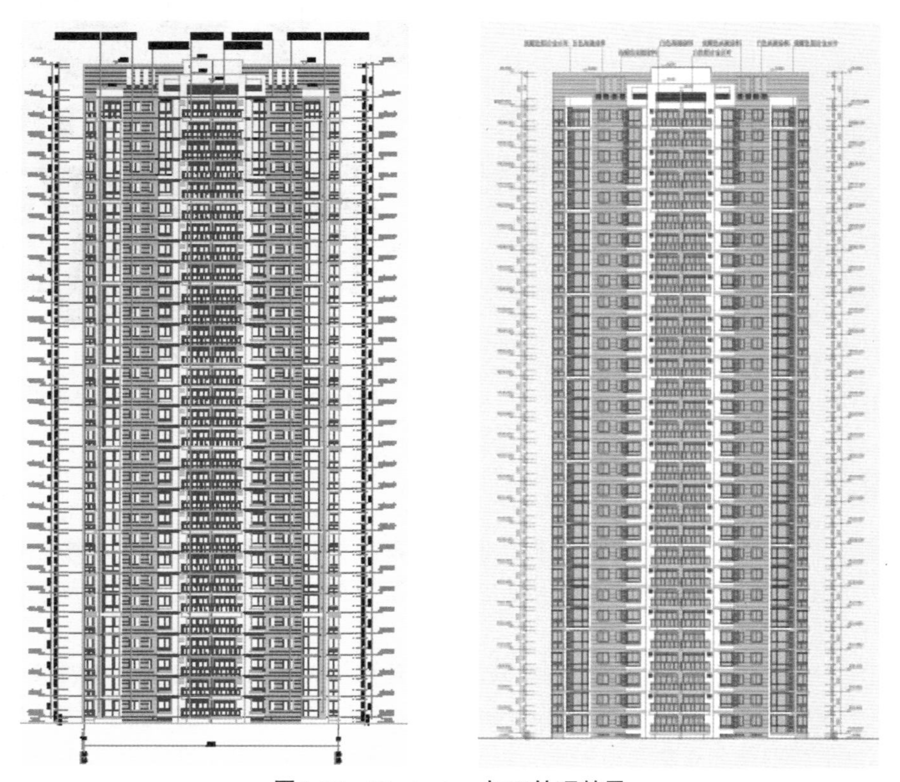

图1-16　Photoshop加工处理效果

1.7.4　建筑效果图

建筑效果图一般是指电脑建筑效果图，是通过三维软件来进行模型创建，然后使用Photoshop来进行后期处理制作的。建筑效果图分为两种，一种是表现室内装饰装潢效果的室内效果图，如图1-17所示，另一种是表现建筑外观的室外效果图，如图1-18所示。

图1-17　表现室内装饰装潢效果图的室内效果图

图1-18　表现建筑外观的室外效果图

1.8　效果图后期处理的基本流程

本节将通过一幅室内效果图的后期制作过程来了解效果图后期处理的基本流程。

首先来看一下需要改进的效果图，如图1-19所示。

图1-19　场景效果

观察渲染输出的图片，不难看出有以下几点毛病。

（1）画面偏暗，整体偏灰。

（2）灯光的光晕效果没出来。

（3）画面整体关系不明朗。

画面偏灰可以说是很多人遇到的难题。灰是一种明暗关系，偏灰偏暗是由于画面的黑白灰层次关系没有拉开导致的。不同的色彩之间也存在着对比度，这也是色彩给人的视觉印象。所以，解决画面的灰暗问题，首先要解决的就是画面的明暗关系，明暗关系处理好了，画面的层次自然而然就清晰明了了。这就需要使用Photoshop来调节该图的亮度和对比度。

后期处理练习

Step 1 启动Photoshop 2018，按【Ctrl+O】组合键，打开“素材和源文件”\“第1章”\“卧室.jpg”文件。

Step 2 将背景图层复制一层。按【Ctrl+M】组合键，打开【曲线】对话框，调整参数如图1-20所示。

Step 3 接着再单击【图像】|【调整】|【色相/饱和度】命令，打开【色相/饱和度】对话框，提高图像的饱和度，如图1-21所示。

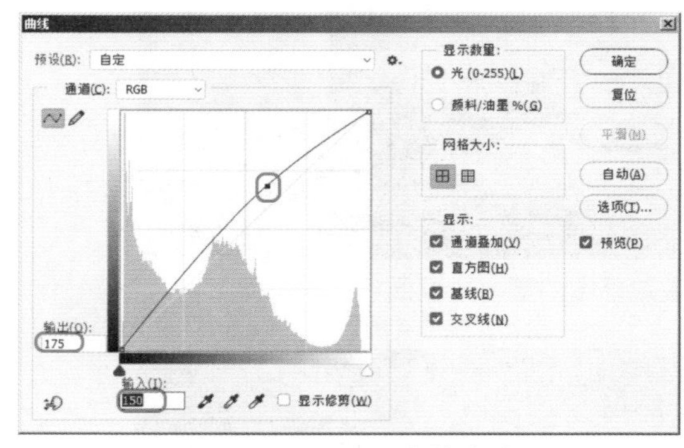

图1-20 调整图像的亮度

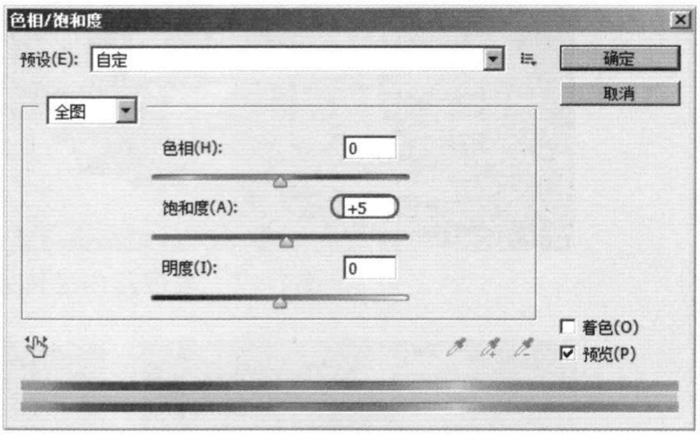

图1-21 提高图像的饱和度

技巧

在效果图后期处理过程中，【曲线】和【亮度/对比度】是使用比较频繁的命令，可以很方便、简单地修改图像的整体效果。

Step 4 经过前两步调整后的效果，如图1-22所示。

下面对场景的部分区域进行单独调整，在处理之前先调入场景的渲染通道。

Step 5 打开“素材和源文件”\“第1章”\“通道.jpg”文件，然后在按住【Shift】键的同时将其拖入“卧室”场景中，将其所在图层命名为“通道”。

Step 6 确认“通道”图层为当前图层，使用（魔棒工具）在图像中单击代表地面的部分区域创建选区，如图1-23所示。

图1-22 初步调节后的效果

图1-23 创建选区效果

Step 7 将“通道”图层隐藏，返回“背景 副本”图层，按【Ctrl+J】键，把选区从图像中单独复制一个图层，将复制后的图层命名为“地面”。

Step 8 单击【图像】|【调整】|【亮度/对比度】命令，在弹出的对话框中设置各项参数，如图1-24所示。执行上述操作后，图像效果如图1-25所示。

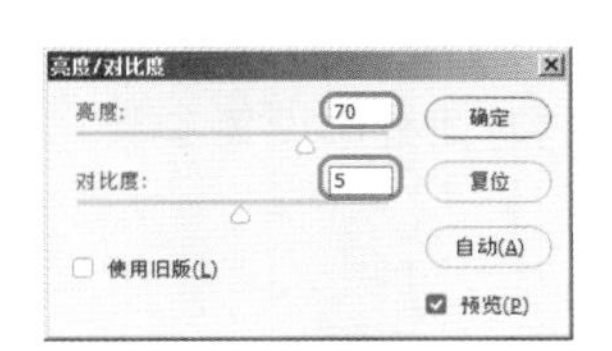

图1-24　参数设置

图1-25　调整效果

Step 9 使用同样的方法将地毯部分复制为一个单独的图层，并单击【图像】|【调整】|【亮度/对比度】命令，设置“亮度”为40，效果如图1-26所示。

Step 10 将窗帘部分复制为一个单独的图层，并使用【亮度/对比度】命令进行调整，效果如图1-27所示。

图1-26　调整效果

图1-27　参数设置及图像效果

接下来为卧室场景中的吊灯和筒灯制作发光效果。

Step 11 打开“素材和源文件”\“第1章”\“光晕.psd”文件，如图1-28所示。

Step 12 使用（移动工具）将光晕拖入正在处理的卧室场景中，并更改其混合模式为“滤色”，然后调整它的大小后将其移动放置在如图1-29所示的位置。

Step 13 将光晕移动复制多个，分别放置在所有光源的位置，并根据透视关系随时调整光晕的大小。编辑后的效果如图1-30所示。

图1-28　光晕文件

图1-29　调入光晕效果

图1-30　编辑光晕效果

最后对图像做整体调整。

Step 14 回到【图层】面板的对顶层（“通道”图层除外），按【Alt+Ctrl+Shift+E】组合键盖印图层，单击【图层】｜【调整】｜【色阶】命令，在弹出的对话框中设置参数，如图1-31所示。

执行上述操作后，得到卧室的最终效果如图1-32所示。

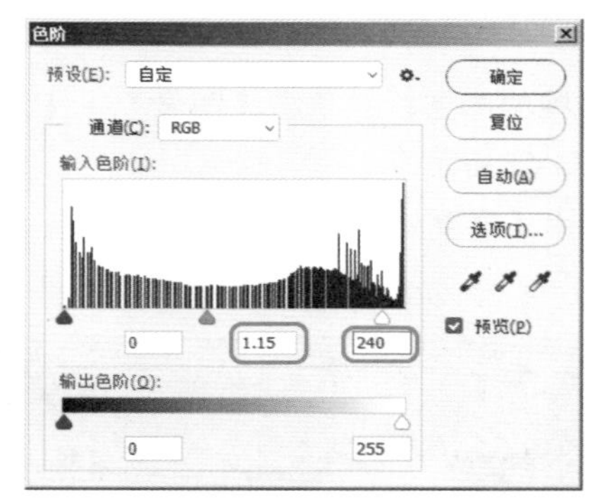

图1-31　参数设置

图1-32　卧室处理的最终效果

Step 15 将调整后的文件另存为“卧室后期.psd”文件。

1.9　小结

本章对电脑建筑效果图的概念、用途、特点进行了简单的介绍，使读者对这方面的知识有了一个大体的了解，同时还列举了一些电脑建筑效果图与手绘效果图的区别与联系，使读者认识到，电脑建筑效果图与手绘效果图的区别是绘制工具的不同和表现风格的不同（其实，在真正的设计过程中，这二者是可以互相借鉴、互相融合的）。最后又着重讲述了效果图后期处理的重要性、色彩常识、后期处理的基本流程。

第  章

Photoshop建筑表现应用

本章内容

- Photoshop 2018的工作界面介绍
- Photoshop 2018中重要术语的含义
- 与图像相关的概念
- 像素尺寸与打印图像分辨率
- 图层及图层控制
- 色调、色相、饱和度和对比度

在开始学习建筑效果图后期处理之前，首先来了解一些有关图像的专业知识，这将有助于后面的制作。

电脑能处理的都是数字化信息，即使是图像文件，它也会一视同仁地将它们看作是描述图像的数据。由于有了电脑上的图像处理系统，我们可以在同一工作区内浏览任何图像，并通过一组集成工具对它们进行合成处理，创造出现实生活中无法提取到的效果。

2.1 Photoshop 2018的工作界面介绍

在学习任何一个软件之前，对其工作环境进行了解都是非常有必要的，这对于我们在后面能否顺利地进行工作，具有极其重要的意义。Photoshop的功能虽然非常强大，但它的核心技术却很简单，但是这并不意味着一夜就能成为“高手”，若想熟练掌握效果图后期制作的方法，还要从基础学起。

运行Photoshop 2018软件，单击【文件】|【打开】命令，打开一张图片后，即可看到类似如图2-1所示的工作界面。

图2-1　Photoshop 2018的工作界面

从图2-1可以看出，Photoshop 2018工作界面由菜单栏、工具属性栏、工具箱、图像窗口、控制面板区、状态栏等几部分组成。

下面简单讲解界面的各个构成要素及其功能。

1．菜单栏

菜单栏中包含用户进行图像编辑时所用的命令，如图2-2所示。

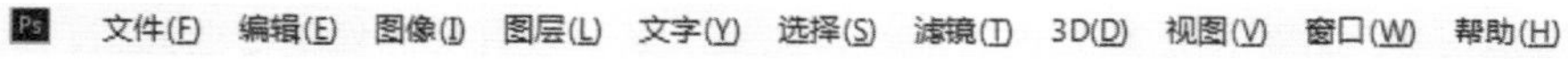

Ps　文件(F)　编辑(E)　图像(I)　图层(L)　文字(Y)　选择(S)　滤镜(T)　3D(D)　视图(V)　窗口(W)　帮助(H)

图2-2　Photoshop 2018的菜单栏

2．工具属性栏

每当在工具箱中选择了一个工具后，工具属性栏就会显示当前所选工具的选项，以便对当前所选工具的参数进行设置。工具属性栏显示的内容随选择工具的不同而不同，如图2-3所示为选择【减淡工具】时属性栏显示的内容。如图2-4所示为选择【多边形套索工具】时属性栏显示的内容。

图2-3　【减淡工具】属性栏　　图2-4　【多边形套索】工具属性栏

工具属性栏是工具箱中各个工具功能的延伸与扩展，通过适当设置工具属性栏中的选项，不仅可以有效增加工具在使用中的灵活性，而且能够提高工作效率。

3．工具箱

工具箱是Photoshop处理图像的“兵器库”，包括选择、绘图、编辑、文字等四十多种工具，相关工具将进行分组，如图2-5所示。

4．图像窗口

图像窗口是Photoshop显示、绘制和编辑图像的主要操作区域。它是一个标准的Windows

窗口，可以对其进行移动、调整大小、最小化和关闭等操作。图像窗口的标题栏中，除了显示当前图像的文档名称外，还显示图像的显示比例、色彩模式等信息。可以将文档窗口设置为选项卡式窗口，并且在某些情况下可以进行分组和停放。

5．状态栏

图像窗口的下方是状态栏，用于显示当前图像的显示比例、文档大小等信息。

6．控制面板区

控制面板是Photoshop的特色界面之一，默认位于界面的右侧，基本的控制面板如图2-6所示。它们可以帮助用户监视和修改用户的工作，若要选择某个控制面板，可单击控制面板窗口中相应的标签。例如，如果要查看图层状态，可以直接在控制面板中单击【图层】选项卡。

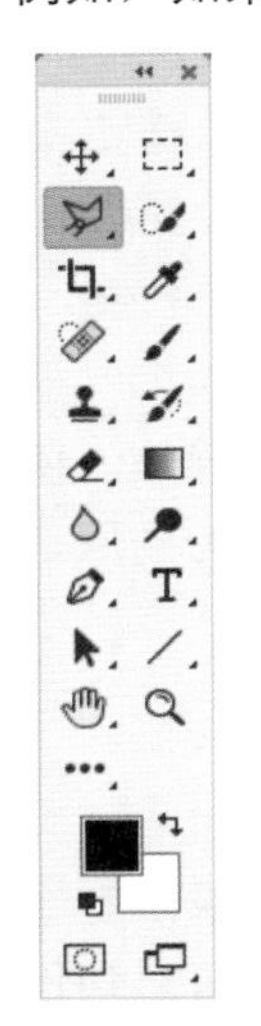

图2-5　Photoshop 2018的工具箱

图2-6　Photoshop 2018基本控制面板

2.2　Photoshop 2018中重要术语的含义

图层、蒙版、通道和路径一向是学习Photoshop的重点，也是难点。如果无法透彻了解和熟练掌握这部分的内容，就会给后面的学习带来困难。本节将着重介绍图层、蒙版、通道和路径的基本含义及一些最常用的用法等。

2.2.1　图层

“图层”是Photoshop软件中很重要的一部分，是学习Photoshop必须掌握的基础概念之一。那么究竟什么是图层呢？它又有什么意义和作用呢？

简单地讲，图层就是一张张透明的胶片，而每一个图层中都包含着各种各样的图像。当这些类似透明的胶片重叠在一起时，胶片中的图像也将会一起显示出来（也有可能被挡住），而我们可以修改每一个图层中的图像，而不影响其他的图层，这也是它最基本的工作原理，如图2-7所示。

图2-7　图层概念示意图

由上面的图层示意图可以看出，最右边的图像是由3个带有不同图像的图层叠放在一起组成的效果。这样分层的视觉效果和不分层的视觉效果是一样的，但分层绘制的作品却具有很强的可修改性。如果觉得哪部分的位置或者效果不是很好，可以单独移动或者重新制作图像所在的那张胶片以达到修改的效果。而其余图层上的部分图像则不会受影响，因为它们是被画在不同层的胶片上的。这种工作方式将极大地提高了后期修改的便利度，也最大可能地避免了重复劳动。

Photoshop的图层概念不仅如此，还可以对图层进行不同的编辑操作，使图层之间能够得到一些不同的特殊效果，通过这些设置，使图层的效果变化多端。因为图层是很重要的一个知识点，所以将在本章详细的讲解。

2.2.2　蒙版

蒙版是一个很好用的工具，在效果图后期处理过程中，经常运用蒙版制作那种由浅到深的渐变效果。其实，不管是何种图像创作，如果善于灵活地运用蒙版，可以创作出许多更能体现设计师自身设计水平的实用性和艺术性作品。

1．蒙版的概念

蒙版就是将图像中不需要编辑的部分蒙起来加以保护，只对未蒙住的部分进行编辑。

Photoshop给用户提供了一些选择工具，它们只能选择边缘比较明显的图像，但在图像编辑过程中，仅靠这些工具满足不了我们的需要，为此，Photoshop软件为我们提供了蒙版。蒙版是一种直观地、艺术地建立选区的方法，如果处理得当，可以创建一些特别精确且又富有创意的艺术选区效果，是其他任何一种选择方法所无法比拟的。

2．蒙版的作用

在Photoshop中蒙版的作用非常明确，就是用来遮盖图像，这一点从蒙版的概念中也能体现出来。与Alpha通道相同的是，蒙版也使用黑、白、灰来标记。系统默认状态下，黑色区域用来遮盖图像、白色区域用来显示图像，而灰色区域则表现出图像若隐若现的效果（如图2-8所示为图层蒙版工作原理）。如果将蒙版与Photoshop的图像处理联系起来，可以将蒙版的作用归纳为以下几点：

- 选取图像。
- 编辑图像渐隐效果。

- 与滤镜命令结合编辑特殊图像效果。

原图层效果　　为该图层创建的蒙版　　应用图层蒙版后的效果

图2-8　图层蒙版工作原理

3．蒙版的类型及用法

Photoshop软件中的蒙版有快速蒙版、图层蒙版和Alpha通道3种类型，最常用的是快速蒙版、图层蒙版，在这里将重点介绍这两种蒙版的使用方法。

（1）快速蒙版

快速蒙版是一个临时性的蒙版，利用快速蒙版可以快速准确地选择图像，当蒙版区域转换为选择区域后，蒙版会自动消失。

动手操作——快速蒙版使用方法

Step 1 按【Ctrl+O】组合键，打开“素材和源文件”\“第2章”\“沙发.tif”图像文件，如图2-9所示。

Step 2 这是一幅沙发图片，下面将使用快速蒙版将图中的沙发选择下来。

Step 3 按【D】键，将工具箱中的前景色和背景色设置成系统默认的颜色。

Step 4 单击工具箱中的[按钮图标]（以快速蒙版模式编辑）按钮，进入快速蒙版状态。

利用绘图工具或填充工具编辑快速蒙版。编辑后的蒙版效果如图2-10所示（图中沙发被红色覆盖部分）。

图2-9　打开的图像文件

图2-10　编辑蒙版效果

在选取过程中，可能会出现多选的情况，此时可以按【X】键，将前、背景色交换，使用白色即可减少蒙版区域。

技巧

在涂抹过程中为了提高选取的准确度，可以把图像放大到一定比例。还要根据需要随时调整画笔大小。按【[】键可以快速缩小画笔大小，按【]】键可以快速增大画笔大小。

Step 5 单击工具箱中的（以快速蒙版模式编辑）按钮（或按【Q】键），可以将快速蒙版转换成选择区域，效果如图2-11所示。

Step 6 按【Ctrl+Shift+I】键，将选区反选，选择我们需要的沙发部分，如图2-12所示。

图2-11　由快速蒙版转换成的选区效果

图2-12　选择的沙发区域

快速蒙版选择图像的过程如图2-13所示。

（2）图层蒙版

除了快速蒙版之外，Photoshop软件中还有一种图层蒙版，图层蒙版可以控制当前图层中的不同区域如何被隐藏或显示。通过修改图层蒙版，可以制作各种特殊效果，而实际上并不会影响该图层上的像素。

图2-13 快速蒙版选择图像的过程

图层蒙版只以灰度显示，其中白色部分对应的该层图像内容完全显示，黑色部分对应的该层图像内容完全隐藏，中间灰度对应的该层图像内容产生相应的透明效果。另外，图像的背景图层是不可以加入图层蒙版的。

动手操作——图层蒙版使用方法

Step 1 按【Ctrl+O】组合键，打开“素材和源文件”\“第2章”\“围墙.psd”文件，如图

2-14所示。

Step 2 在【图层】面板中选择“图层2”，在面板底部单击 （添加图层蒙版）按钮，为图层添加蒙版，如图2-15所示。

图2-14　打开的图像文件

图2-15　添加图层蒙版

Step 3 在工具箱中选择 （渐变工具），在舞台中由下到上创建渐变填充，填充色由白到黑的渐变，可以在蒙版图层中看到渐变，如图2-16所示。

Step 4 填充渐变后可以看到远处的树又了朦胧效果，实现了远景的效果，如图2-17所示。

图2-16　填充渐变

图2-17　制作远景效果

从图2-16和图2-17所示的图层蒙版中可以看出，黑色区域遮盖了图像，白色区域显示图像，而灰色区域则使图像若隐若现。

Step 5 将鼠标光标放置在蒙版区域右击，在弹出的快捷菜单栏中可以实现蒙版的各种编辑，如图2-18所示。

蒙版编辑完毕后，如果需要将蒙版暂时关闭，可以按住【Shift】键的同时单击面板中的图层蒙版缩览图，或是单击【图层】|【图层蒙版】|【停用】命令，编辑好的图层蒙版上就会出现一个红色的叉号，图层将恢复到最初的状态，如图2-19所示。

图层蒙版虽然停用了，但是并没有删除。如果还希望使用蒙版，可以单击【图层】面板中的图层蒙版预览图，或单击【图层】|【图层蒙版】|【启用】命令，就会恢复蒙版的使用。

图2-18　蒙版编辑右键菜单

图2-19　停用图层蒙版

如果想将图层中的蒙版删除，可以执行【图层】|【图层蒙版】|【删除】命令，蒙版就会删除，其效果也会消失。

在【图层】面板中选择蒙版后，单击【图层】面板底部的🗑按钮，或者直接单击蒙版并拖动至🗑按钮上，系统会弹出一个提示对话框，如图2-20所示。单击【应用】按钮，蒙版效果就会直接应用到图层内。如果单击【删除】按钮，蒙版效果就会被删除，图层会恢复到最初状态。

Adobe Photoshop CC 2018
要在移去之前将蒙版应用到图层吗？
应用　取消　删除
不再显示

图2-20　提示框

Step 6　将调整后的文件另存为“围墙ok.psd”文件。

2.2.3　通道

通道是Photoshop软件中的一个重要工具。灵活运用通道，可以制作很多特殊的艺术效果。通道是什么，通道能做什么，通道有哪些分类呢？这正是本节要解决的问题。

1．通道的概念

Photoshop通道是独立的原色平面。除了颜色通道外，还有一个特殊的通道——Alpha通道。在进行图像编辑时，单独创建的新通道称为Alpha通道，在Alpha通道中，存储的并不是图像的色彩，而是用于存储和修改选定的区域。运用Alpha通道，可以做出许多特殊的效果。

2．通道的作用

当用户在Photoshop中进行了某一项操作后，Photoshop会提供某一种方式，使用户可以及时保存自己的操作结果。例如，当用户创建了一个选区之后，如果不对其进行进一步操作，那么在下一个操作过程原来的选区会消失，但是运用【通道】面板用户即可轻松地将选区信息保存起来，以便日后再次调用。在通道中，还记录了图像的大部分（甚至是全部）信息，这些信息从始至终与当前操作密切相关。综上所述，通道的作用可以归纳为以下几点。

- 存储图像颜色信息：如果预览【红】通道，无论鼠标怎样移动，【信息】面板上都仅有R值，其余的都为0。
- 保存或创建复杂选区：运用通道，可以建立头发丝般的精确选区。

- 表示图像明暗强度：运用【信息】面板可以体会到这一点，不同通道都可以用256级灰度来表示不同亮度。在【红】通道上显示一个纯红色的点，在黑色的通道上显示就是纯黑色，即亮度为0。
- 表现图像不透明度：它可以编辑图像的渐隐效果，这一点与蒙版联系密切。

3．通道的类型

根据作用的不同，通道可分为3种类型：用于保存色彩信息的颜色信息通道，用于保存选择区域的Alpha通道和用于存储专色信息的专色通道。本章仅详细讲述前两种类型的通道。

（1）颜色信息通道

保存色彩信息的通道称为颜色信息通道。每一幅图像都有一个或多个颜色通道，图像中默认的颜色通道取决于其颜色模式。例如，CMYK模式的图像文件至少有4个通道，分别代表青、洋红、黄及黑色信息。默认情况下，位图模式、灰度、双色调和索引颜色图像只有一个通道；RGB和Lab图像有3个通道；CMYK图像有4个通道。

每个颜色通道都存放着图像中颜色元素的信息。颜色通道叠加以获得图像像素的颜色。这里的通道与印刷中的印版相似，即单个印版对应每个颜色图层。

通道的概念比较难懂。为了便于理解，我们以RGB模式图像为例，以图示的方法简单介绍颜色通道的原理。在图2-21中，上面三层代表RGB三色通道，最下一层是最终的图像颜色。最下层的图像像素颜色是由RGB三个通道与之对应位置的颜色混合而成的。图中“4”处的像素颜色即是由“1”、“2”、“3”处通道的颜色混合而成。这类似使用调色板，几种颜色调配在一起就可以产生新的颜色。

在【通道】面板中通道都显示为灰色，它通过不同的灰度，表示0~256级亮度的颜色。因为通道的效果较难控制，通常不用直接修改颜色通道的方法来改变图像的颜色。

除了默认的颜色通道，还可以在通道中创建专色通道，如在图像中添加黄色、紫色等通道。在图像中添加专色通道后，必须将图像转换为多通道模式。

（2）Alpha通道

除了颜色通道外，还可以在图像中创建Alpha通道，以便保存和编辑蒙版及选择区。可以在通道面板中创建Alpha通道，并根据需要进行编辑，再调用选择区；也可以在图像中建立选择区后，利用【选择】|【保存选择区域】命令，将现有的选择区保存为新的Alpha通道。

Alpha通道也使用灰度表示，其中白色部分对应完全选择的图像，黑色部分对应未选择的图像，灰色部分表示相应的过渡选择。

（3）【通道】面板

在【通道】面板中可以创建和管理通道，并监视编辑效果。【通道】面板上列出了当前图像中的所有通道，各类通道在【通道】面板中的顺序为：最上方是复合通道（在RGB、CMYK和Lab图像中，复合通道为各个颜色通道叠加的效果），然后是单个颜色通道、专色通道，最后是Alpha通道，如图2-22所示。

使用通道不仅可以有效地抠取图像，它还会与滤镜结合，会创作出更多意想不到的特殊效果。下面运用通道来修复一幅偏色的图片，同时领略通道的魅力所在。

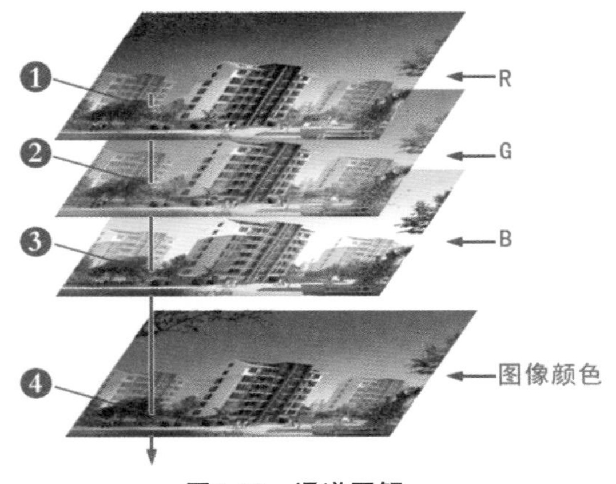

图2-21　通道图解

图2-22　【通道】面板

动手操作——巧用通道调整偏色图片

Step 1 按【Ctrl+O】组合键，打开“素材和源文件”\“第2章”\“室内日景.png”文件，如图2-23所示。

由图2-23可以看出，这张图片严重偏黄色，下面将校正严重偏黄的图片，使图片恢复正常颜色。在调整之前，先检查一下通道，看看到底是哪个通道的颜色出现了问题。

图2-23　打开的图像文件

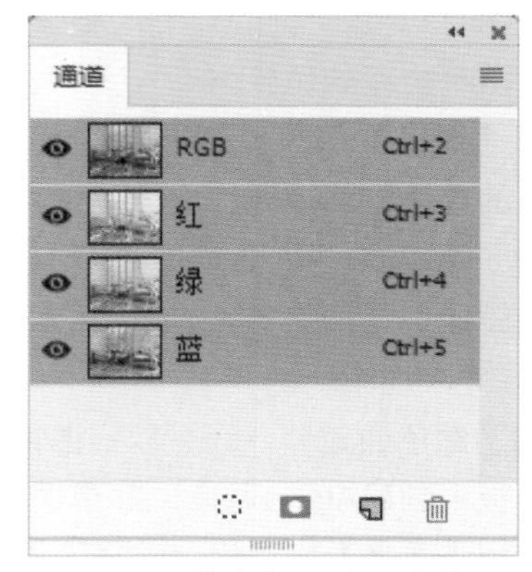

图2-24　检查红绿蓝通道效果

通过检查发现，图片的红色通道和绿色通道的颜色还都算正常，再检查蓝色通道，发现该通道颜色偏黑，如图2-24所示。

Step 2 选择“蓝”通道，单击【图像】|【调整】|【色阶】命令，打开【色阶】对话框，调整各项参数，调整后单击【确定】按钮，如图2-25所示。

在调整的过程中一定要观察调整的效果，不要再出现偏色的效果。

Step 3 选择“红”通道，单击【图像】|【调整】|【色阶】命令，打开【色阶】对话框，调整各项参数，调整后单击【确定】按钮，如图2-26所示。

Step 4 选择“绿”通道，单击【图像】|【调整】|【色阶】命令，打开【色阶】对话框，调整各项参数，调整后单击【确定】按钮，如图2-27所示。

执行上述操作后，得到图像的最终效果如图2-28所示。

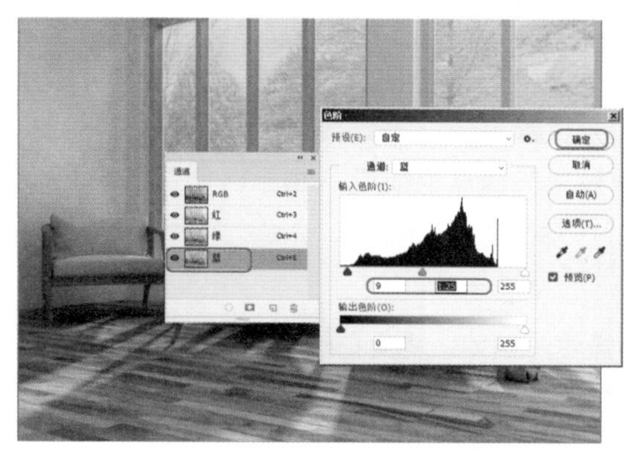

图2-25　调整蓝色通道的色阶

图2-26　调整红通道的色阶

图2-27　调整蓝色通道的色阶

图2-28　调整红通道的色阶

此时发现图像的色彩发生了巨大的变化，偏黄现象消失了，图像色彩趋于正常了。进一步发现原先黑暗的蓝色通道变得正常了。

将调整后的文件另存为“室内日景ok.png”文件。

2.2.4　路径

路径实际上是一些矢量式的线条，因此，无论图像进行缩小或放大，都不会影响它的分辨率或是平滑度。编辑好的路径还可以保持在图像中，路径的编辑方式类似3ds Max中的二维曲线，另外路径还可以转换为选择区域，这也就意味着可以选择出更为复杂的选取区域。

1. 路径编辑工具

要创建路径，必须使用【路径】控制面板和路径工具。路径工具均被收集在【钢笔工具】组与【路径选择工具】组中，如图2-29所示，其功能如下。

- 【钢笔工具】：用于绘制由多点连接的线段或曲线。
- 【自由钢笔工具】：自由绘制线条或曲线。
- 【添加锚点工具】：在当前路径上增加锚点，从而可对该锚点所在线段进行曲线调整。

- 【删除锚点工具】：在当前路径上删除锚点，从而将该锚点两侧的线段拉直。
- 【转换点工具】：可将曲线锚点转换为直线锚点，或相反。
- 【路径选择工具】：选定路径或调整锚点位置。
- 【直接选择工具】：可以用来移动路径中的锚点或线段，也可以调整方向线和方向点。

2. 【路径】面板

在【路径】面板中可以执行所有涉及路径的操作。例如，将当前选择区域转换为路径、将创建的路径转换为选择区域、删除路径和创建新路径等，如图2-30所示。

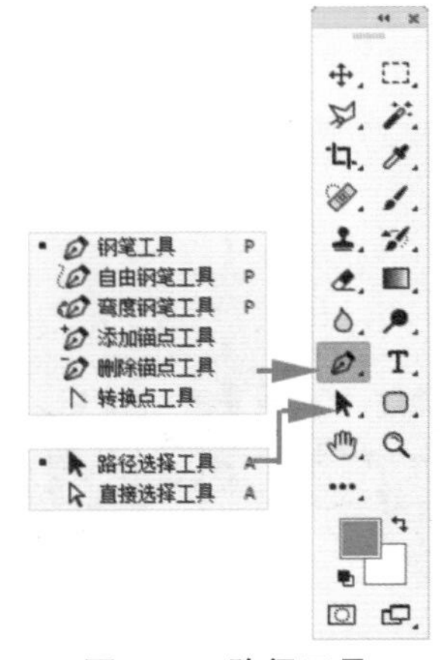

图2-29　路径工具

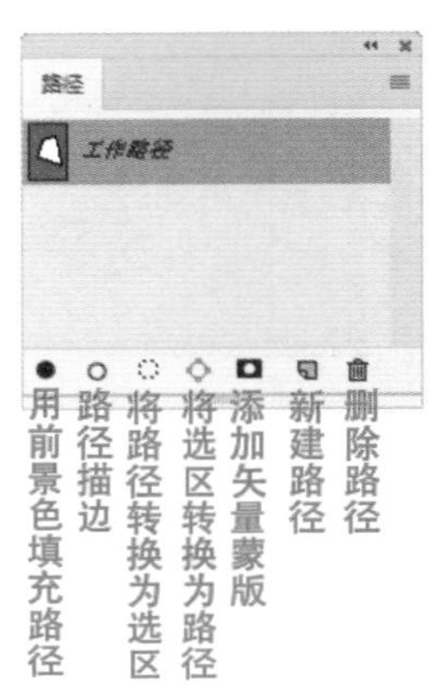

图2-30　【路径】面板

2.3　与图像相关的概念

了解一些有关图像方面的专业知识，将有利于图像的制作。本节将了解一些最基本的与图像相关的概念。

2.3.1　图像形式

图形图像文件大致上可以分为两大类：一类称为位图图像，另一类称为矢量图形。了解和掌握这两类图形间的差异，对于创建、编辑和导入图片都有很大的帮助。

1. 位图

位图也称像素图，它是由许多相等的小方块，即像素或点的网格组成的。与矢量图形相比，位图的图像更容易模拟照片的真实效果。如果将这类图像放大到一定的程度，就会发现它是由一个个小方格组成的，这些小方格被称为像素点。一个像素点是图像中最小的图像元素。一幅位图图像可以包括百万个像素，因此位图的大小和质量取决于图像中像素点的多少。通常，每平方英寸的面积上所含像素点越多，颜色之间的混合越平滑，同时文件也越大。

将一幅位图图像放大显示时效果如图2-31所示。可以看出，将位图图像放大后，图像的边缘产生了明显的锯齿状。

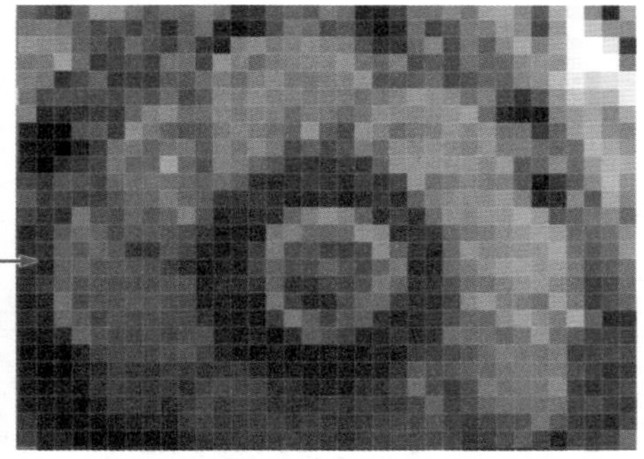

图2-31　放大显示的位图图像

2. 矢量图

矢量图是用数学方式描述的曲线及曲线围成的色块制作的图形，它们是在电脑内部表示成一系列的数值而不是像素点。用户所做的每一个图形、打印的每一个字母都是一个对象，每个对象都可以决定其外形的路径，一个对象与别的对象相互隔离，因此用户可以自由地改变对象的位置、形状、大小和颜色。同时，由于这种保存图形信息的办法与分辨率无关，因此无论放大或缩小多少，都有一样平滑的边缘，一样的视觉细节和清晰度。

矢量图形尤其适用于标志设计、图案设计、文字设计、版式设计等，它所生成的文件也比位图文件要小。基于矢量绘画的软件有CorelDRAW、Illustrator、Freehand等。

将一幅矢量图形放大1500%后，其效果如图2-32所示。

图2-32　电脑绘制矢量效果图

由图2-36可以看出，在将矢量图形放大后，矢量图形的边缘并没有产生锯齿效果。

由此可见，位图与矢量图最大的区别在于：基于矢量图的软件原创性比较大，主要长处在于原始创作；而基于位图的处理软件，后期处理比较强，主要长处在于图片的处理。比较矢量图和位图的差别可以看到，放大的矢量图的边和原图一样是圆滑的，而放大的位图的边就带有锯齿状。

不能说基于位图处理的软件就只能处理位图，但基于矢量图处理的软件只能处理矢量图。例如，CorelDRAW虽然是基于矢量的程序，但它不仅可以导入（或导出）矢量图形，也可以将CorelDRAW中创建的图形转换为位图导出。

2.3.2　像素

像素的英文单词是“Pixels”，它是由“元素”和“图片”两个词组成的。可以将一幅图像看成是由无数个点组成的，其中组成图像的一个点就是一个像素，像素是构成图像的最小单位，它的形态是一个小方块。如果把位图图像放大到数倍，会发现这些连续的色调其实是由许多色彩相近的小方块所组成的，这些小方块就是构成位图图像的最小单位“像素”，如图2-33所示。

图2-33　位图图像局部放大后显示的像素效果

2.3.3　分辨率

在位图图像中，图像的分辨率是指图像中单位长度上的像素数目，一般以点数值表示，例如800×600像素或1 024×768像素。简单地讲，分辨率即是电脑图像的清晰与模糊程度。

修改图像的分辨率可以改变图像的精细程度。相同尺寸的图像，分辨率越高，单位长度上的像素点越多，图像越清晰；反之，图像越粗糙。但有一点需要注意，对以较低分辨率扫描或创建的图像，在Photoshop软件中提高其分辨率，只能提高每单位图像中的像素数目，却不能提高图像的品质。

图像分辨率直接影响到图像的最终效果。图像在打印输出之前，都是在电脑屏幕上操作的，对于打印输出则应根据其用途不同而有不同的设置要求。分辨率有很多种，经常接触到的分辨率有屏幕分辨率、打印分辨率、图像的输出分辨率等。

2.3.4　常用图像色彩模式

图像色彩模式是Photoshop软件提供的用于描述颜色的标准形式。每张图片都具有各自的色彩模式，以满足不同的设计需要。要在Photoshop软件中较好地处理一幅图像，对色彩知识与色彩模式的掌握是很有必要的。

创建色彩模式是将一种色彩转换成数字数据的方法，从而使色彩在图像处理软件与印刷设备中被相同地描述。不同的色彩模式描述色彩的方式是不一样的，适合范围也有所不同，不同模式之间可以互相转换，但有些转换是不可逆的，所以在转换之前应该考虑好或留有备份。

要查看修改图片的色彩模式，可以单击菜单栏中的【图像】|【模式】命令，勾选的命令即为当前图像的色彩模式，如图2-34所示。

1．位图模式

位图模式图中只有黑白两色。有一点需要注意的是，当把一幅彩色图像转换成位图模式图像时，必须先把它转换成灰度模式图像，然后才可以把它转换成黑白的位图模式。图2-35所示的图像为转换后的位图模式效果。

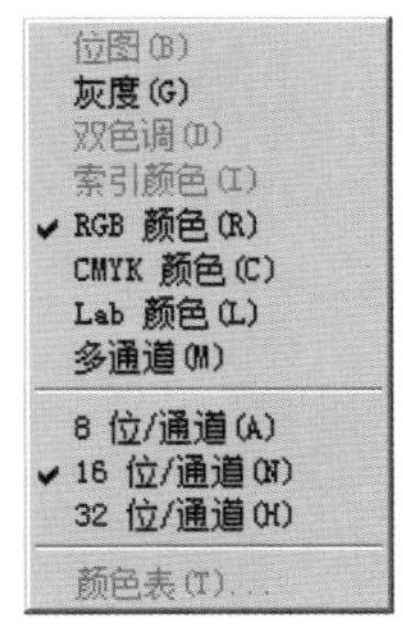

图2-34　【色彩模式】菜单

图2-35　位图模式示例

2．灰度模式

图中只有黑、白、灰调。灰度模式的图像只有灰度信息而没有彩色信息，如图2-36所示。

彩色图像可单击【图像】|【模式】|【灰度】命令，将图像转换成此模式。该模式可以使图像的过渡更平滑、细腻，也是一种能让彩色模式转换为位图和双调图的过渡模式。值得注意的是，彩色模式转换为灰度模式后，颜色将丢失，且不可恢复。

3．双色调模式

双色调模式与灰度模式相似，是由灰度模式发展而来的。如果要将其他模式的图像转换成双色调模式，应首先将其转换为灰度模式，然后再转换为双色调模式。图2-37所示为一幅双色调模式图像。

图2-36　灰度模式示例

图2-37　双色调模式示例

4．索引颜色模式

索引颜色模式由256色图像压缩，文件较小。由RGB、灰度、双色模式转换而成。

5．RGB色彩模式

RGB色彩模式是最普遍的图像模式之一，由红、绿、蓝三原色混合而成。它们在图像中通过进行不同程度的叠加，从而产生丰富多彩的颜色。RGB图像模式是应用最为广泛的颜色模式，所有的电影、电视、显示器等视频设备都依赖这种模式。

Photoshop将RGB图像分为3个颜色通道，分别是红色通道、绿色通道和蓝色通道。图2-38所示为Photoshop的通道面板及一幅RGB模式的图像，这里的RGB复合通道用于显示原图像。要查看图像某个颜色成分的通道，可以通过在【通道】面板上的相应标题栏（红、绿、蓝）上单击将其选中即可。

图2-38　RGB图像的颜色通道

6．CMYK色彩模式

CMYK色彩模式是彩色印刷最普遍的图像模式，其图像文件由青色、洋红、黄、黑4种色彩叠合而成，以满足印刷连续色调的图像。在CMYK模式下，图像的处理速度较慢。因此，通常情况下先将图像在RGB模式下处理完成，然后再转换成CMYK模式打印输出。

2.3.5　常用图像文件格式

用Photoshop做好图像后，需要选择一种文件格式进行存储。Photoshop支持几十种文件格式，因此能很好地支持多种应用程序。在这些文件格式中包含Photoshop的专用格式和用于应用程序交换的文件格式，还有一些比较特殊的格式。最常见的格式有PSD、BMP、PDF、JPEG、GIF、EPS、TGA、PNG、TIFF等。

1．PSD格式

PSD格式是Photoshop软件自身的专用文件格式，通用性不强。PSD格式可以比其他格式更快速地打开和保存图像，还能够很好地保存图层、通道、路径、蒙版，而且压缩方案不会导致数据丢失、便于修改等。但所存储的图像文件特别大，占用磁盘空间较多，也很少有应用程序能够支持这种格式。

2．BMP格式

BMP格式被大多数软件所支持，一般在多媒体演示、视频输出等情况下使用。

3．PDF格式

PDF格式允许在屏幕上查看电子文档。用PDF制作的电子书具有纸版书的质感和阅读效果，可以“逼真地”展现原书的原貌，而显示大小可任意调节，给读者提供了个性化的阅读方式。

4．JPEG格式

JPEG格式是平时最常用的图像格式。它是一个最有效、最基本的有损压缩格式（有损失压缩会丢失部分数据），被绝大多数的图形处理软件所支持。JPEG格式的图像还被广泛用于网页的制作。如果对图像质量要求不高，但又要求存储大量图片，使用JPEG无疑是一个好办法。但是，如果进行图像输出打印，最好不使用JPEG格式，因为它是以损坏图像质量而提高压缩质量的。

5．GIF格式

GIF格式是是输出图像到网页最常采用的格式，因为GIF格式的图像文件要比其他格式的图像文件快得多。网络中传送图像文件一般用这种格式的文件来缩短图形的加载时间。如果要使用GIF格式，就必须转换成索引色模式，使色彩数目转换为256或更少。

6．EPS格式

EPS格式是Illustrator和Photoshop之间可交换的文件格式。Illustrator软件制作出来的流动曲线、简单图形和专业图像一般都存储为EPS文件格式，Photoshop可以获取这种格式的文件。在Photoshop中也可以把其他图形文件存储为EPS格式，供给如排版类的InDesign和绘图类的Illustrator等其他软件使用。

7．TIFF格式

TIFF可以制作质量非常高的图像，常用于出版印刷，是一种灵活的位图图像格式，几乎所有的绘画、图像编辑应用程序都支持这种格式。而且，TIFF使用LZW无损压缩方式，大大减小了图像尺寸。

8．TGA格式

TGA格式是计算机上应用最广泛的图像文件格式之一，与TIF格式相同，都可以用来处理高质量的色彩通道图像。

9．PNG格式

PNG格式结合了GIF和JPEG的优点，采用无损压缩方式存储。

2.4　像素尺寸与打印图像分辨率

像素尺寸测量了沿图像的宽度和高度的总像素数。分辨率是指位图图像中的细节精细度，测量单位是像素/英寸（ppi）。每英寸的像素数越多，分辨率就越高。一般来说，图像的分辨率越高，得到的印刷图像的质量就越好，如图2-39所示。

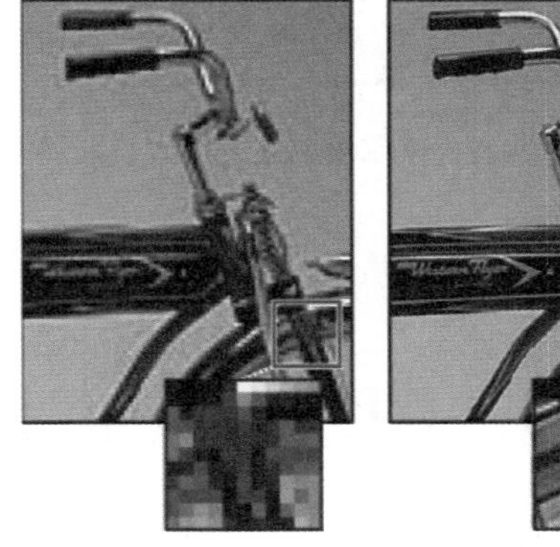

图2-39　图像效果

在图2-39中有两幅相同的图像，分辨率分别为72ppi和300ppi；套印缩放比率为200%。

除非对图像进行重新取样，否则当更改像素尺寸或分辨率时，图像的数据量将保持不变。例如，如果更改文件的分辨率，则会相应地更改文件的宽度和高度，以便使图像的数据量保持不变。

但是，在图片处理时经常会需要修改文件大小及分辨率，以满足设计的具体要求。那么又如何修改文件大小及分辨率呢？方法如下。

动手操作——修改文件大小及分辨率

Step 1　按【Ctrl+O】组合键，打开“素材和源文件”\“第2章”\“客厅.png”文件，如图2-40所示。

Step 2 单击【图像】|【图像大小】命令，在弹出的对话框中按下（约束长宽比）按钮，在【文档大小】选项下单击“分辨率”后面的下拉按钮，选择【像素/厘米】选项，如图2-41所示。

图2-40 打开的图像文件

图2-41 【图像大小】对话框设置

Step 3 继续设置“分辨率”为150像素/厘米，在【像素大小】下拉列表框中选择“百分比”选项，设置“宽度”和“高度”为1 000，对话框显示“像素大小171.6M（之前为1.72M）”，如图2-42所示。

Step 4 单击按钮，结果如图2-43所示。

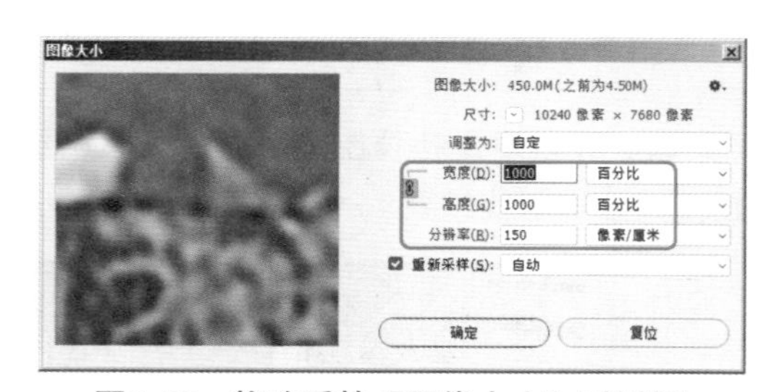

图2-42 修改后的【图像大小】对话框

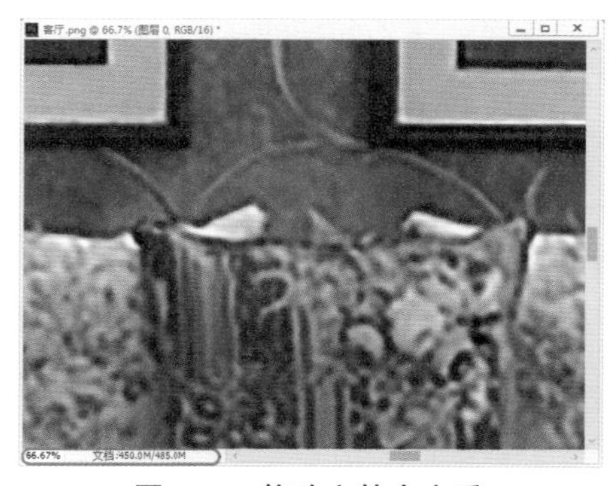

图2-43 修改文件大小后

需要注意的是，这样修改完后，虽然图像的尺寸变大了，但是图像的清晰度不是很好，所以，如果想得到清晰度很高的图片，原始的尺寸或者分辨率必须很高才可以。

2.5 图层及图层控制

前面介绍过，Photoshop软件的图层就如同堆叠在一起的透明纸，可以透过图层的透明区域看到下面的图层，可以通过移动图层来定位各图层上的内容，也可以更改图层的不透明度以使内容部分透明，通过这些设置，即可做出千变万化的图层效果。

2.5.1 图层概述

同一个文件内所有的图层，它们的像素和色彩数目是相同的。用户可以单独对不同的图层执行新建、复制、删除和合并等操作，并且这些操作都不会影响到其他的图层。

1．新建图层

新建图层的方法很多，常用的有两种方法：第一种为单击【图层】面板右侧的按钮，在弹出的下拉菜单中选择【新建图层】命令；第二种为单击【图层】面板底部的（创建新图层）按钮，此时在【图层】面板中就会出现一个名称为“图层1”的新图层，如图2-44所示。

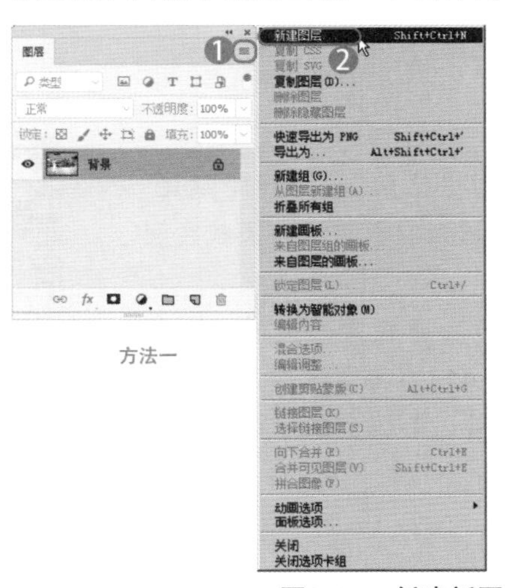

图2-44　创建新图层

2．复制图层

在【图层】面板中选择需要复制的图层，直接拖动到【图层】面板底部的（创建新图层）按钮上，或执行【图层】｜【复制图层】命令，或单击【图层】面板右上角的按钮，在弹出的下拉菜单中选择【复制图层】命令，如图2-45所示，均可在【图层】面板上增加一个和选中的图层完全相同的重叠图层。但是，图层的名称会加上“副本”字样。另外，还可以通过选择或移动等操作来改变新复制图层的方向位置。

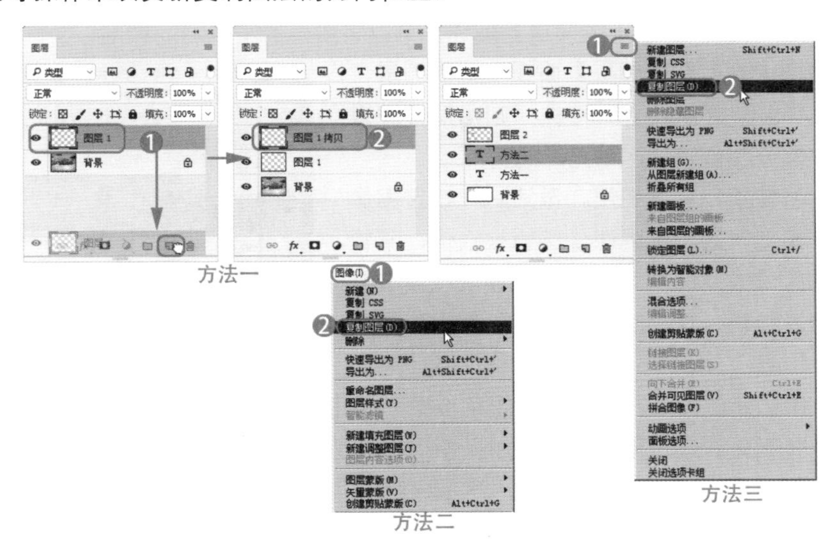

图2-45　复制图层

3．删除图层

选择需要删除的图层，直接拖动到【图层】面板底部的🗑按钮上，或执行菜单栏中的【图层】|【删除】|【图层】命令，或单击【图层】面板右侧的≡按钮，在弹出的下拉菜单中选择【删除图层】命令，在弹出的询问是否删除图层提示框中，单击【是】按钮，都可以实现对图层的删除操作，如图2-46所示。

图2-46　删除图层提示框

2.5.2　图层模式

当两个图层重叠时，通常默认状态为“正常”，同时Photoshop也提供了多种不同的色彩混合模式，适当地更改混合模式会使用户的图像得到意想不到的效果。

混合模式得到的结果与图层的明暗色彩有直接的关系，因此进行混合模式的选择，必须根据图层的自身特点灵活运用。在【图层】面板左上侧，单击横条右侧向下的箭头，在弹出的下拉菜单中可以选择各种图层混合模式，如图2-47所示。

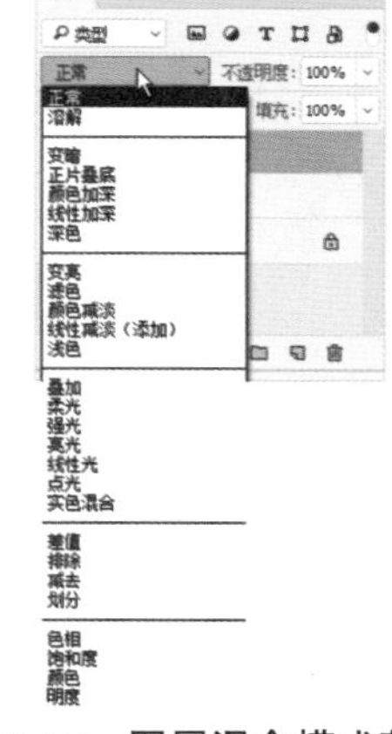

图2-47　图层混合模式菜单

2.5.3　图层属性

单击【图层】面板右上角的≡按钮，在弹出的下拉菜单中选择【图层属性】命令，或执行【图层】|【图层属性】命令，在弹出的对话框中可以设置图层的名称，以及图层的显示颜色。

2.5.4　图层操作

对于一个分层的图像，可以通过设置图层的相关选项来更改图层的操作。

1．锁定图层

当设置好图层后，为了防止图层遭到破坏，可以将图层的某些功能锁定。

- 锁定透明像素：在【图层】面板上选取图层，激活⊠（锁定透明像素）按钮，则图层上原本透明的部分将被锁住，不允许编辑。
- 锁定图像像素：选取图层，激活🖌（锁定图像像素）按钮，则图层的图像编辑被锁住，不管是透明区域或是图像区域都不允许填色或者是进行色彩编辑，这个功能对背景层是无效的，如图2-48所示。

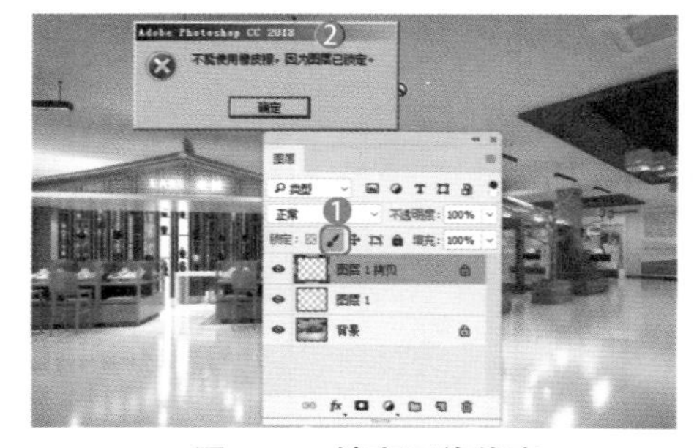
图2-48　锁定图像像素

- 锁定位置：选取图层，激活✥（锁定位置）按钮，则图层的位置编辑将被锁住，图层上的图形将不允许进行移动编辑。如果使用移动工具，将会弹出警告对话框，提示该命令不可用。
- 锁定全部：选取图层，激活🔒（锁定全部）按钮，则图层的所有编辑将被锁定，图层上的图像将不允许进行任何操作。

2. 链接图层

打开一张分层的图像文件，在【图层】面板上选中某层作为当前层，按住【Ctrl】键的同时单击所要链接的图层，当图层变为蓝色反白显示时，右击，在弹出的右键菜单中选择【链接图层】命令，则需要链接的图层就与当前图层链接在一起，如图2-49所示。可以对链接在一起的图层进行整体移动、缩放和旋转等操作。不需要链接时，只需选择需要解除链接的图层，然后单击 按钮即可。

3. 图层排列顺序

打开一张分层的图像，在【图层】面板上选中某一层，可以更改该图层的排列顺序。执行【图层】|【排列】命令，在弹出的下拉菜单中，可以选择相应的命令来改变图层的位置，如图2-50所示。另外，还可以在【图层】面板中直接拖动来调整图层至相应的位置。

图2-49　链接图层

图2-50　排列顺序命令

4. 将背景层转换为普通图层

有时候需要对“背景”图层执行编辑（比如调整其不透明度或是移动、旋转等），可以将“背景”层转换为普通图层。执行【图层】|【新建】|【背景图层】命令，或是在【图层】面板中双击“背景”图层，可以调出【新建图层】对话框，在该对话框中设置层的名称、层显示颜色、混合模式、不透明度等，最后单击 确定 按钮，即可将“背景”图层转换为普通图层，如图2-51所示。

5. 图层的合并

在实际的工作中，有时一张效果图会有上百个图层组成，这时合理地管理图层就非常重要。将一些同类的图层或是一些影响不大的图层合并在一起，可以减少磁盘的使用空间。单击【图层】面板右上角的 按钮，在弹出的下拉菜单中有3种合并图层的方式，如图2-52所示。

- 向下合并：选择【向下合并】命令后，所选择的图层就会与其下面的图层进行合并，而不会影响其他图层。
- 合并可见图层：选择【合并可见图层】命令后，在图像上能够看到的图层就会被合并，也就是所有有“眼睛”图标的图层会被合并为一个图层。如果某一图层不希望合并，可以将其前面的“眼睛”图标关闭，该图层将不受【合并可见图层】命令的影响。

图2-51　将背景层转换为普通图层

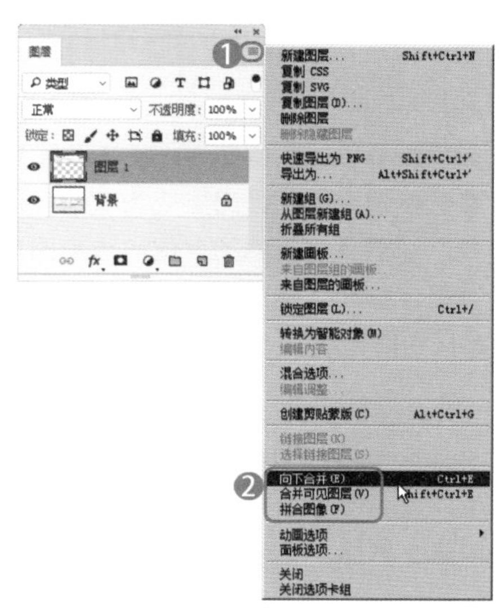

图2-52　3种合并图层的方式

- 拼合图像：选择【拼合图像】命令后，如果所有图层均为显示状态时，执行该命令将合并所有图层。如果有没有显示出来的图层，系统就会弹出询问对话框，询问是否要扔掉隐藏的图层。如果隐藏的图层确实不需要，单击 确定 按钮，如图2-53所示。

图2-53　询问框

其实，关于图层操作方面的知识还有很多，由于篇幅所限，这里就先不再介绍了，在后面的操作中遇到时再具体讲解。

2.6　色调、色相、饱和度和对比度

色调是指对象或画面色彩的总倾向，它是由于对象在共同的光源和环境下，色彩相互对比、相互影响而形成的，是色彩对比变化而又和谐统一的结果。图2-54所示的图像是同一幅图像在4种色调下的不同效果。

图2-54　不同色调下所显示的图像文件

色相是指色彩所表现的相貌，对色相的调整也就是在各种颜色之间进行变换。

饱和度是指图像颜色的色彩度，调整饱和度也就是调整图像的色彩度。将图像的饱和度降低为0时，图像就会变成灰色的图像，增加其饱和度，就会增加图像色彩的纯度。

以一幅效果图为例，比较一下分别将其【饱和度】调整为“－90”与“+90”后的图像与

原图的对比效果，如图2-55所示。

饱和度为-90　　原图像　　饱和度为+90

图2-55　调整饱和度后不同的图像效果

对比度是指不同颜色之间的差异。对比度越大，颜色之间就相差越大；反之，颜色之间就相差越小。

图2-56所示为分别将效果图的【对比度】调整为“－50”和“+50”后与原图像的效果对比。

原图像　　对比度为-50效果　　对比度为+50效果

图2-56　调整不同对比度后的图像效果

2.7　小结

本章主要了解了Photoshop的工作界面以及一些有关图像方面的专业知识，其中最重要的是图层的运用，因为很多图像的制作都是需要借助图层的灵活运用才能顺利完成。相对于其他章节的内容来说，本章内容不是很难，但是本章的知识很重要，因为这些基本的知识，在后面的工作学习中要经常用到，它们是基础。

第  章

Photoshop常用工具和命令

本章内容

- 图像选择工具
- 图像编辑工具
- 图像选择和编辑命令
- 图像调整命令
- 配景素材的移动、缩放
- 【渐变工具】在后期处理中的应用

在使用Photoshop进行建筑表现的过程中，经常会用到各种各样的工具，如选择工具、画笔工具、文字工具、图像修复工具等，接近80种。还要结合很多常用命令，如调整命令中的【色阶】、【曲线】、【色彩平衡】等命令。本章将介绍在建筑表现中常用到的工具和命令的使用方法及应用技术。

3.1 图像选择工具

Photoshop处理图像的核心技术就是如何选择要处理的图像区域。Photoshop从某种意义上讲其实就是一种选择的艺术。因为该软件本身是一个二维平面处理软件，它的处理对象是区域，选择区域是对图片进行一切修改的前提。

在效果图后期处理中对配景素材的需求量很大，所以熟练运用选择工具就成为必练的基本功。Photoshop建立选区的方法非常丰富和灵活，根据各种选择工具的选择原理，大致可以分为以下几类：

- 圈地式选择工具。
- 颜色选择工具。
- 路径选择工具。

如图3-1所示的效果图，结构简单、轮廓清晰，适合运用圈地式选择工具进行选取。而如图3-2所示的效果图，树木图像边缘复杂且不规则，但背景颜色比较单一，因此适合运用颜色选择工具进行选取。

如图3-3所示的效果图，汽车图像背景复杂，但边缘由圆滑的曲线组成，就比较适合运用路径工具进行选取。

图3-1　结构简单建筑

图3-2　背景颜色单一图像

图3-3　圆滑边界汽车

3.1.1　圈地式选择工具

所谓圈地式选择工具是指可以直接勾画出选择范围的工具，这也是Photoshop 2018创建选区最基本的方法，这类工具包括选框工具和套索工具，如图3-4和图3-5所示。

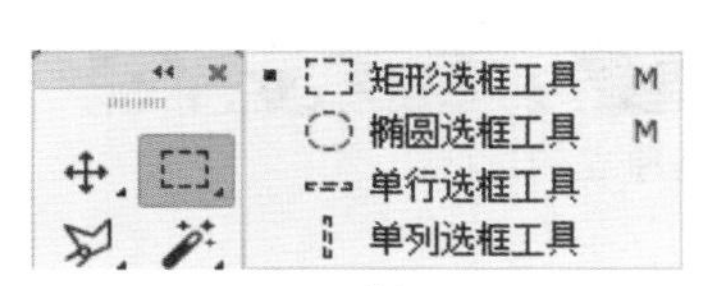

图3-4　选框工具

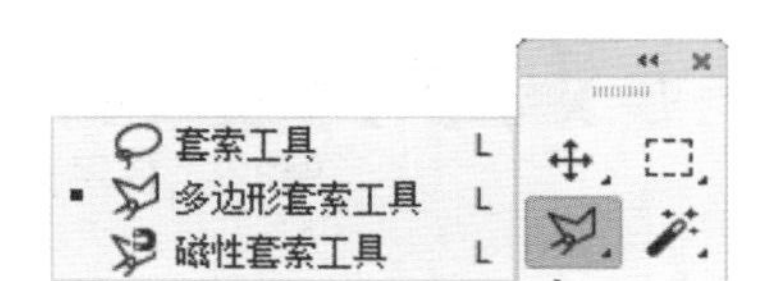

图3-5　套索工具

（1）选框工具

选框工具适合选择矩形、圆形等比较规范的选区，如图3-6所示。而用户在效果图后期处理中选择的配景一般都是不规范的，因此该类工具用得很少。

图3-6　使用选框工具建立的选区

由图3-6可以看出，选区建立后，选区的边界就会出现不断闪烁的虚线，以便用户区分选中与未选中的区域，该虚线称为“蚂蚁线”。

（2）套索工具

套索工具有3种：（套索工具）、（多边形套索工具）和（磁性套索工具）。

其中，（套索工具）在选择时要一气呵成，如图3-7所示。从图中可以看出，套索工具建立的选区非常不规则，同时也不易控制，因而只能用于对选区边缘没有严格要求的配景的选择，这对于初学者掌握有一定的难度。

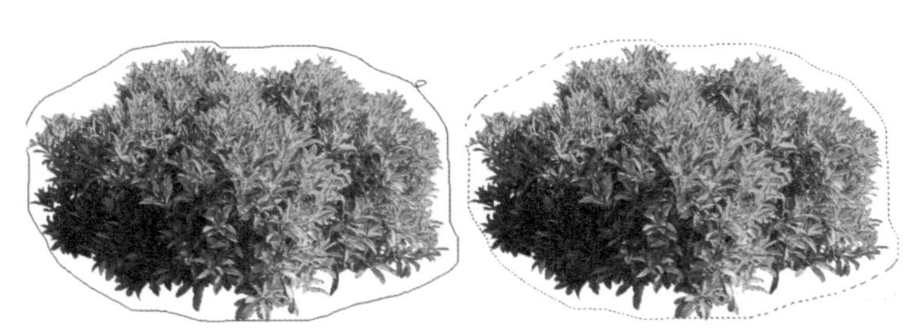

图3-7　使用套索工具建立的选区

（多边形套索工具）使用多边形圈地的方式来选择对象，可以用鼠标轻松控制。由于它所拖出的轮廓都是直线，因而常用来选中边界较为复杂的多边形对象或区域，如图3-8所示。在实际工作中，多边形套索工具应用较广。而（磁性套索工具）特别适合用于选择边缘与背景对比强烈的图像。

图3-8　使用多边形套索工具建立的选区

技巧

按住【Shift】键的同时拖动鼠标可进行水平、垂直或45°角方向的选择。

动手操作——用套索工具选择配景素材

Step 1 单击【文件】|【打开】命令，打开“素材和源文件”\“第3章”\“单人沙发.tif”文件，如图3-9所示。

Step 2 选择（多边形套索工具），然后在图像中沙发组合的某一个位置单击，确定一个选择点，如图3-10所示。

图3-9　打开的图像文件

图3-10　确定选择起点

Step 3 拖动鼠标，在转折处单击继续选择。当（多边形套索工具）回到起点时，工具的下方就会出现一个小圆圈，如图3-11所示，这时单击可结束选择操作。

Step 4 按【Ctrl+Shift+I】组合键，将选区反选。为背景填充上一个颜色，再按【Ctrl+D】组合键将选区取消，效果如图3-12所示。

图3-11　工具下方出现小圆圈

图3-12　选出的图像效果

Step 5 将选择后的图像另存为“沙发选择.jpg”文件。

3.1.2　颜色选择工具

颜色选择工具根据颜色的反差来选择对象。当选择对象或选择对象的背景颜色比较单一时，使用颜色选择工具会比较方便。

Photoshop提供了两个颜色选择工具，分别是工具箱中的（魔棒工具）和（快速选择工具）。

（1）魔棒工具

（魔棒工具）是根据图像的颜色进行选择的工具，它能够选取图像中颜色相同或相近的区域，选取时只需在颜色相近区域单击即可。

使用（魔棒工具）时，通过工具属性栏可以设置选取的容差、范围和图层，如图3-13所示。

图3-13　魔棒工具属性栏

- 容差：在此文本框中输入0~255的数值来确定选取的颜色范围。其值越小，选取的颜色范围与鼠标单击位置的颜色越相近，同时选取的范围也越小；反之，选取的范围则越大，如图3-14所示。

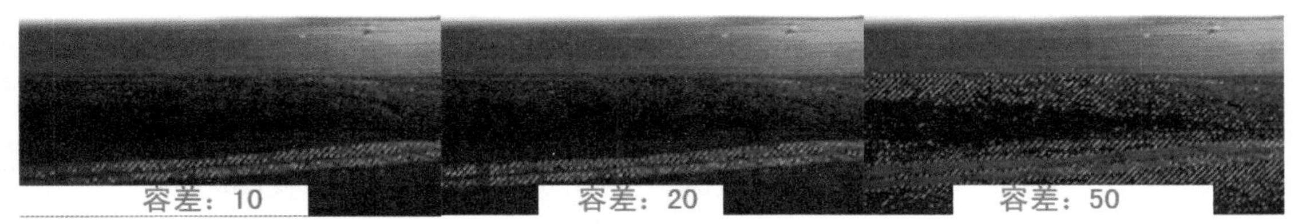

图3-14　不同容差值的选取结果

- 消除锯齿：选中该复选框可以消除选区的锯齿边缘。
- 连续：选择该复选框，在选取时仅选取位置相邻且颜色相近的区域。否则，会将整幅图像中所有颜色相近的区域选择，而不管这些区域是否相连，如图3-15所示。

图3-15　“连续”选项对选择的影响

（2）快速选择工具

（快速选择工具）能够快速选择多个颜色相似的区域。该工具的引入，使复杂选区的创建变得简单和轻松。

在选择人物图像时，人物的衣服、头发等有多种颜色，而且颜色的层次变化也很丰富，因此不能直接用（魔棒工具）选择。而使用（快速选择工具）就可以轻松地把人物选择下来，如图3-16所示。

原图像

选择结果

图3-16　快速选择结果

3.1.3　路径选择工具

路径选择工具根据创建路径转换为选区的方法选择对象。因为路径可以非常光滑，而且可以反复调节各锚点的位置和曲线的形态，因此非常适合建立轮廓复杂而边界要求极为光滑的选区，如人物、汽车等。

Photoshop有一整套的路径创建和编辑工具，如图3-17所示。

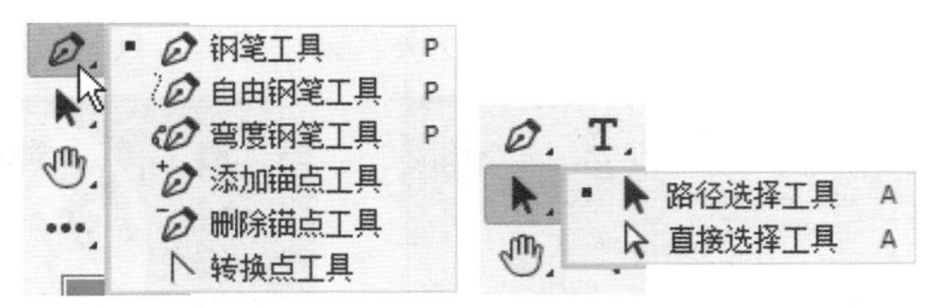

图3-17　路径创建、编辑和选择工具

下面通过使用钢笔工具选择一辆汽车素材，来学习钢笔工具的使用方法。

动手操作——练习钢笔工具

Step 1 单击【文件】|【打开】命令，打开“素材和源文件”\“第3章”\“汽车.jpg”文件，如图3-18所示。

Step 2 选择（钢笔工具），然后使用该工具勾选汽车的轮廓。在此可以通过间隔地单击的方式来进行勾选，如图3-19所示。

图3-18　打开的图像文件

图3-19　选定汽车的轮廓

Step 3 选择（直接选择工具），在图像中将位置不合适的锚点调整到合适的位置，如图3-20所示。

图3-20　调整锚点的位置

Step 4 使用同样的方法，把其他位置不理想的锚点逐个调整到合适的位置，效果如图3-21所示。

Step 5 选择（转换点工具），单击一个锚点并拖动鼠标，此时发现会有如图3-22所示的手柄出现，随着鼠标的移动，锚点两端的路径也相应变化。此时释放鼠标，单击其中一侧的手柄，然后拖动鼠标进行调整，被拖动手柄一侧的路径发生变化。如果想改变锚点位置的话，可以将路径工具栏中的（转换点工具）按钮切换为（路径选择工具）按钮。

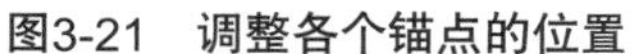

图3-21　调整各个锚点的位置

图3-22　调整锚点处的圆滑度

当调整曲线时，有时会发现锚点的数量不能满足修改的需要。这时可以使用工具箱中的（添加锚点工具）和（删除锚点工具）在线段处添加或删除一个锚点就可以了。

Step 6　选择（添加锚点工具），在线段合适的位置单击一下，在这个位置就多了一个锚点，如图3-23所示。

Step 7　将路径调整至如图3-24所示所需的形状。

图3-23　添加锚点

图3-24　确定后的汽车轮廓

但是由于路径是矢量线条，不能被直接运用，因此应将其转换为选区。

Step 8　单击【路径】面板下方的按钮，将路径转换为选区。

Step 9　按【Ctrl+Shift+I】组合键将选区反选，最后选择一个合适的颜色填充到背景上，最终效果如图3-25所示。

Step 10　将调整后的文件另存为“汽车选择.jpg”文件。

图3-25　选择的汽车效果

3.2　图像编辑工具

Photoshop的图像编辑工具主要包括橡皮擦工具、加深和减淡工具、图章工具、修复工具及文字工具等。

3.2.1　橡皮擦工具

Photoshop提供了3种橡皮擦工具，包括（橡皮擦工具）、（背景橡皮擦工具）、（魔术橡皮擦工具），其中最常用的是（橡皮擦工具）。

在为效果图添加配景时，加入的配景如果边界太清楚，配景会和场景衔接得比较生硬，这时可以用橡皮擦工具对配景的边缘进行修饰，使配景的边缘和效果图场景结合的比较自然。

下面通过一个小实例来讲解（橡皮擦工具）的使用方法。

动手操作——用橡皮擦工具处理配景

Step 1 打开“素材和源文件”\“第3章”\“木屋.psd”文件，如图3-26所示。

图3-26　打开的图像文件

由图3-26看出，远处树木配景的边界和天空衔接处过于生硬，接下来用（橡皮擦工具）擦除树木配景的边界，使其与天空衔接的自然些。

Step 2 选择“木屋”图层为当前图层，选择（橡皮擦工具），选择一个虚边笔刷，属性栏中的各项参数设置如图3-27所示。

图3-27　属性栏参数设置

Step 3 按住鼠标左键，在配景树靠近天空的边缘拖动鼠标将部分图像擦除，直到配景和天空衔接的比较自然为止，效果如图3-28所示。

Step 4 将调整后的文件另存为“木屋擦除.psd”文件。

图3-28　擦除树效果

3.2.2　加深和减淡工具

（加深工具）和（减淡工具）可以轻松调整图像局部的明暗变化，使画面呈现丰富的变化。

接下来通过一个实例来讲解它们的使用方法。

动手操作——加深和减淡工具运用

Step 1　单击【文件】|【打开】命令，打开“素材和源文件”\“第3章”\“报告厅.jpg”文件，如图3-29所示。

图3-29　打开的图像文件

由图3-29看出，走道明暗颜色变化不大，看上去一点也不真实。下面分别用（加深工具）和（减淡工具）对走道进行调整。

Step 2　选择（加深工具），属性栏参数设置如图3-30所示。

图3-30　属性栏参数设置

Step 3　使用（加深工具）在靠近座椅的地面擦出较深的阴影，使用（减淡工具）在走道中间擦出高亮效果，设置加深和减淡的对比效果，如图3-31所示。

调整前

调整后

图3-31 减淡走道效果

Step 4 将调整后的文件另存为“报告厅加深和减淡.jpg”文件。

3.2.3 图章工具

图章工具在效果图的后期处理中是应用最为广泛的一种工具，主要适用于复制图像，以修补局部图像的不足。图章工具包括（仿制图章工具）和（图案图章工具）两种，在建筑表现中使用较多的是（仿制图章工具）。

（仿制图章工具）的具体操作步骤是：首先选择合适的笔头，按住【Alt】键，然后在图像中单击，选取一个采样点，最后在图像的其他位置上拖动鼠标，这样就可以复制图像了，可以把残缺的图像修补完整。

动手操作——仿制图章工具使用

Step 1 单击【文件】|【打开】命令，打开“素材和源文件”\“第3章”\“天空.png”文件，如图3-32所示。

图3-32所示为生活中拍摄的照片，飞鸟的存在妨碍了其作为天空配景的素材，此时可以使用（仿制图章工具）将飞鸟从天空上删除。

Step 2 选择（仿制图章工具），在选项栏中设置一个合适的虚边笔刷。

Step 3 将光标移动到飞鸟图像中周围的天空上，按【Alt】键单击鼠标左键取样，定义一个参考点，释放【Alt】键，在图像中效果图像处拖动鼠标，则采样点的像素就被一点点地复制到飞鸟处，如图3-33所示。

图3-32 打开的图像文件

图3-33 删除飞鸟

Step 4 重复上面的操作，在图像中多次选择采样点，然后拖动鼠标复制，修改飞鸟处的像素，效果如图3-34所示。

Step 5 将图像另存为“天空修饰.png”文件。

图3-34　复制还原的图像效果

3.2.4　修复工具

修复工具包括（修复画笔工具）、（修补工具）、（红眼工具）和（污点修复画笔工具）。与仿制图章工具不同的是，修复工具除了复制图像外，还会自动调整原图像的颜色和明度，同时虚化边界，使复制图像和原图像无缝结合。在效果图后期处理中经常用的是（修补工具），因此在这里重点讲述该工具的用法。

动手操作——练习修补工具

Step 1　打开“素材和源文件”\“第3章”\“草地.jpg”文件，如图3-35所示。首先运用（修补工具）去掉草地上的伞对象。

Step 2　沿植物的边缘拖动鼠标，松开鼠标后得到一个选区，如图3-36所示。

图3-35　打开的图像文件

图3-36　选择伞区域

Step 3　按住鼠标左键，拖动选区至一个空处草地的区域，如图3-37所示。

Step 4　松开鼠标左键后，系统自动使用目标区域修复原选区，并使目标区域与原选区周围图像自动融合，如图3-38所示。

图3-37　拖动至目标区域

图3-38　修复完成的沙漠效果

Step 5 修复之后按【Ctrl+D】组合件，将选区取消即可。

3.2.5　文字工具

文字对提升效果图的意境、丰富效果图内容的作用是不可忽视的。

（1）文字的类型

在Photoshop 2018中，文字工具分为T.（横排文字工具）、↓T.（竖排文字工具）、文字蒙版工具和路径文字工具四类。

- T.（横排文字工具）：选择图标，在打开的图像窗口中单击，光标闪烁的位置就是文字输入的起始端。
- ↓T.（竖排文字工具）：选择图标，在打开的图像窗口中单击，即可以创建竖排文字。
- 路径文字：首先使用（钢笔工具）勾画出一条路径，然后选择文字工具，将光标置于路径位置单击，就会发现光标在路径上闪烁。这时输入文字，文字就会沿路径编排。
- 蒙版文字工具：蒙版文字工具包括（横排文字蒙版工具）和（直排文字蒙版工具），在窗口中单击创建蒙版文字时可以进入蒙版模式创建文字，创建完蒙版文字后，在空白处单击即可退出蒙版，退出蒙版即可创建文字的选区。

（2）文字属性设置

文字属性包含文字字体、大小、颜色设置，如图3-39所示。

图3-39　文字属性栏

3.2.6　裁剪工具

（裁剪工具）在建筑效果图后期处理中经常结合构图使用，它的作用是裁剪掉画面多余部分，以达到更美观的画面效果。一般而言，不用对效果图直接进行裁剪，而是先用填充黑色的矩形将画面多余部分遮住，调整好最合适的位置，然后执行裁剪命令，将黑色矩形外框裁剪掉，如图3-40所示。

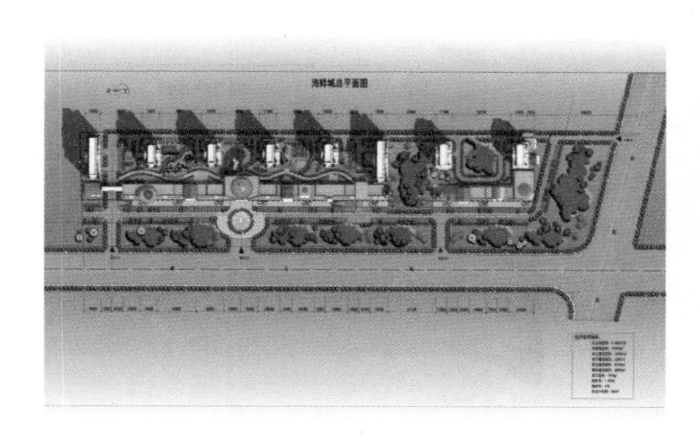
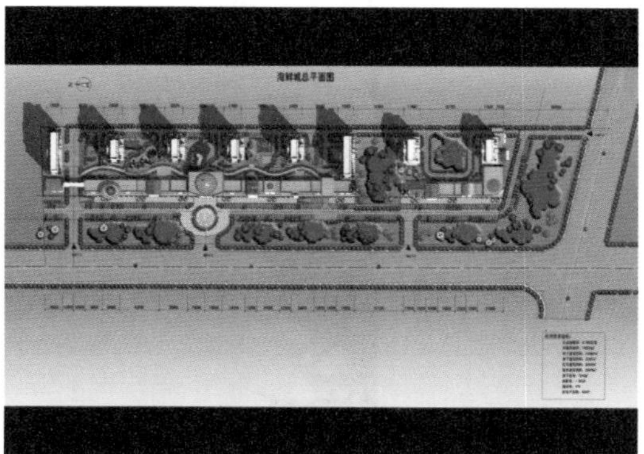

图3-40　调整构图

3.3 图像选择和编辑命令

对图像进行选择和编辑除了使用前面介绍的一些常用工具外，还经常用到一些菜单命令。工具和命令两者的有力结合，使得Photoshop 2018的编辑功能更为完善，同时也为后期处理工作带来了更多便利。

3.3.1 色彩范围命令

【色彩范围】命令也是一种选择颜色很方便的命令，它可以一次选择所有包含取样颜色的区域，执行【选择】|【色彩范围】命令即可打开该对话框。

下面以一个树枝图像选取为例，讲解【色彩范围】命令的用法。

动手操作——使用【色彩范围】命令选择图像

Step 1 单击【文件】|【打开】命令，打开“素材和源文件”\“第3章”\“半棵植物.jpg”文件，如图3-41所示。

Step 2 双击“背景”图层，将背景图层转换为普通层“图层0”，这样在清除背景后，可得到透明区域。

Step 3 单击【选择】|【色彩范围】命令，打开【色彩范围】对话框。单击（吸管工具）按钮，然后移动光标至图像窗口白色背景处单击，以拾取白色作为选择颜色。对话框中的预览窗口会立即以黑白图像显示当前选择的范围，其中白色区域表示选择区域，黑色区域表示非选择区域。

Step 4 拖动颜色容差滑块，直至对话框中的天空背景全部显示为白色，如图3-42所示。

Step 5 单击 确定 按钮，关闭【色彩范围】对话框，图像窗口会以“蚂蚁线”的形式标记出选择的区域，如图3-43所示。

Step 6 按【Delete】键，清除选区内的天空图像，从而得到透明背景，如图3-44所示。

图3-41　打开的图像文件

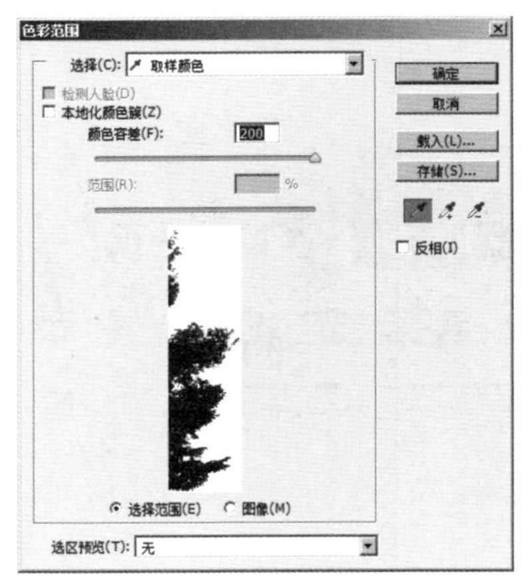

图3-42 【色彩范围】对话框

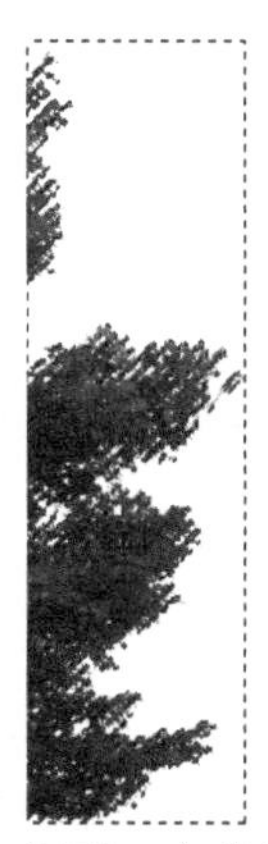

图3-43　得到天空背景选区

图3-44　清除天空背景效果

Step 7 按【Ctrl+O】组合键，打开“仿中别墅.psd”，如图3-45所示。

Step 8 拖动复制已去除背景的树枝图像至建筑窗口中，按【Ctrl+T】组合键，调整树枝图像的大小及位置如图3-46所示。

图3-45　打开的图像文件

图3-46　调入图像效果

调入的配景素材，除了调整大小和位置外，还需要进行色彩和色调的调整，以匹配建筑图像的颜色。

Step 9 单击【图像】|【调整】|【亮度/对比度】命令，打开【亮度/对比度】对话框，将树枝图像颜色调暗，从而完成最终合成效果，如图3-47所示。

图3-47　合成效果

Step 10 将调整后的文件另存为“色彩范围应用.psd”文件。

3.3.2 调整边缘命令

【选择并遮住】命令可以理解为【抽出】滤镜的增强版，而且由于是选取操作（【抽出】滤镜是直接对像素操作），可修改的余地很大，而且最后抠取一般是自动生成蒙版（【抽出】滤镜是直接删除像素），也可以防止做错而反复修改。

接下来运用【选择并遮住】命令抠取一幅老虎图像素材。

动手操作——【选择并遮住】命令的运用

Step 1 单击【文件】|【打开】命令，打开“素材和源文件”\“第3章”\“老虎.jpg”文件，如图3-48所示。

Step 2 选择 （快速选择工具），在图像中老虎的位置连续拖动鼠标选择老虎部分，如图3-49所示。

图3-48　打开的图像文件

图3-49　选择老虎效果

Step 3 单击【选择】|【选择并遮住】命令，在选择并遮住窗口中使用各种工具，选择或减去选择调整老虎的选择效果，如图3-50所示。

在使用工具栏中工具抠图时，按住【Alt】键减选选区，按住【Shift】键加选选区。

Step 4 调整好选区之后，在【属性】面板中单击【确定】按钮，返回到主界面中，创建老虎选区，按【Ctrl+J】组合件，将选区中的内容复制到新的图层中，将“背景”图层隐藏，最后抠取的图像如图3-51所示。

图3-50　使用选择并遮罩调整选区

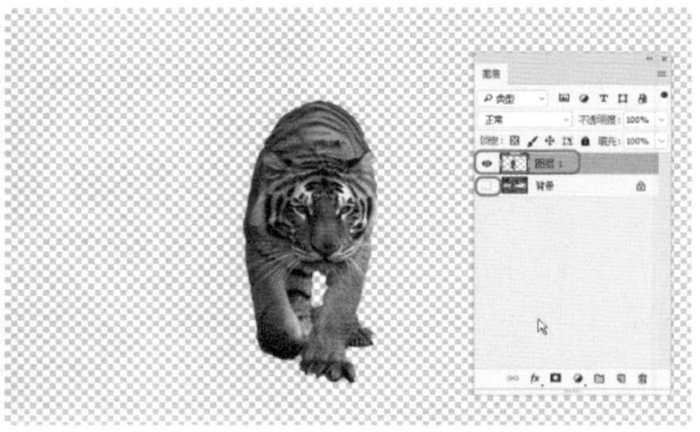

图3-51　复制图像到新的图层

Step 5 将图像另存为“老虎抠图.psd”文件。

3.3.3　图像变换命令

在调整配景大小和制作配景阴影或倒影的过程中，会反复用到Photoshop的变换功能。图像的变换有两种方式，一种是直接在【编辑】｜【变换】子菜单中选择各个命令，如图3-52所示。另一种方式是通过鼠标和键盘操作配合，进行各种自由变换操作。

（1）使用变换菜单

【编辑】｜【变换】子菜单各命令功能如下。

- 【缩放】：移动光标至变换框上方，光标显示为双箭头形状，拖动鼠标即可调整图像的大小和尺寸。按住【Shift】键拖动，图像将按照固定比例缩放，如图3-53所示。
- 【旋转】：移动光标至变换框外，当光标显示为形状后，拖动即可选择图像。若按住【Shift】键拖动，则每次旋转15°，如图3-54所示。

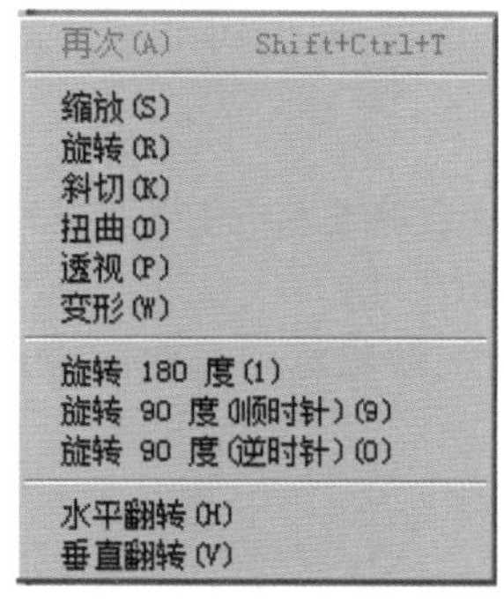

图3-52　【变换】子菜单

图3-53　缩放图像

图3-54　旋转图像

- 【斜切】：此命令可以将图像进行斜切变换。在该变换状态下，变换控制框的角点只能在变换控制框边线所定义的方向上移动，从而使图像得到倾斜效果，如图3-55所示。
- 【扭曲】：选择此命令后，可以任意拖动变换框的4个角点进行图像变换，如图3-56所示。

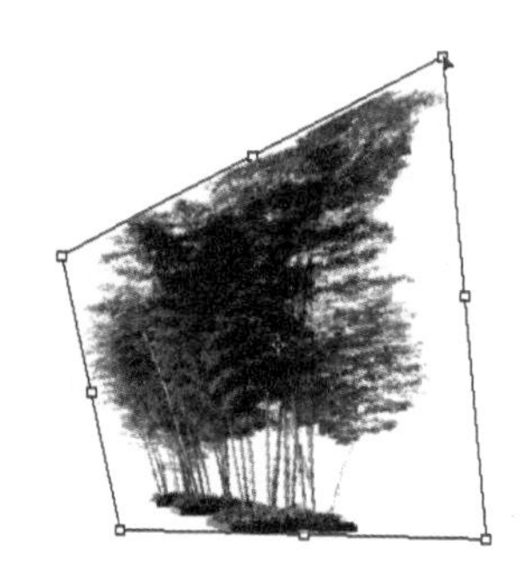

图3-55　斜切图像

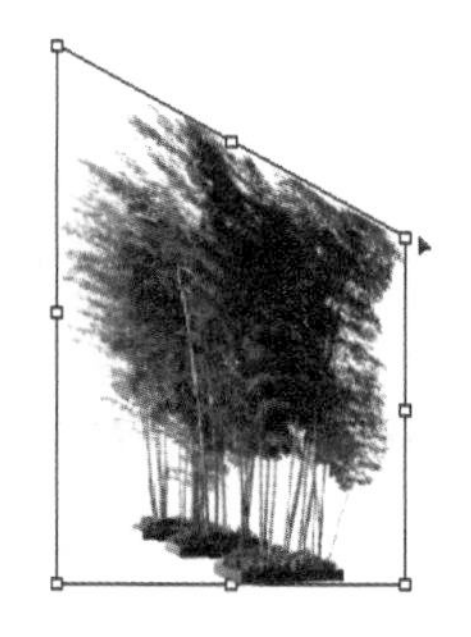

图3-56　扭曲变换图像

- 【透视】：拖动变换框的任一角点时，拖动方向上的另一角点会发生相反的移动，得到对称的梯形，从而得到物体透视变形的效果，如图3-57所示。
- 【变形】：选择此命令后，变换框的4个角点上就会出现变换手柄，用户可以拖动手柄对图像进行变形操作，如图3-58所示。

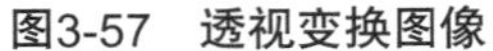

图3-57　透视变换图像

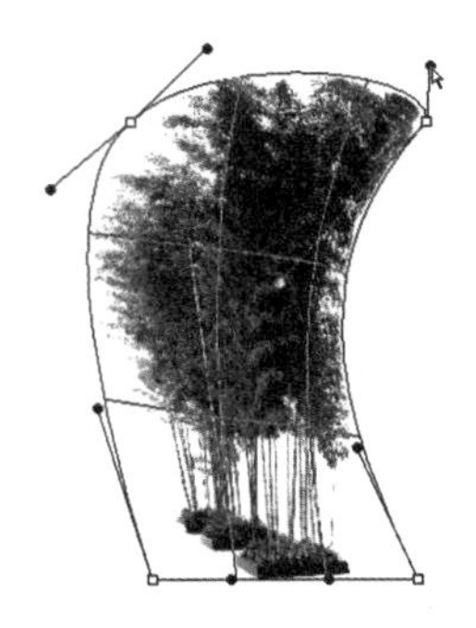

图3-58　变形图像

（2）自由变换

【自由变换】命令可以自由使用【缩放】、【旋转】、【斜切】、【扭曲】和【透视】命令，而不必从菜单中选择这些命令。若要应用这些变换，在拖移变换框的手柄时使用不同的快捷键，或直接在属性栏中输入数值，具体操作如下。

- 选择需要变换的图像或图层。
- 执行【编辑】|【自由变换】命令，或者按【Ctrl+T】组合键进入自由变换状态。
- 缩放：移动光标至变换框的角点上直接缩放图像的大小和尺寸。
- 旋转：移动光标至变换框的外部并变为 形状时，然后拖动鼠标即可对图像进行旋转变换。
- 斜切：按住【Ctrl+Shift】组合键并拖动变换框边框。
- 扭曲：按住【Ctrl】键并拖动变换框角点。
- 透视：按住【Ctrl+Alt+Shift】组合键并拖动变换框角点。
- 调整合适后，按【Enter】键确认变形操作。按【Esc】键取消变换操作。

因为这种方法简捷快速，因此进行图像变换操作时一般采用这种方法。

3.3.4　调整图层命令

所谓调整图层，实际上就是用图层的形式保存颜色和色调调整，以方便后面对参数进行修改调整。添加调整图层命令时，系统会自动增加一个图层蒙版。调整图层除了有部分调整命令的功能外，还有图层的一些特征，如不透明度、混合模式等。当想修改参数时，可以双击图标，弹出图像调整命令对话框，直接改变调整参数即可。

接下来通过实例操作来介绍调整图层命令的使用方法。

动手操作——用【调整图层】命令调整图像

Step 1　单击【文件】|【打开】命令，打开“素材和源文件”\“第3章”\“影视墙.jpg”文件，如图3-59所示。

Step 2　单击【图层】面板底部的◐按钮，在弹出的快捷菜单中选择【色彩平衡】命令，在弹出的面板中设置各项参数，如图3-60所示。执行上述操作后，图像效果如图3-61所示。

Step 3 再单击【图层】面板底部的按钮，在弹出的快捷菜单中选择【亮度/对比度】命令，在弹出的面板中设置各项参数，如图3-62所示。执行上述操作后，图像效果如图3-63所示。

Step 4 将图像另存为“影视墙调整图层.psd”文件。

图3-59　打开的图像文件

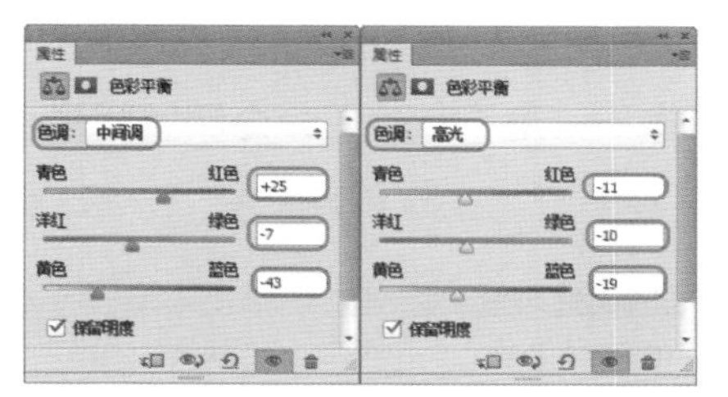

图3-60　参数设置

图3-61　图像效果

图3-62　参数设置

图3-63　图像效果

3.4　图像调整命令

要将众多的配景素材与建筑图像进行自然、和谐的合成，统一整体的颜色和色调是关键。效果图常用的图像调整命令包括色阶、亮度/对比度、色彩平衡、曲线、色相/饱和度等，在【图像】｜【调整】级联菜单中可以分别选择各个调整命令。

色彩的调整主要是调整图像的明暗程度。另外，因为每一幅效果图场景所要求的时间、环境氛围是各不相同的，又不可能有那么多合适的配景素材。这时就必须运用Photoshop中的图像色彩调整命令对图片进行调整。

3.4.1 【色阶】命令

【色阶】命令通过调整图像的阴影、中间色调和高光的强度级别，来校正图像的明暗及反差效果，调整图像的色调范围和色彩平衡。【色阶】命令常用于修正曝光不足或过度的图像，同时也可对图像的对比度进行调节。

在调整图像色阶之前，首先应仔细观看图像的“山”状像素分布图，“山”高的地方，表示此色阶处的像素较多；反之就表示像素较少。

如果“山”分布在右边，说明图像的亮部较多；“山”分布在左边，说明图像的暗部较多；“山”分布在中间，说明图像中色调较多，缺少色彩和明暗对比。

单击【图像】|【调整】|【色阶】命令，弹出【色阶】对话框，如图3-64所示。

动手操作——用【色阶】命令调整图像

Step 1 打开“素材和源文件”\“第3章”\“色阶示例.tif”文件，如图3-65所示。

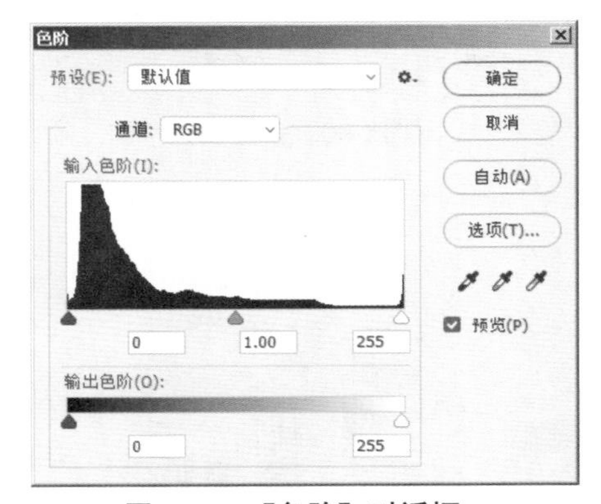

图3-64 【色阶】对话框

图3-65 打开的图像文件

Step 2 单击【图像】|【调整】|【色阶】命令，打开【色阶】对话框，用鼠标将中间色调的滑块向左侧移动，使其增加2.40，效果如图3-66所示。

Step 3 用鼠标将中间色调滑块向右侧移动，使其降低0.5，效果如图3-67所示。

图3-66 调整图像效果

图3-67 调整图像效果

通过上面的实例操作可以看出，【色阶】命令其实就是通过调整图像的高光色调、中间色调和阴影色调所占比例来调整图像的整体效果。

3.4.2 【亮度/对比度】命令

【亮度/对比度】命令主要用来调整图像的亮度和对比度，它不能对单一通道做调整，也不能像【色阶】命令一样能够对图像的细部进行调整，只能很简单、直观地对图像做较粗略的调整，特别对亮度和对比度差异相对悬殊不太大的图像，使用起来比较方便。

单击【图像】|【调整】|【亮度/对比度】命令，弹出【亮度/对比度】对话框，如图3-68所示。

【亮度】：调整图像的明暗度，可通过拖动滑块或直接在文本框中输入数值的方法增加或降低其亮度。向右可以增加亮度，向左可以降低亮度，调整效果如图3-69所示。

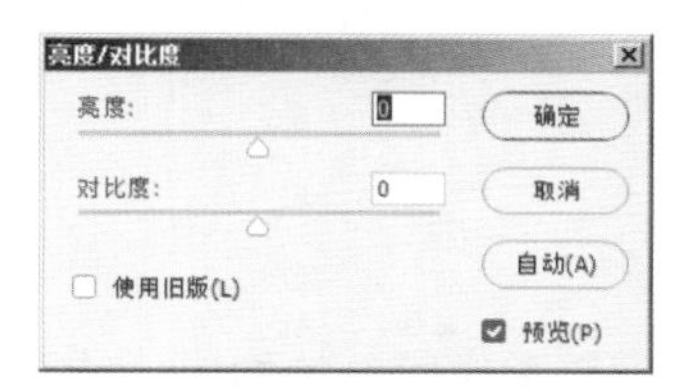

图3-68　【亮度/对比度】对话框

图3-69　调整图像亮度

注意

当图像过亮或过暗时，可以直接使用“亮度”来调整，图像会整体变亮或变暗，而在色阶上没有很明显的变化。

【对比度】：调整图像的对比度，可通过拖动滑块或直接在文本框中输入数值的方法增加或降低其对比度，向右可以增加对比度，向左可以降低对比度，调整效果如图3-70所示。

图3-70　调整图像对比度

动手操作——用【亮度/对比度】命令调整图像

Step 1 单击【文件】|【打开】命令，打开“素材和源文件”\“第3章”\“亮度对比度应用.tif”文件，如图3-71所示。

这是一幅起居室效果图，因为画面的亮度和对比度过低，致使整体看起来有点发灰，物体没有立体感。下面用【亮度/对比度】命令来对其进行调整，使空间更加真实。

Step 2 单击【图像】|【调整】|【亮度/对比度】命令，打开【亮度/对比度】对话框，设置各项参数如图3-72所示。

执行上述操作后，图像效果如图3-73所示。

图3-71 打开的图像文件

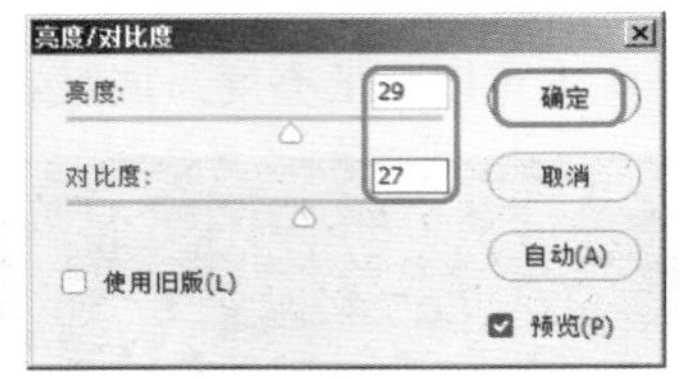

图3-72 参数设置

图3-73 调整后的图像效果

Step 3 将调整后的图像保存。

3.4.3 【色彩平衡】命令

【色彩平衡】命令可以进行一般性的色彩校正，简单快捷地调整图像颜色的构成，并混合各色彩达到平衡。在运用该命令对图像进行色彩调整时，每个色彩的调整都会影响到图像中的整体色彩平衡。因此，若要精确调整图像中各色彩的成分，还是需要用【色阶】或者【曲线】等命令调节。

单击【图像】|【调整】|【色彩平衡】命令，弹出【色彩平衡】对话框，如图3-74所示。

- 【色彩平衡】：通过拖动图中的3个滑块或直接在文本框中输入-100～+100的数值来进行调节。当向右侧拖动滑块减少青色的同时，必然会导致红色的增加，如果图像的某一色调区青色过重，就可以靠增加蓝色来减少该色调区的黄色，如图3-75所示。

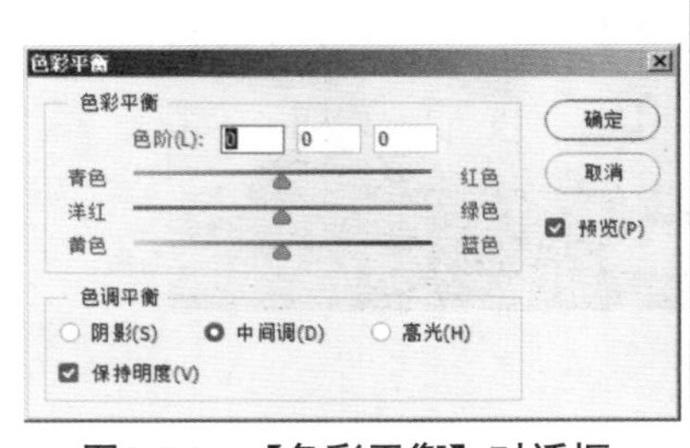

图3-74 【色彩平衡】对话框

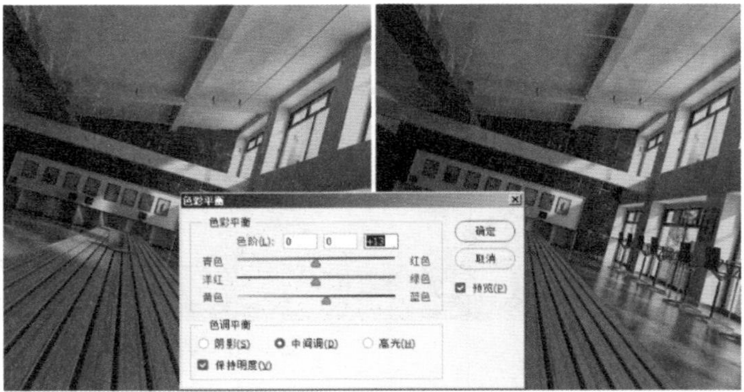

图3-75 去掉黄色

- 【色调平衡】：选择需要调节色彩平衡的色调范围，其中包括阴影、中间调、高光3个色阶。它们可以决定改变哪个色阶的像素。同样的参数设置，选择不同色阶的调整效果如图3-76所示。

图3-76　调整不同色调范围效果

- 【保持明度】：勾选此复选框，在调节色彩平衡的过程中可以保持图像的亮度值不变。

动手操作——用【色彩平衡】命令调整图像

Step 1 单击【文件】|【打开】命令，打开“素材和源文件”\“第3章”\“发廊.png”文件，如图3-77所示。

这是一幅发廊的洗发厅效果图，整体色调表达得非常到位。唯一不足的是木纹墙产生了溢色。接下来，对该溢色处理一下。

图3-77　打开的图像文件

Step 2 单击【图像】|【调整】|【色彩平衡】命令，打开【色彩平衡】对话框，设置各项参数如图3-78所示。执行上述操作后，图像效果如图3-79所示。

Step 3 将调整后的图像保存。

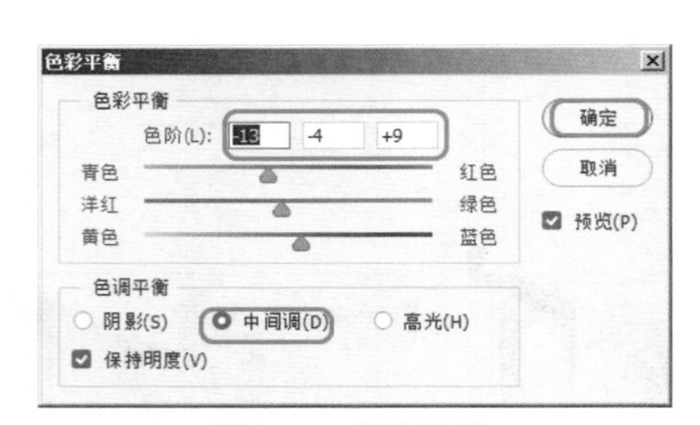

图3-78　参数设置

图3-79　调整色彩平衡效果

3.4.4　【曲线】命令

【曲线】命令同样可以调整图像的整个色调范围，是一个经常用的色调调整命令，其功能与【色阶】功能相似，但最大的区别是，【曲线】命令调节更为精确、细致。单击【图像】|【调整】|【曲线】命令，弹出【曲线】对话框，如图3-80所示。

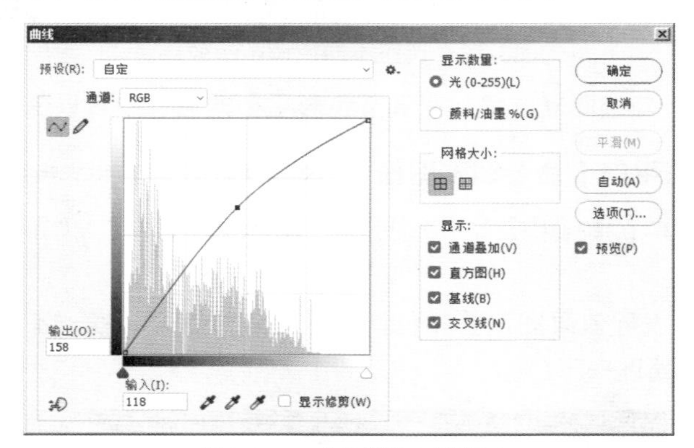

图3-80　【曲线】对话框

通常通过调整曲线表格中的形状来调整图像的亮度、对比度、色彩等。调整曲线时，首先在曲线上单击，然后拖动即可改变曲线形状。当曲线向左上角弯曲时，图像变亮；当曲线向右下角弯曲时，图像色调变暗。

通过调整曲线上的节点来调整图像，其效果如图3-81～图3-84所示。

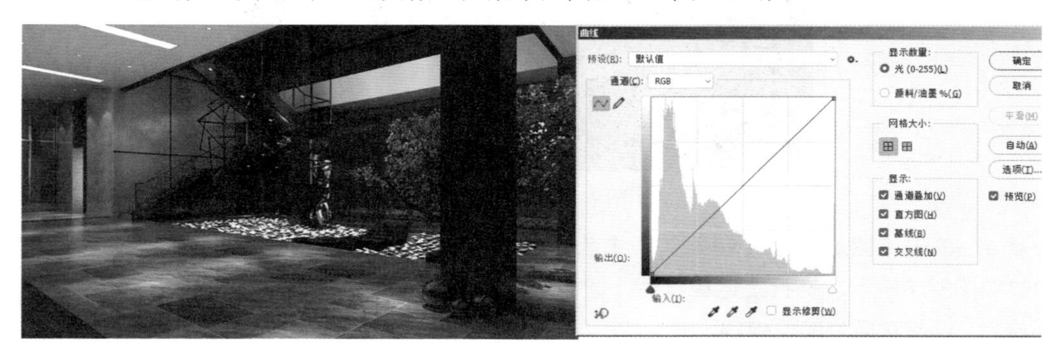

图3-81　调整前的效果

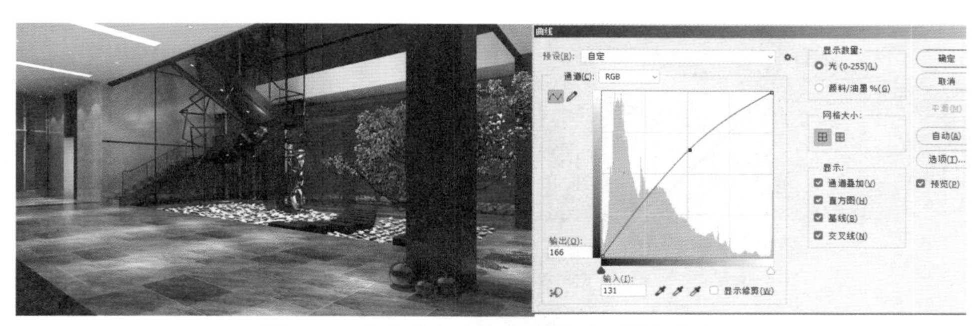

图3-82　当曲线向左上角弯曲时，图像变亮

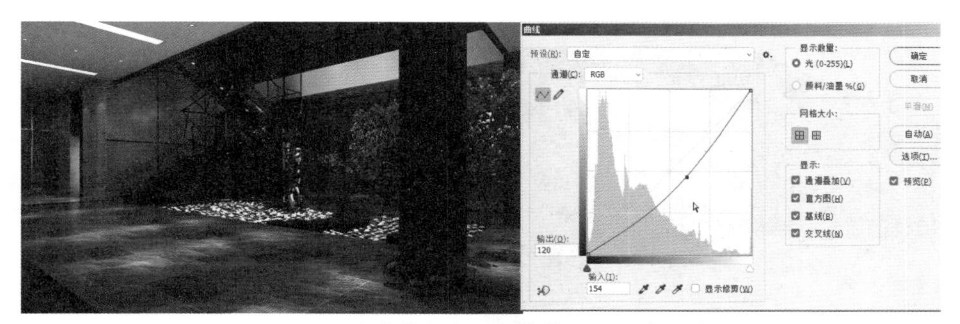

图3-83　当曲线向右下角弯曲时，图像变暗

图3-84　调整多个节点效果

另外，使用【曲线】对话框中的铅笔工具可以做出更多的变化。可以直接用铅笔在坐标区内画出一个形状，代表曲线调节后的形状，然后单击【平滑】按钮，曲线会自动变平滑，可以多次重复单击，直至达到满意的效果为止。按下按钮，可以对曲线再次进行编辑，如图3-85～图3-87所示。

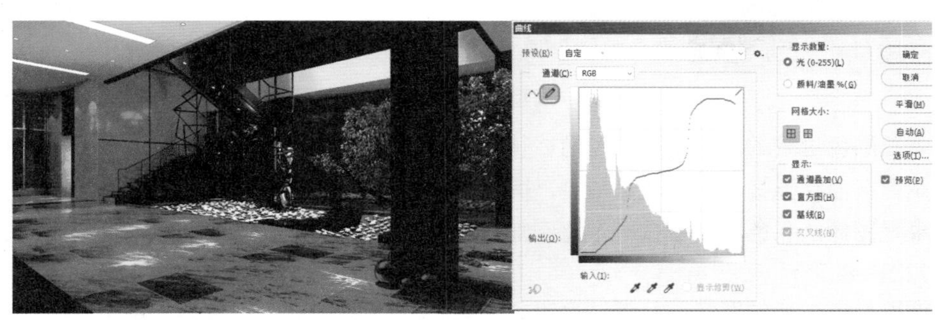

图3-85　使用铅笔工具绘制的曲线

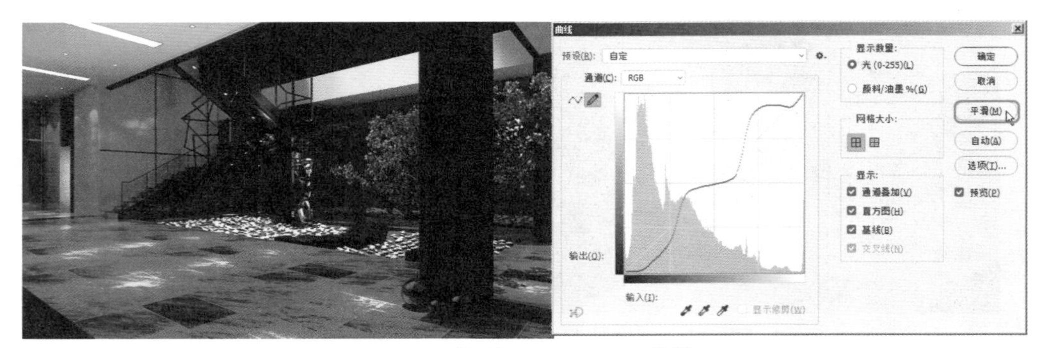

图3-86　使用平滑工具平滑曲线

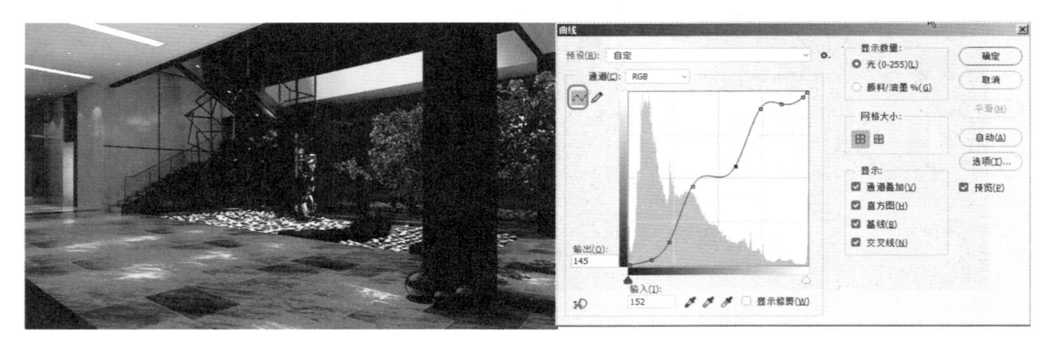

图3-87　使用节点工具编辑曲线

下面针对图像质量方面常见的一些问题介绍几种调整曲线的方法。

- 调整缺乏对比度的图像：通常是一些扫描的照片。这类图像的色调过于集中在中间色调范围内，缺少明暗对比。这时，可以在【曲线】中锁定中间色调，将阴影区曲线稍稍下调，将高亮曲线稍稍上扬，这样可以使阴影区更暗，高光区更亮，明暗对比就明显一些，如图3-88所示。

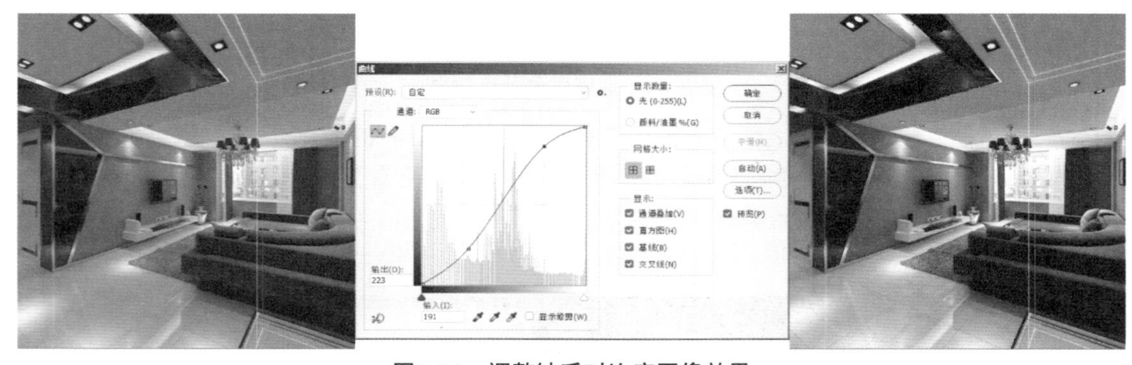

图3-88　调整缺乏对比度图像效果

- 调整颜色过暗的图像：色调过暗往往会导致图像细节的丢失，这时可以在“曲线”中将阴影区曲线上扬，将阴暗区减少，同时中间色调区曲线和高光区曲线也会稍稍上扬，结果是图像的各色调区被按一定比例加亮，比起直接将整体加亮，显得更有层次感，效果如图3-89所示。
- 调整颜色过亮的图像：色调过亮也会导致图像细节丢失。这时，在【曲线】中将高亮区曲线稍稍下调，将高亮区减少，同时中间色调区和阴影区曲线也会稍稍下调，这样各色调区会按一定的比例变暗，同样比起直接整体调暗来说，更有层次感。

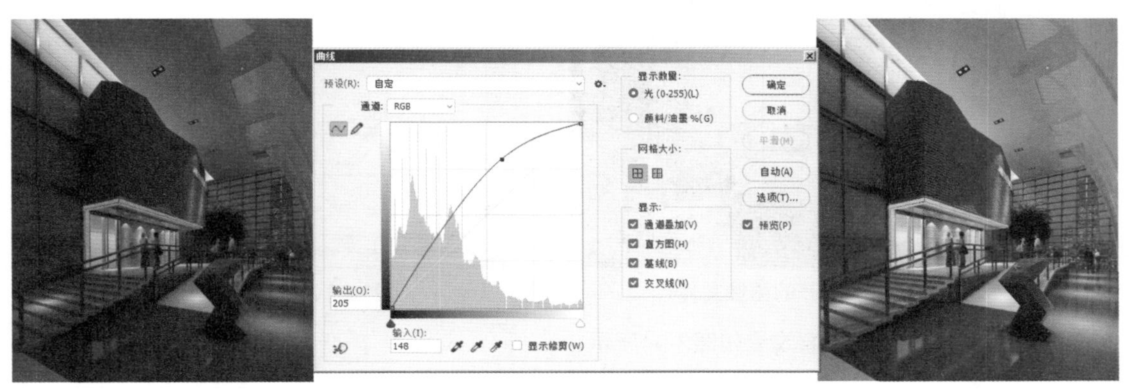

图3-89 将过暗的图像调亮

3.4.5 【色相/饱和度】命令

【色相/饱和度】命令主要用于改变图像像素的色相、饱和度和亮度，还可以通过定义像素的色相及饱和度，实现灰度图像上色的功能，或创作单色调效果。

单击【图像】｜【调整】｜【色相/饱和度】命令，弹出【色相/饱和度】对话框，如图3-90所示。

其中，勾选【着色】复选框后，彩色图像会变为单一色调，如图3-91所示。

图3-90 【色相/饱和度】对话框

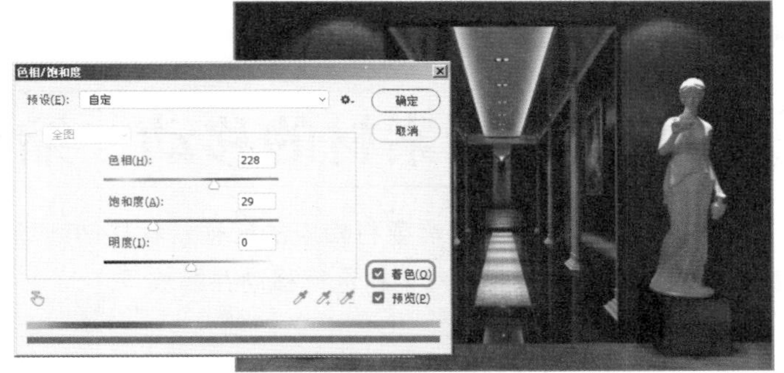

图3-91 调整单一色效果

动手操作——用【色相/饱和度】命令调整图像

Step 1 单击【文件】｜【打开】命令，打开“素材和源文件”\“第3章”\“色相饱和度应用.tif”文件，如图3-92所示。

这里表现的是一个家装的卧室空间，它的氛围应该是安逸和温馨的的。从图3-92来看，整个空间偏冷、灰暗。接下来运用【色相/饱和度】命令将其调整。

Step 2 单击【图像】｜【调整】｜【色相/饱和度】命令，打开【色相/饱和度】对话框中，设置参数如图3-93所示。

图3-92　打开的图像文件

色相/饱和度
预设(E):　自定
确定
取消
全图
色相(H):　13
饱和度(A):　39
明度(I):　0
着色(O)
预览(P)

图3-93　参数设置

执行上述操作后，图像效果如图3-94所示。

图3-94　调整后的图像效果

Step 3　将调整后的图像保存。

3.5　配景素材的移动、缩放

在处理效果图时经常需要将相应的配景素材移动到场景中合适的位置，并根据实际情况调整配景的大小，这就需要对素材进行移动并缩放。

3.5.1　配景素材的移动

使用✥（移动工具）可以将任何配景素材移动到要处理的效果图场景中，从而使场景效果更加真实、自然。

- 在同一幅图像中移动选区，原图像区域将以背景色填充。
- 在不同的图像间移动选区，将复制选区到目标图像中。
- 在使用其他工具（钢笔工具、缩放工具除外）时，按下【Ctrl】键，工具就自动变为✥（移动工具）。

动手操作——移动图像到场景中

Step 1　单击【文件】｜【打开】命令，打开“素材和源文件”\“第3章”\“配景移动.tif”和“植物01.psd”图像文件，如图3-95所示。

图3-95　打开的图像文件

Step 2 使用✥（移动工具）在“植物01.psd”文件中按住鼠标左键将植物图像拖到“配景移动.tif”图像文件中，如图3-96所示。

调整素材的位置，按【Ctrl+I】键，反选图像素材，设置图层的不透明度，场景效果如图3-97所示。

图3-96　移动植物配景到场景中

图3-97　移动配景效果

Step 3 将图像另存为“配景移动示例.psd”文件。

3.5.2　配景素材的缩放

将配景素材调入场景中后，可能配景素材相对于场景来说过大或者过小，这时就需要对素材进行缩小或放大操作。

动手操作——配景素材的缩放

Step 1 打开“素材和源文件”\“第3章”\“客厅缩放.jpg”图像文件，如图3-98所示。

Step 2 打开“素材和源文件”\“第3章”\“植物.psd”图像文件，然后使用✥（移动工具）将枝叶图像拖到“客厅缩放.jpg”图像文件中，如图3-99所示。

图3-98　打开的图像文件

图3-99　移动植物图像到效果图场景中

此时观察场景发现加入的植物有点偏大，接下来调整它的大小，使其大小合理。

Step 3 按【Ctrl+T】组合键，弹出自由变换框，按住【Shift】键的同时拖动角上的控制点。

Step 4 调整合适后按【Enter】键确认变形操作，调整植物的位置如图3-100所示。

图3-100　调整植物大小后的效果

Step 5 将图像另存为“客厅缩放.psd”文件。

3.6　【渐变工具】在后期处理中的应用

渐变工具在建筑效果图后期处理中应用得很频繁，巧妙地应用渐变工具可以使画面产生微妙的变化。例如，在处理天空、草地、水面等配景时，使用渐变工具可以迅速地制作出柔和的变化效果。图3-101所示为Photoshop软件中渐变工具的属性栏。

图3-101　渐变工具属性栏

3.6.1　使用【渐变工具】制作普通倒影

普通倒影的制作方法很简单，只需将原配景复制一个，然后将复制后的图像垂直翻转即可。同时还需要通过给图层添加蒙版的方法来制作倒影的退晕效果。

动手操作——使用【渐变工具】制作普通倒影

Step 1 打开“素材和源文件”\“第3章”\“酒店大堂.psd”文件，如图3-102所示。

Step 2 将“人物”图层复制一层，生成“人物副本”图层，并将复制后的图像调整到“人物”图层的下方。

Step 3 确认“人物　副本”图层为当前层，按【Ctrl+T】组合键，弹出自由变换框。

Step 4 单击【编辑】|【变换】|【垂直翻转】命令，将图像翻转过来，然后调整它的位置，如图3-103所示。形态合适后，按【Enter】键，确认变换操作。

Step 5 为“人物　副本”图层添加图层蒙版，选择（渐变工具），在其上执行“黑、白”渐变操作，如图3-104所示。

Step 6 调整“人物　副本”图层的【不透明度】为45%，得到图像的最终效果，如图3-105所示。

图3-102　打开的图像文件

图3-103　将图像垂直翻转

图3-104　执行渐变操作

图3-105　图像最终效果

Step 7　将制作的图像另存为“普通倒影.psd”文件。

3.6.2　使用【渐变工具】制作灯光效果

在效果图后期处理时，往往会碰到某个灯光在3ds Max中制作的光晕没有正确显示出来，如果再返回3ds Max中重新处理太浪费时间。这时就可以运用Photoshop软件中的【渐变工具】为灯制作光晕效果。

动手操作——使用【渐变工具】制作灯光效果

Step 1　打开“素材和源文件”\“第3章”\“玄关.jpg”文件，如图3-106所示。

接下来将运用▣（渐变工具）制作上筒灯的光晕效果。

Step 2　新建一个名为“光晕”的图层，然后在图像中创建如图3-107所示的椭圆形选区。

图3-106　打开的图像文件

图3-107　绘制的选区

Step 3 按【Shift+F6】组合键弹出【羽化选区】对话框，设置“羽化半径”为3像素。

Step 4 设置前景色为米色（R：255，G：254，B：217），选择（渐变工具），选择“线性渐变”方式、渐变类型为“前景色到透明渐变”，然后在选区内拖动鼠标执行渐变操作，如图3-108所示。

执行上述操作后，图像效果如图3-109所示。

图3-108　执行渐变操作

图3-109　渐变效果

Step 5 调整“光晕”图层的混合模式为“滤色”，然后按【Ctrl+D】组合键将选区取消，效果如图3-110所示。

Step 6 将“光晕”图层复制一层，放置在如图3-111所示的位置，得到图像的最终效果。

图3-110　图像效果

图3-111　图像最终效果

Step 7 将制作的图像另存为“玄关灯光.jpg”文件。

3.7　小结

本章主要讲述了室内外效果图进行后期处理过程中最常用的一些工具和命令的基本用法及操作技巧，包括选择工具、移动工具、图像编辑工具、渐变工具，以及几个主要的色彩调整命令等。因为这些工具和命令在效果图后期处理中都是最常用的，所以一定要把本章知识学好，为后面的学习打好基础。

第

章

各种常用纹理贴图的制作

本章内容

- 金属质感贴图的制作
- 木纹质感贴图的制作
- 建筑材料质感贴图的制作
- 草地质感贴图的制作
- 光域网贴图的制作
- 水纹质感贴图的制作
- 透空贴图的制作

对于效果图场景中的造型来说，它们的质感要借助于贴图来表现。因为只有为造型赋予了合适的贴图，才能正确表达造型的材质，可见纹理贴图对于效果图来说非常重要，它是模拟三维世界成功与否的关键。如果没有了贴图，模型建得再美观，也是没有生命力的。凭借合适的贴图，可以充分表现出物体的质感，展现场景中物体的逼真效果。

在室内外建筑效果图制作过程中，有时很难找到一张完全称心如意的贴图，这时就可以运用Photoshop软件制作自己需要的贴图，或者对不适用的贴图进行编辑修改，以满足自己对材质及造型的需求。

本章将学习如何使用Photoshop软件制作几种质感逼真的贴图。

4.1 金属质感贴图的制作

金属质感的材质在现实生活中有很多，在这里主要介绍拉丝不锈钢、液态金属及生锈的金属质感贴图的制作。

4.1.1 拉丝不锈钢质感贴图的制作

不锈钢材质有着接近镜面的光亮度，触感硬朗冰冷，属于比较前卫的装饰材料，符合金属时代的酷感审美。本节将学习制作一款拉丝不锈钢质感的贴图。

动手操作——制作拉丝不锈钢质感贴图

Step 1 单击【文件】|【新建】命令，打开【新建】对话框，设置一个宽度和高度均为500像素、分辨率为72像素/英寸、背景内容为透明的新文档。

Step 2 按【D】键将前景色和背景色恢复成默认的黑色和白色，单击【滤镜】|【渲染】|【云彩】命令，执行多次，直到图像效果如图4-1所示。

Step 3 单击【滤镜】|【模糊】|【高斯模糊】命令，在弹出的【高斯模糊】对话框中设置【半径】为17像素，效果如图4-2所示。

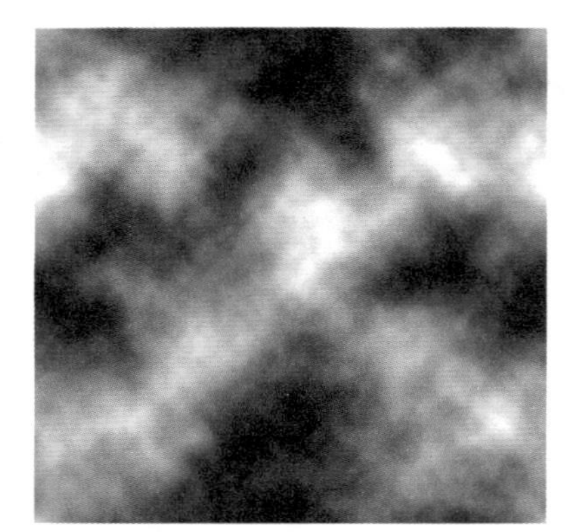

图4-1　云彩滤镜效果

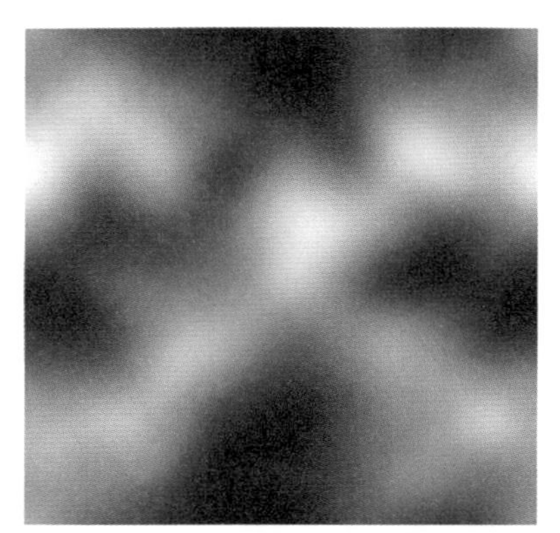

图4-2　高斯模糊效果

Step 4 单击【滤镜】|【杂色】|【添加杂色】命令，打开【添加杂色】对话框，参数设置如图4-3所示。

Step 5 单击【滤镜】|【模糊】|【动感模糊】命令，打开【动感模糊】对话框，参数设置如图4-4所示。

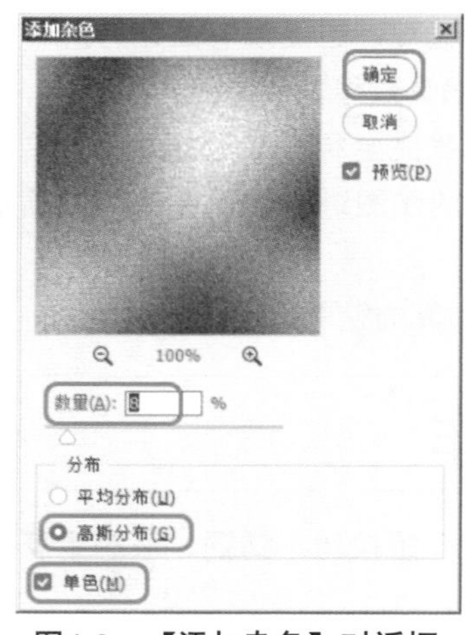

图4-3　【添加杂色】对话框

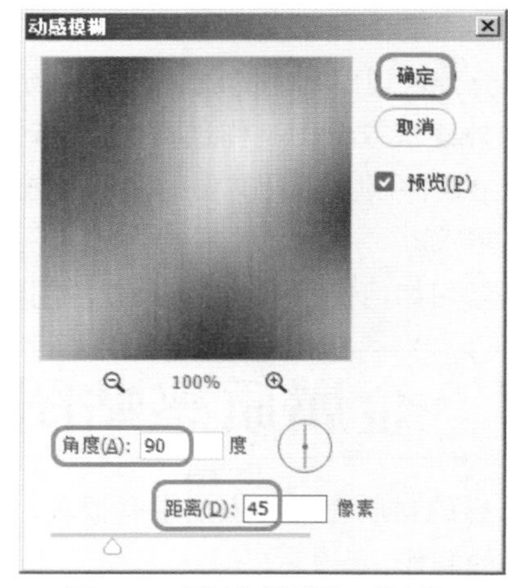

图4-4　【径向模糊】对话框

执行上述操作后，图像效果如图4-5所示。

Step 6 单击【滤镜】|【锐化】|【USM锐化】命令，在弹出的【USM锐化】对话框中设置各项参数，如图4-6所示。

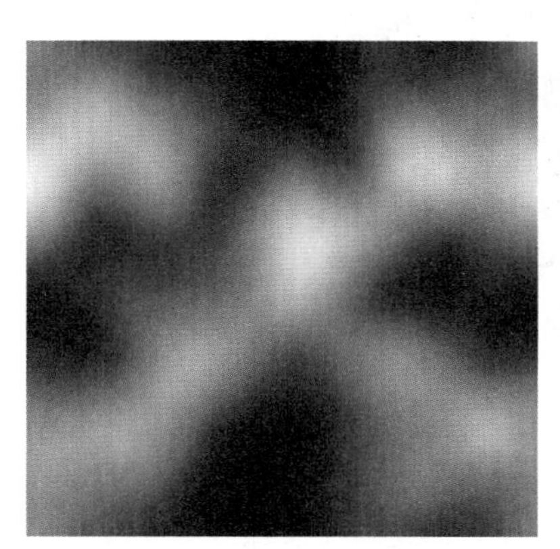
图4-5　编辑图像效果

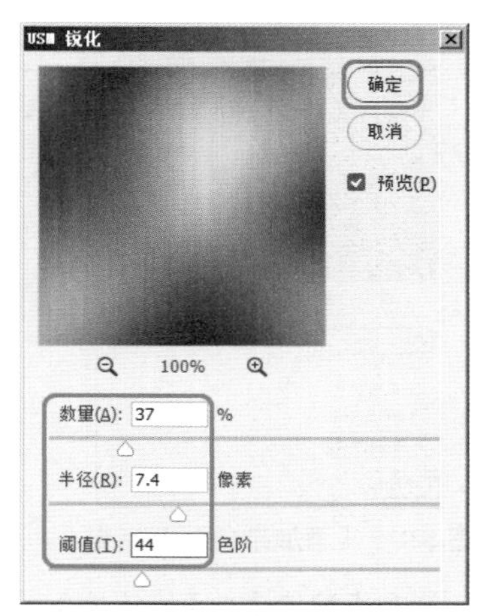

图4-6　【USM锐化】对话框

Step 7 按【Ctrl+L】组合键打开【色阶】对话框，从中调整色阶，如图4-7所示。

Step 8 调整色阶后的效果，如图4-8所示。

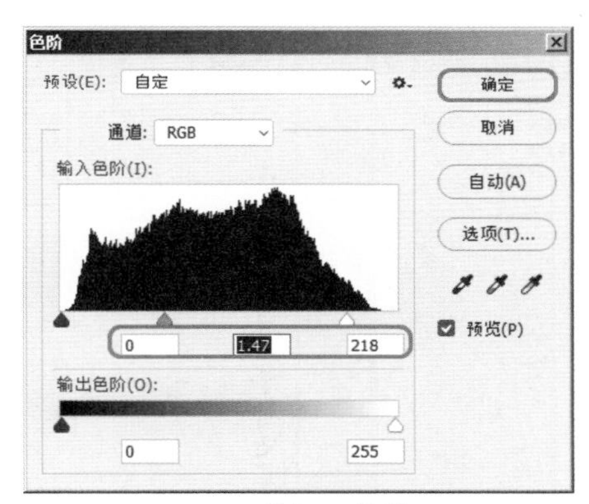

图4-7　编辑图像效果

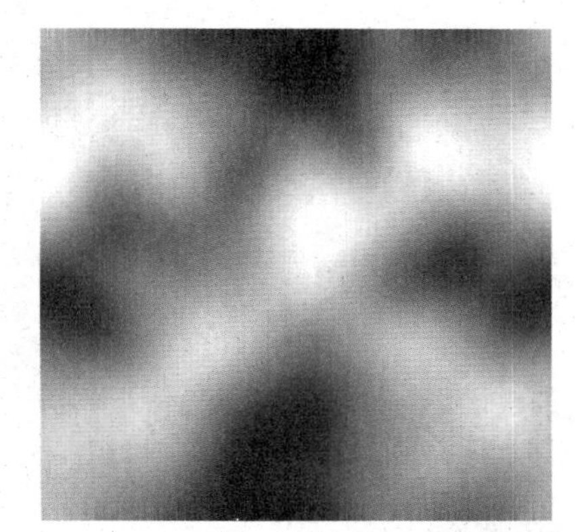
图4-8　【USM锐化】对话框

Step 9 将制作的图像保存为“拉丝不锈钢贴图.psd”。

4.1.2　液态金属质感贴图的制作

液态金属是一种有黏性的流体，流动具有不稳定性，主要用于消费电子领域，具有熔融后塑形能力强、高硬度、抗腐蚀、高耐磨等特点。

动手操作——制作液态金属质感贴图

Step 1 单击【文件】|【新建】命令，打开【新建】对话框，设置一个宽度和高度均为500像素、分辨率为72像素/英寸、背景内容为白色的新文档。

Step 2 单击【滤镜】|【杂色】|【添加杂色】命令，在弹出的【添加杂色】对话框中设置各项参数，如图4-9所示。

Step 3 单击【滤镜】|【像素化】|【晶格化】命令，在弹出的【晶格化】对话框中设置各项参数，如图4-10所示。

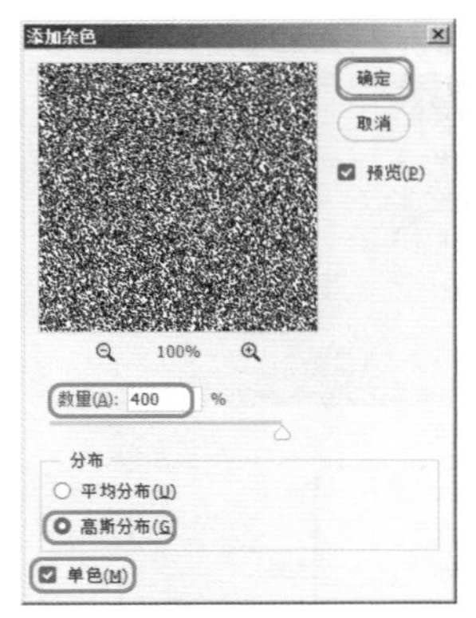

图4-9　【添加杂色】对话框

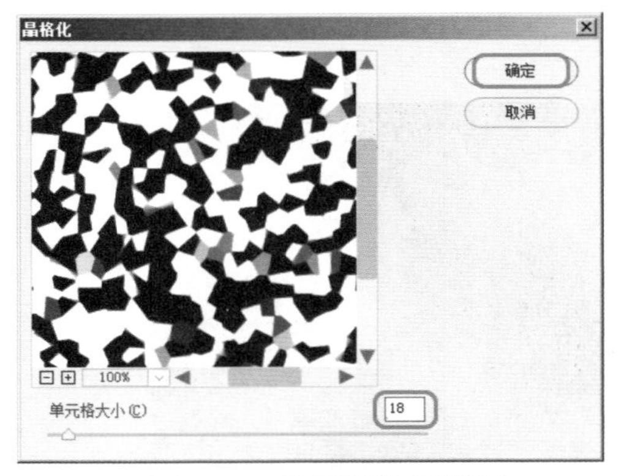

图4-10　【晶格化】对话框

Step 4 单击【滤镜】|【滤镜库】命令，打开滤镜库从中选择【风格化】|【照亮边缘】命令，在弹出的【照亮边缘】设置面板中设置各项参数，如图4-11所示。

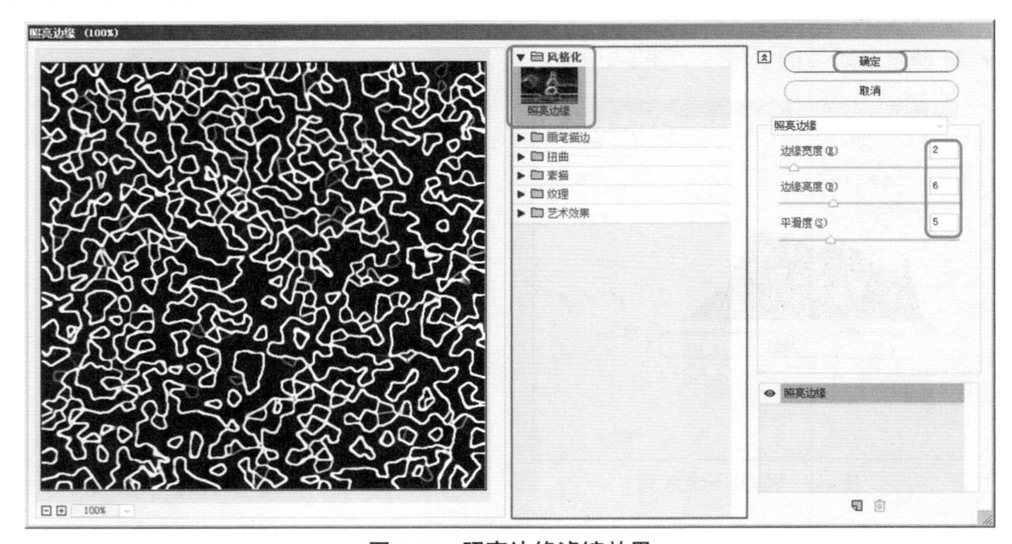

图4-11　照亮边缘滤镜效果

Step 5 设置前景色为黑色、背景色为白色。单击【滤镜】|【渲染】|【分层云彩】命令，图像效果如图4-12所示。

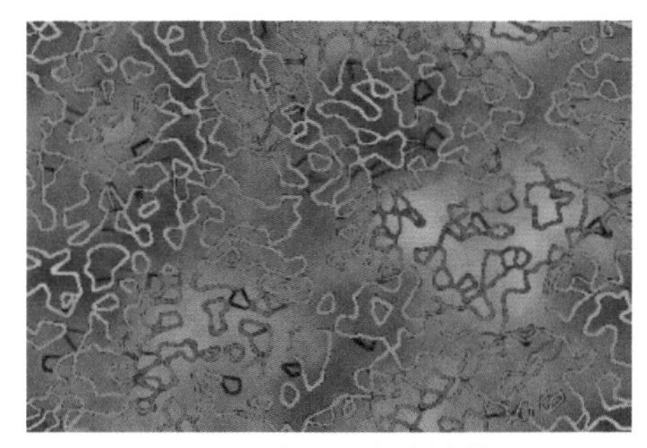

图4-12　分层云彩滤镜效果

Step 6 单击【滤镜】|【滤镜库】命令，打开滤镜库从中选择【素描】|【铬黄渐变】命

令，在弹出的【铬黄渐变】设置面板中设置各项参数，如图4-13所示。

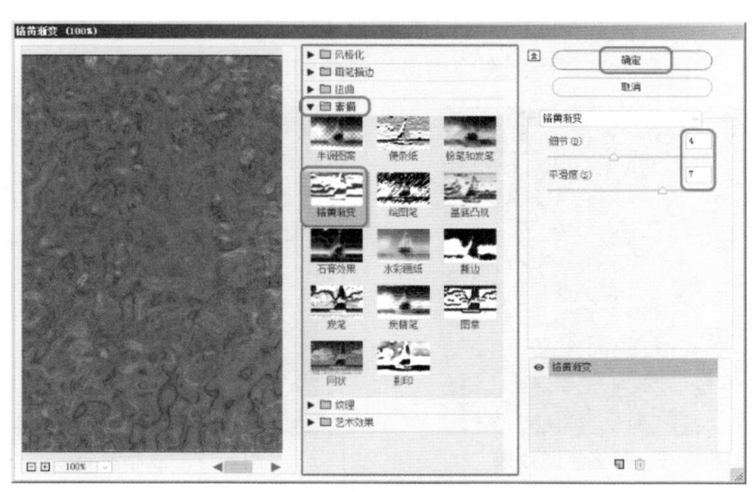

图4-13　【铬黄渐变】对话框

Step 7 单击【图像】|【自动色调】命令，图像效果如图4-14所示。

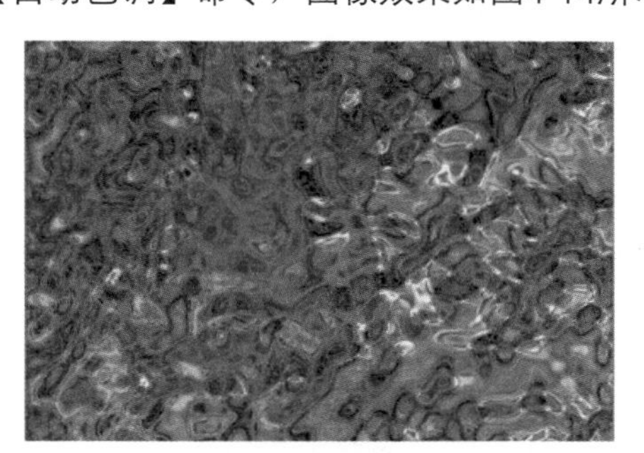

图4-14　自动色调效果

Step 8 单击【图像】|【调整】|【色彩平衡】命令，在弹出的【色彩平衡】对话框中设置各项参数，如图4-15所示。

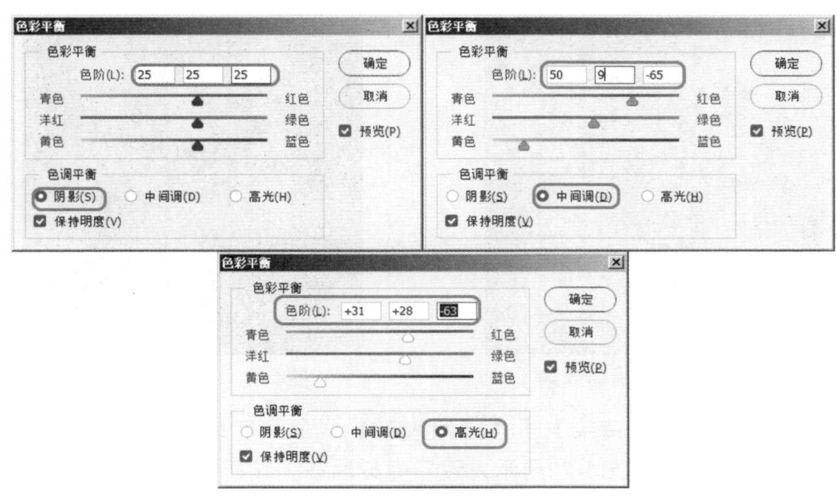

图4-15　参数设置

执行上述操作后，图像效果如图4-16所示。为了使质感更强烈，再调整色调。

Step 9 单击【图像】|【调整】|【亮度/对比度】命令，在弹出的【亮度/对比度】对话框中设置亮度为10、对比度为25，得到图像的最终效果如图4-17所示。

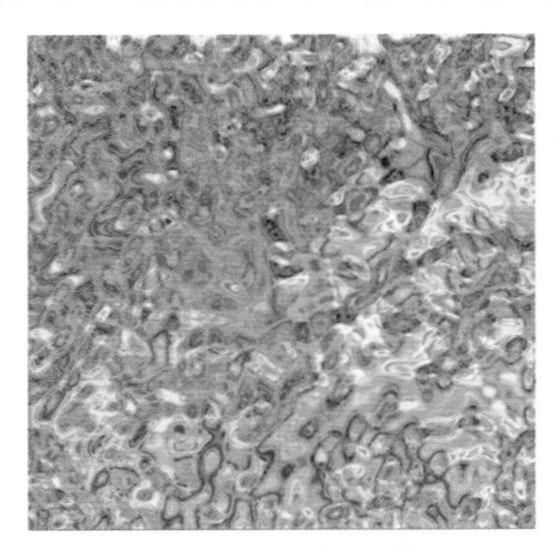

图4-16　调整色调效果

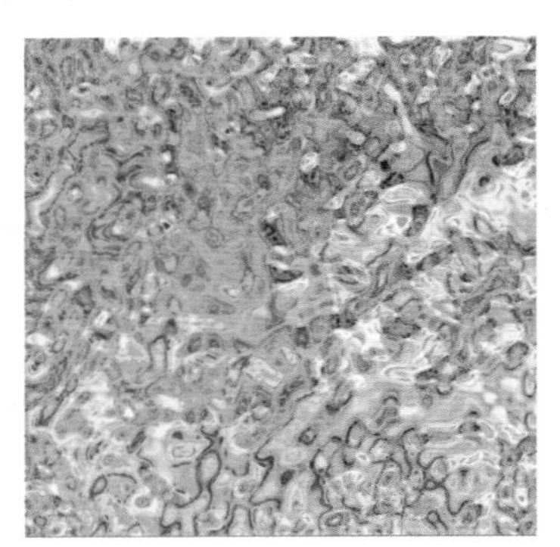

图4-17　液态金属效果

Step 10 将制作的图像保存为“液态金属.jpg”文件。

4.1.3　铁锈质感贴图的制作

铁锈质感是现代设计师经常在海报、广告、网页中用到的质感之一，常用于表现一种颓废、苍凉的感觉。

动手操作——制作锈迹质感贴图

Step 1 单击【文件】|【新建】命令，打开【新建】对话框中，设置一个宽度和高度均为500像素、分辨率为72像素/英寸、背景内容为透明的新文档。

Step 2 恢复默认的前景色和背景色，然后单击【滤镜】|【渲染】|【云彩】命令，可以按多次【Ctrl+F】键直至得到满意的云彩效果，得到图像效果如图4-18所示。

Step 3 单击【滤镜】|【渲染】|【分层云彩】命令，设置出分层云彩效果，多按两次【Ctrl+F】设置出需要的分层云彩效果，如图4-19所示。

图4-18　云彩滤镜效果

图4-19　分层云彩效果

Step 4 单击【滤镜】|【渲染】|【光照效果】命令，打开【属性】面板，设置各项参数，在效果图中调整光源，如图4-20所示，设置完成后在工具属性栏中单击【确定】按钮，可以确定设置光照效果。

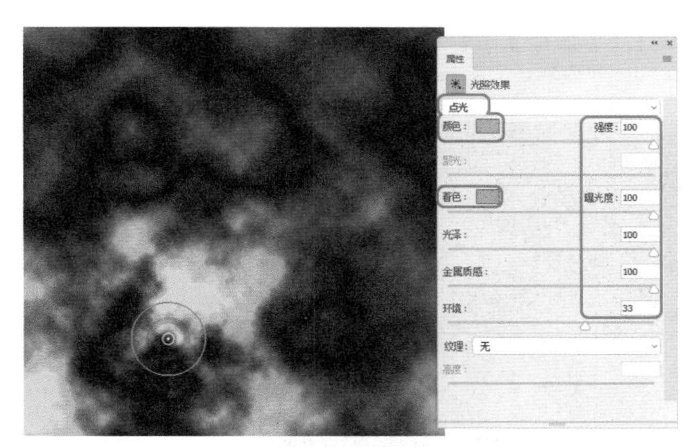

图4-20　【光照效果】面板

Step 5 单击【滤镜】|【滤镜库】命令，弹出滤镜库，在【艺术效果】中选择【塑料包装】，设置合适的参数，如图4-21所示。

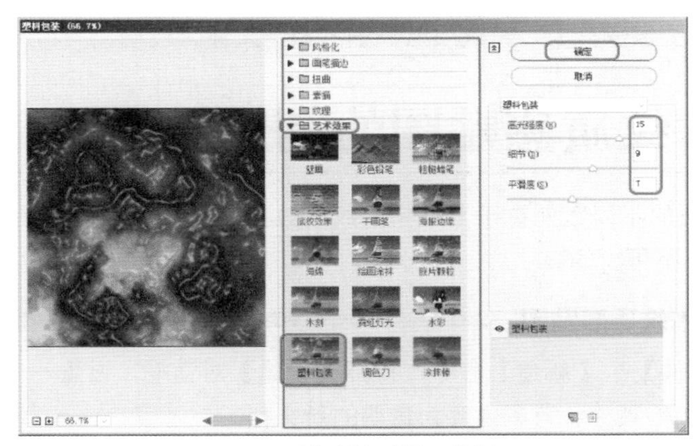

图4-21　【塑料包装】对话框

Step 6 单击【滤镜】|【扭曲】|【波纹】命令，在弹出的对话框中设置参数，单击【确定】按钮，如图4-22所示。

Step 7 单击【滤镜】|【滤镜库】命令，在弹出的滤镜库中选择【扭曲】|【玻璃】，设置合适的参数，如图4-23所示。

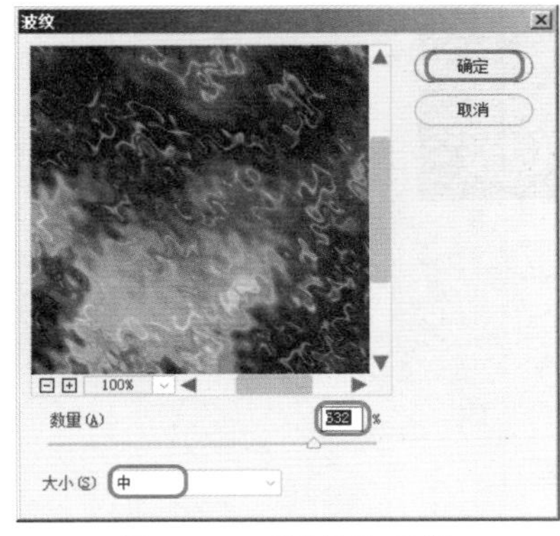

图4-22　【波纹】参数

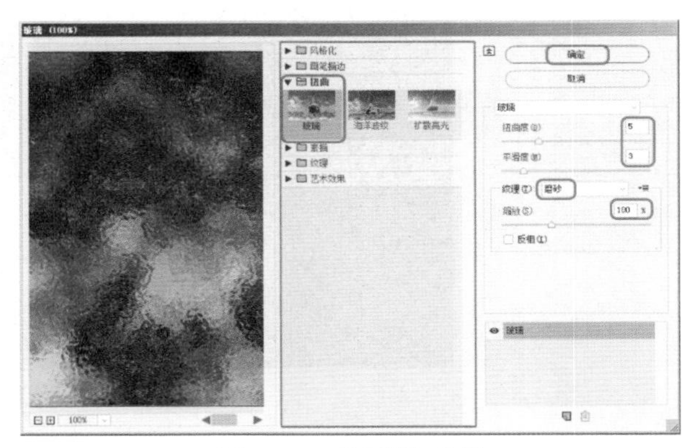

图4-23　【玻璃】参数

Step 8 单击【滤镜】|【渲染】|【光照效果】命令，在弹出的“属性”面板中设置合适的参数，在效果图中调整光源，如图4-24所示。

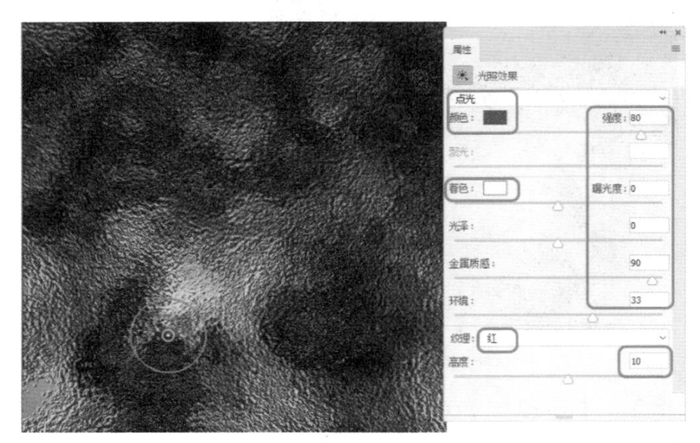

图4-24 【光照效果】参数

Step 9 将制作的图像保存为“锈迹质感贴图.psd”文件。

4.2 木纹质感贴图的制作

木材和其他材质的不同之处在于其独特的纹理效果。木纹质感的贴图在室内外建筑效果图的制作过程中也是必不可少的。

动手操作——制作木纹质感贴图

Step 1 单击【文件】|【新建】命令，打开【新建】对话框，设置一个宽度和高度均为800像素、分辨率为72像素/英寸、背景内容为透明的新文档。

Step 2 在工具箱中设置前景色为棕色（R：85，G：59，B：24），然后将文件以前景色填充。

Step 3 单击【滤镜】|【杂色】|【添加杂色】命令，打开【添加杂色】对话框，设置各项参数如图4-25所示。

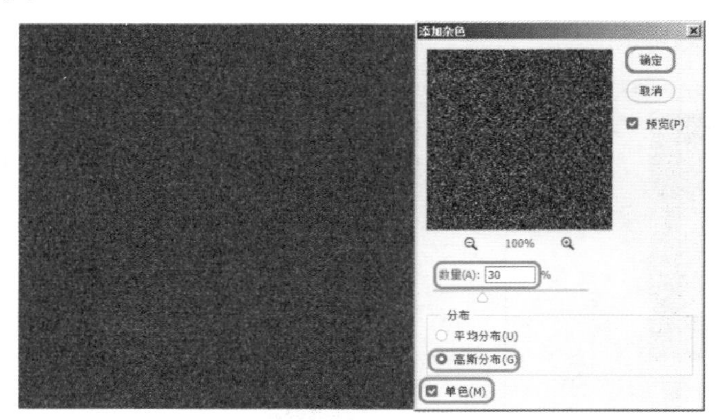

图4-25 【添加杂色】对话框

Step 4 单击【滤镜】|【滤镜库】命令，打开滤镜库，从中选择【扭曲】|【玻璃】命令，

打开【玻璃】面板，设置各项参数，如图4-26所示。

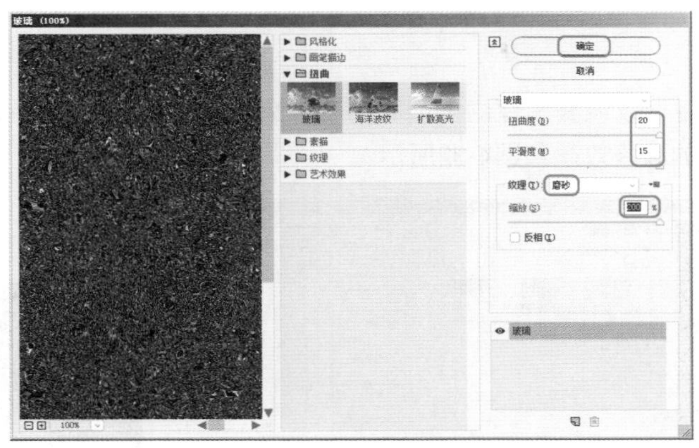

图4-26　【玻璃】对话框

Step 5 单击【滤镜】|【模糊】|【动感模糊】命令，打开【动感模糊】对话框，设置各项参数，如图4-27所示。执行上述操作后，图像效果如图4-28所示。

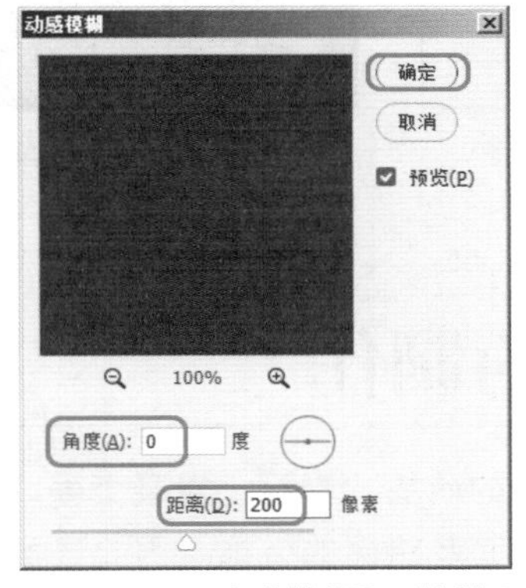

图4-27　【动感模糊】对话框

图4-28　图像效果

Step 6 将“图层1”层复制一个图层，再将背景色设置为黑色，然后单击【滤镜】|【渲染】|【云彩】命令，效果如图4-29所示。

Step 7 单击【编辑】|【渐隐云彩】命令，打开【渐隐】对话框，设置参数，如图4-30所示。

图4-29　云彩效果

图4-30　【渐隐】对话框

Step 8 将“图层1 副本”图层的混合模式调整为“柔光”，再单击【滤镜】|【滤镜库】命令，打开滤镜库，从中选择【扭曲】|【玻璃】命令，打开【玻璃】面板，设置参数，如图4-31所示。

Step 9 制作完成后可以调整图像的色调和明度，运用（裁剪工具）将质感比较强的部分裁剪下来，得到图像的最终效果如图4-32所示。

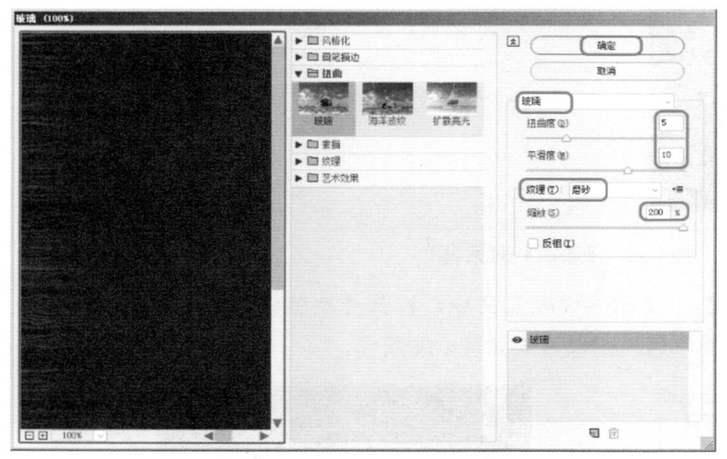

图4-31 【玻璃】对话框

图4-32 图像最终效果

Step 10 将制作的图像保存为“木纹贴图.psd”。

4.3 建筑材料质感贴图的制作

在建筑效果图中，建筑材料用得比较多，比如粗糙的砖墙、岩石、混凝土等，都是比较坚硬的材质，它们既可以用于墙体的装饰，也可以用于地面及路面的装饰。因此该类质感贴图的应用非常广泛。

4.3.1 砖墙质感贴图的制作

绘制装修效果图时往往要设计砖墙，而这些砖墙通常是通过贴图来实现的。

动手操作——制作砖墙质感贴图

Step 1 单击【文件】|【新建】命令，打开【新建】对话框，设置一个宽度和高度均为500像素、分辨率为72像素/英寸、背景内容为透明的新文档。

Step 2 在工具箱中设置前景色为蓝灰（R：104，G：118，B：121），设置背景色较黑的蓝灰色（R：50，G：63，B：65），填充前景色。

Step 3 单击【滤镜】|【渲染】|【云彩】命令，效果如图4-33所示。

Step 4 单击【滤镜】|【滤镜库】命令，打开滤镜库，从中选择【艺术效果】|【底纹效果】，从中设置合适的参数，效果如图4-34所示。

图4-33 【云彩】效果

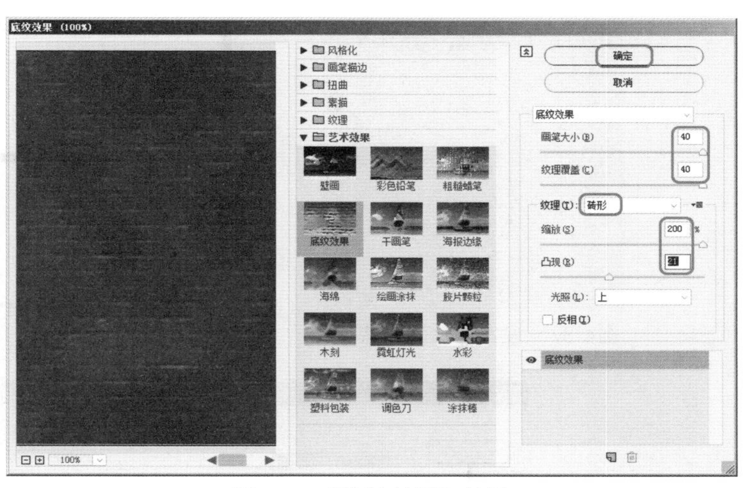

图4-34 【底纹效果】效果

Step 5 复制“图层1”，单击【滤镜】|【风格化】|【查找边缘】命令，得到如图4-35所示的效果。

Step 6 单击【滤镜】|【滤镜库】命令，打开滤镜库，从中选择【艺术效果】|【干画笔】，从中设置合适的参数，如图4-36所示。

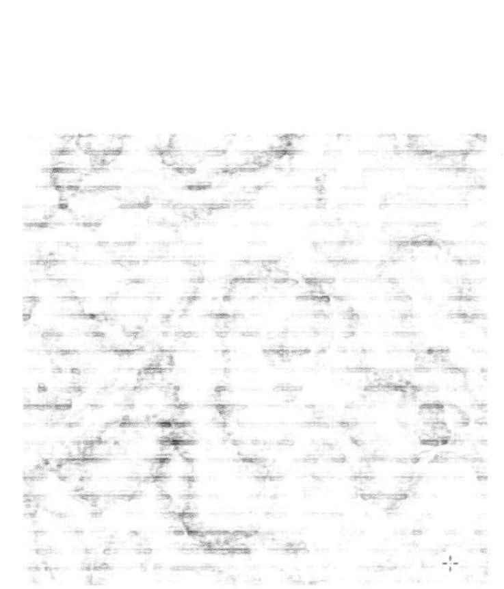

图4-35 【查找边缘】效果

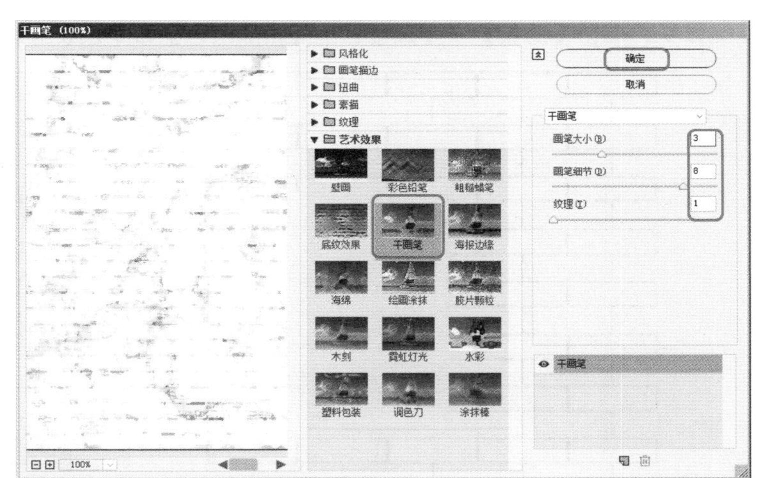

图4-36 【干画笔】效果

Step 7 设置图层的混合模式为【叠加】，按【Ctrl+E】键向下合并图层，如图4-37所示。

Step 8 新建一个文件，设置宽度为100像素，高度为60像素，分辨率为72。

Step 9 绘制如图4-38所示的花纹。

Step 10 单击【编辑】|【定义图案】命令，在弹出的“图案名称”对话框中单击【确定】按钮，如图4-39所示。

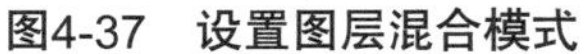

图4-37　设置图层混合模式

图4-38　绘制花纹

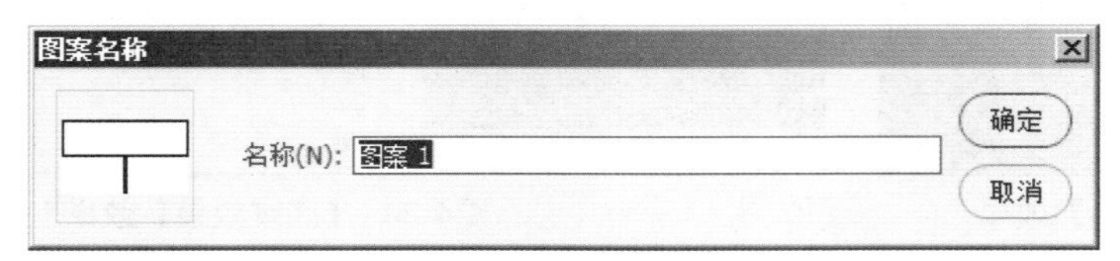

图4-39　【定义图案】对话框

Step 11 切换到制作砖的文件中，使用（油漆桶工具），在工具属性栏中选择填充类型为【图案】，并选择绘制的图案。

Step 12 在【通道】面板中新建“Alpha1”通道层，单击填充，如图4-40所示。

Step 13 单击【滤镜】|【杂色】|【添加杂色】命令，设置添加杂色参数，如图4-41所示。

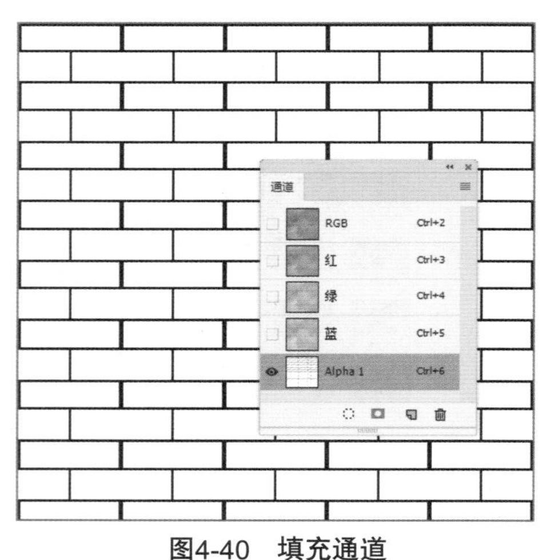

图4-40　填充通道

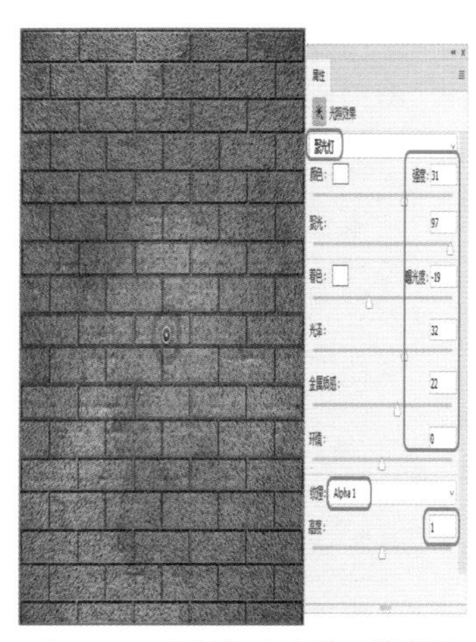

图4-41　【添加杂色】对话框

Step 14 在【通道】面板中选择RGB通道，返回到【图层】面板，从中选择图层，单击【滤镜】|【渲染】|【光照效果】命令，在弹出的【属性】面板中调整关照参数，如图4-42所示。

Step 15 在【图层】面板中新建图层，并使用（油漆桶工具），填充图案，设置图层的混合模式为【正片叠底】，如图4-43所示。

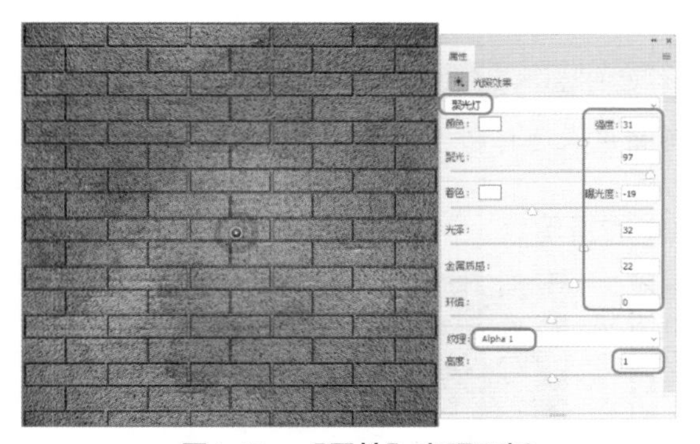

图4-42　【属性】光照面板

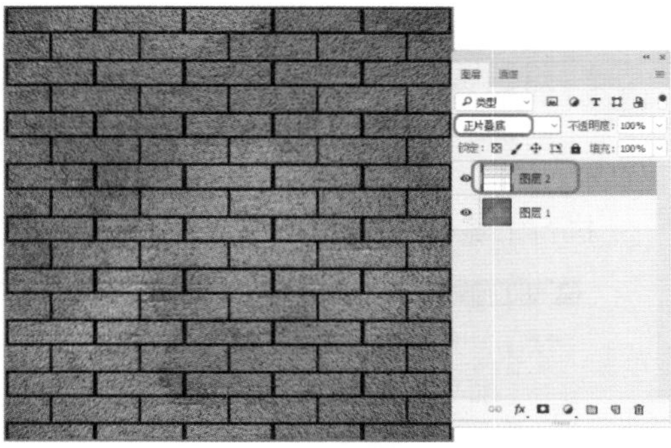

图4-43　新建并设置图层的混合模式

Step 16 将制作的图像保存为“砖墙.psd”。

4.3.2　岩石质感贴图的制作

自然界中岩石大都有比较生硬且不规则的凹凸效果，给人一种坚硬的感觉，它的反光性相对来说比砂岩要稍稍强些。

动手操作——制作岩石质感贴图

Step 1 单击【文件】|【新建】命令，打开【新建】对话框，设置一个宽度和高度均为500像素、分辨率为72像素/英寸、背景内容为透明的新文档。

Step 2 按【D】键，将前景色和背景色设置为默认状态。单击【滤镜】|【渲染】|【云彩】命令，如图4-44所示。

Step 3 单击【滤镜】|【滤镜库】命令，打开滤镜库从中选择【素描】|【基底凸现】命令，打开【基底凸现】对话框，设置各项参数，如图4-45所示。

图4-44　云彩滤镜效果

图4-45　【基底凸现】对话框

Step 4 单击【图像】|【调整】|【色相/饱和度】命令，打开【色相/饱和度】对话框，设置各项参数如图4-46所示。

技巧

这一步中用户可以根据要制作材质的实际情况来选择颜色。

执行上述操作后，岩石着色后的图像效果如图4-47所示。

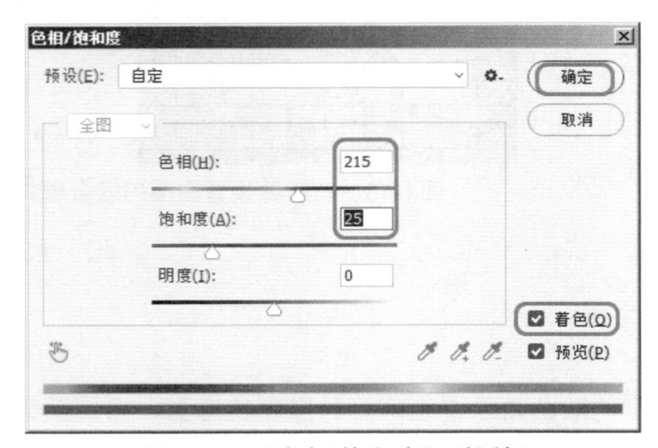

图4-46 【色相/饱和度】对话框

图4-47 岩石着色效果

为了增加岩石的锐利感，接着要进行一些锐化工作。

Step 5 单击【滤镜】|【锐化】|【USM锐化】命令，打开【USM锐化】对话框，设置各项参数，如图4-48所示。

执行上述操作后，得到岩石贴图的最终效果如图4-49所示。

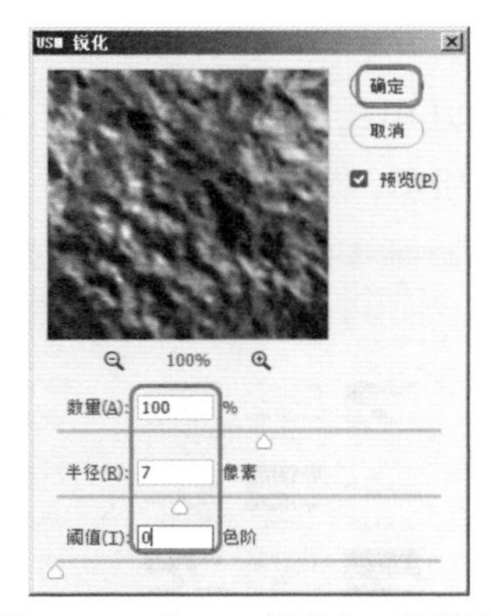

图4-48 【USM锐化】对话框

图4-49 最终效果

Step 6 将制作的图像保存为“岩石贴图.psd”。

4.3.3 耐水材料贴图的制作

耐水材料属于建筑建材行业，细分为防水、防潮材料类别的一种。耐水材料贴图在效果图制作中也是很常用的一种贴图，它的肌理感很强。

动手操作——制作耐水材料贴图

Step 1 单击【文件】|【新建】命令，打开【新建】对话框，设置一个宽度和高度均为

1000像素、分辨率为72像素/英寸、背景内容为白色的新文档。

Step 2 设置前景色为灰色（R：180，G：180，B：174），将图像以前景色填充。

Step 3 单击【滤镜】|【滤镜库】命令，打开滤镜库从中选择【纹理】|【龟裂缝】命令，设置参数，如图4-50所示。

执行上述操作后，图像最终效果如图4-51所示。

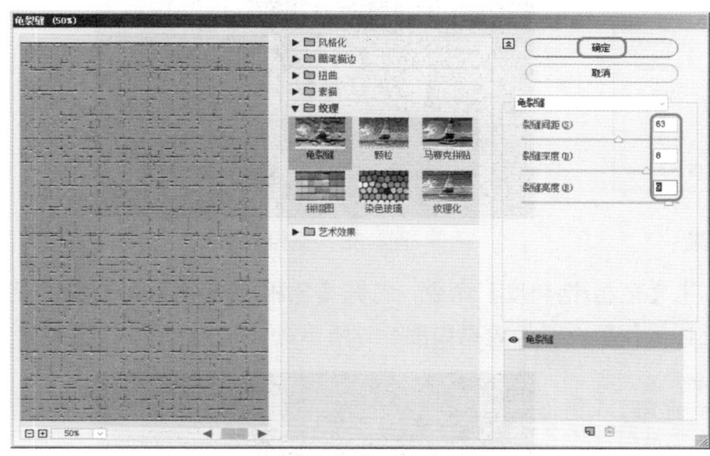

图4-50　【龟裂缝】对话框

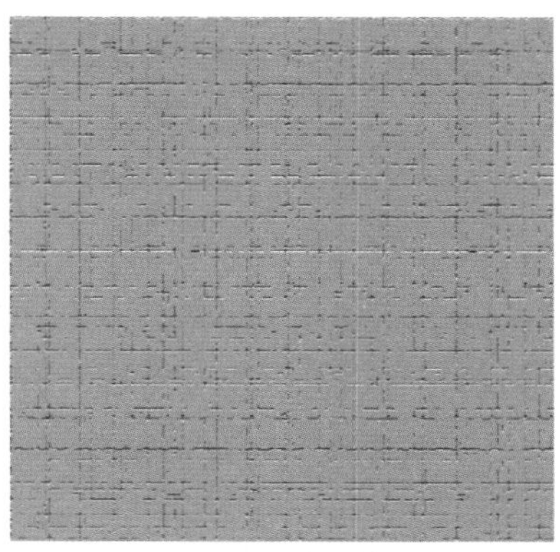

图4-51　贴图效果

Step 4 将制作的图像保存为“耐水材料.jpg”。

4.3.4　大理石质感贴图的制作

大理石色彩素雅沉稳，纹理线条自然流畅，给人以行云流水般的感觉。大理石的表面光滑，反光性较强，在室内外装饰设计中多数被应用在地面和墙面的装饰中。

动手操作——制作大理石质感贴图

Step 1 单击【文件】|【新建】命令，打开【新建】对话框，设置一个宽度为450像素、高度为310像素、分辨率为72像素/英寸、背景内容为白色的新文档。

Step 2 按【D】键，将前景色和背景色设置为默认颜色。

Step 3 单击【滤镜】|【渲染】|【云彩】命令，如图4-52所示。

Step 4 单击【滤镜】|【风格化】|【查找边缘】命令，效果如图4-53所示。

图4-52　云彩滤镜效果

图4-53　查找边缘滤镜效果

Step 5 单击【图像】｜【调整】｜【亮度/对比度】命令，打开【亮度/对比度】对话框，设置各项参数，如图4-54所示。

Step 6 单击【图像】｜【调整】｜【反相】命令，将图像反相，如图4-55所示。

图4-54　参数设置及效果

图4-55　反相效果

Step 7 单击【图像】｜【调整】｜【色相/饱和度】命令，打开【色相/饱和度】对话框，设置各项参数，如图4-56所示。执行上述操作后，图像效果如图4-57所示。

图4-56　【色相/饱和度】对话框

图4-57　大理石贴图效果

Step 8 将制作的图像保存为“大理石贴图.jpg”文件。

4.4　草地质感贴图的制作

草地在室外建筑效果图中占的比重非常大，既可以直接调用自然界中真实的草地，也可以通过平面软件根据自己的需要制作草地贴图。

动手操作——制作草地质感贴图

Step 1 单击【文件】｜【新建】命令，打开【新建】对话框，设置一个宽度和高度均为600像素、分辨率为72像素/英寸、背景内容为白色的新文档。

Step 2 在【图层】面板中新建一个图层。设置前景色为草绿色（R：0，G：153，B：0），背景色为深绿色（R：0，G：51，B：0），将其填充到新建图层中。

Step 3 单击【滤镜】｜【渲染】｜【纤维】命令，打开【纤维】对话框，设置各项参数，如图4-58所示。

Step 4 单击【滤镜】｜【风格化】｜【风】命令，打开【风】对话框，设置各项参数，如图4-59所示。

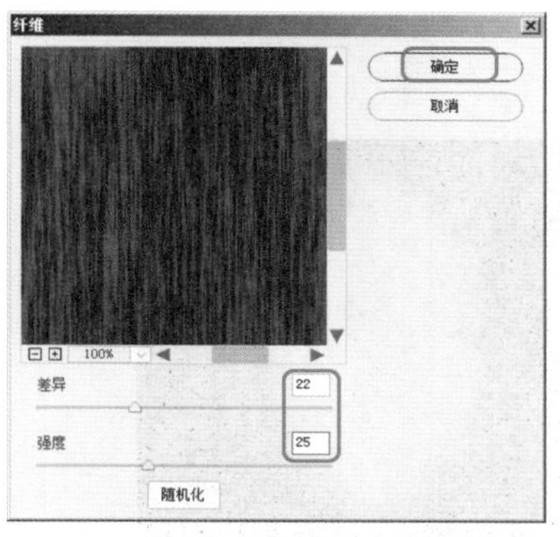

图4-58　【纤维】对话框

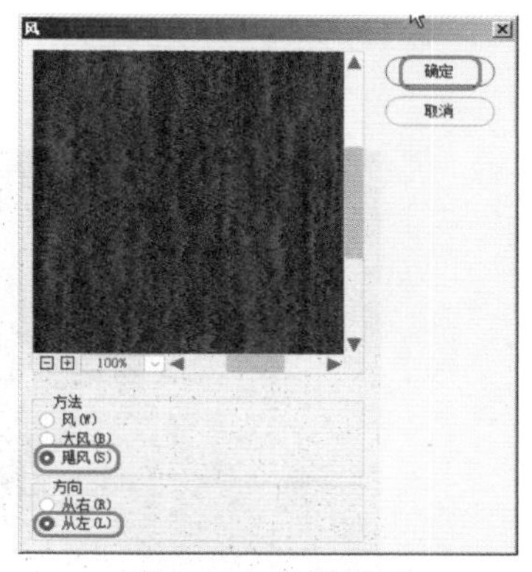

图4-59　参数设置

Step 5 单击【图像】|【图像旋转】|【90度（顺时针）（9）】命令，将图像做顺时针90°旋转，效果如图4-60所示。

Step 6 按【Ctrl+T】组合键，弹出自由变换框，按住【Ctrl】键，调整底部两个左右控制点的位置，如图4-61所示。

图4-60　旋转效果

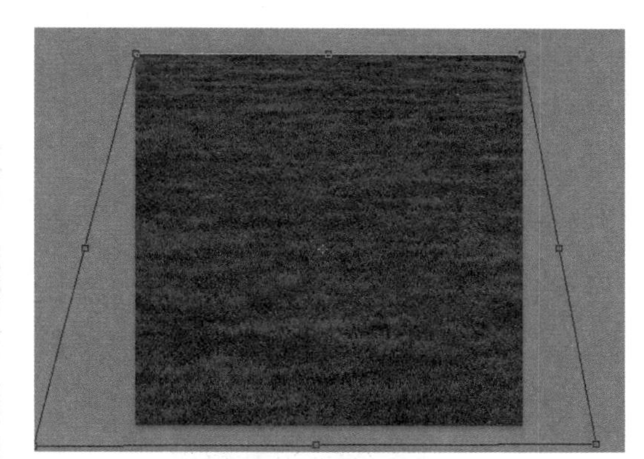
图4-61　调整图像

Step 7 将制作的图像保存为“草地贴图.psd”文件。

4.5　光域网贴图的制作

要想得到精确的灯光照明效果，除了可以在3ds Max中调用IES光域网文件外，还可以在后期处理时进行手工模拟。

动手操作——制作光域网贴图

Step 1 单击【文件】|【新建】命令，打开【新建】对话框，设置一个宽度和高度均为800像素、分辨率为72像素/英寸、背景内容为黑色的新文档。

Step 2 使用（椭圆选框工具）在图像中创建如图4-62所示的选区。

Step 3 按【Shift+F6】组合键，弹出【羽化选区】对话框，设置“羽化半径”为30像素。

Step 4 在【图层】面板中新建一个“图层1”图层。

Step 5 设置前景色为淡黄色（R：255，G：244，B：202），将其填充到选区中，如图4-63所示。

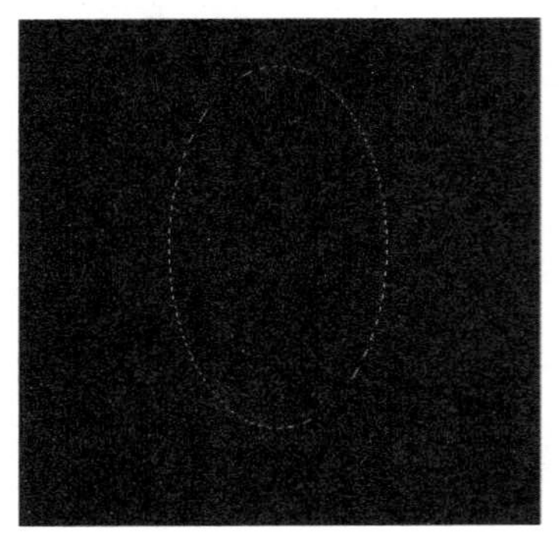
图4-62 创建的选区

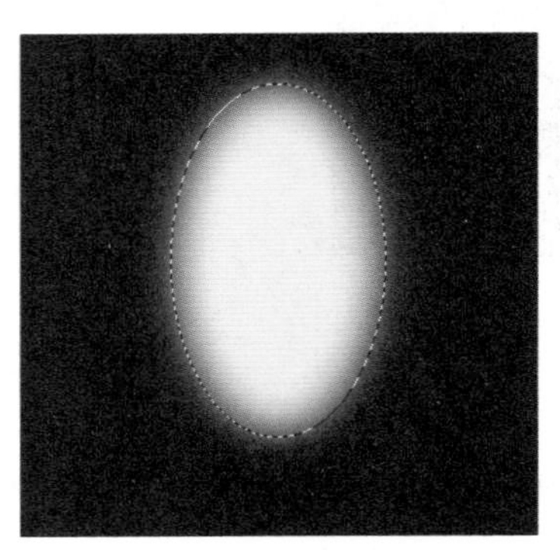
图4-63 填充效果

Step 6 按【Ctrl+T】键，弹出自由变换框，调整如图4-64所示的梯形透视效果。

Step 7 形态合适后，按【Enter】键确认变形操作，按【Ctrl+D】组合键将选区取消。

Step 8 将“图层1”复制一层，其复制图层的混合模式改为“颜色减淡”、【不透明度】改为50%。

执行上述操作后，得到图像的最终效果如图4-65所示。

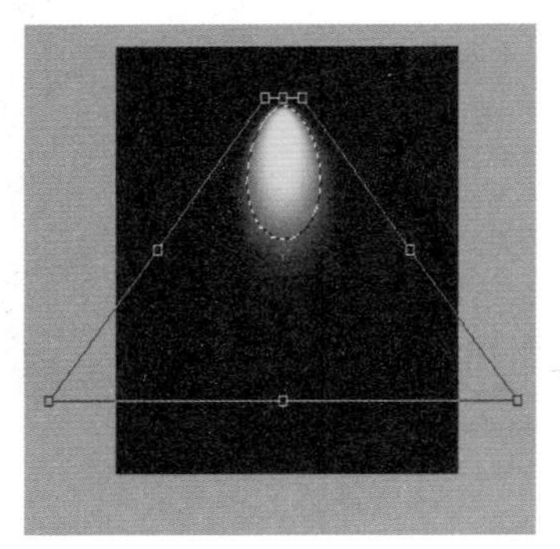
图4-64 调整形状

图4-65 最终效果

Step 9 将制作的贴图保存为“光域网贴图.jpg”文件。

4.6 水纹质感贴图的制作

水是世界上最琢磨不定的物质，水的纹理也是千变万化的。水有海水、湖水之分，现在要模拟的水纹理，是类似海水之类的水面，而且是侧视的角度效果。

动手操作——制作水纹质感贴图

Step 1 单击【文件】|【新建】命令，打开【新建】对话框，设置一个宽度为800像素、高度为400像素、分辨率为72像素/英寸、背景内容为白色的新文档。

Step 2 按【D】键，将前景色和背景色设置为默认色，然后新建一个图层。

Step 3 确认新建图层为当前层。单击【滤镜】|【渲染】|【云彩】命令，得到如图4-66所示的图像效果。

Step 4 单击【滤镜】|【滤镜库】命令，打开滤镜库，从中选择【扭曲】|【玻璃】命令，打开【玻璃】对话框，设置各项参数，如图4-67所示。

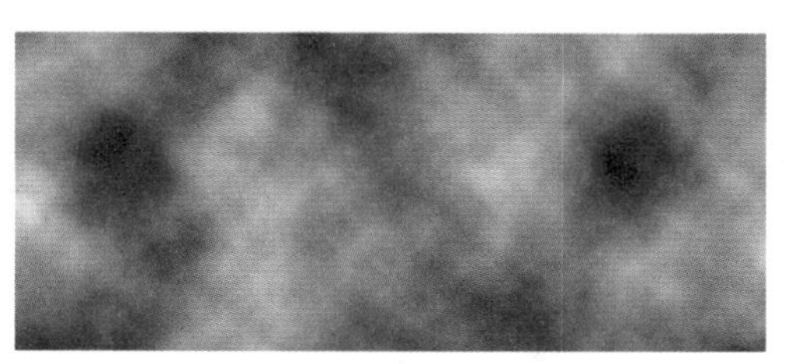

图4-66　云彩滤镜效果

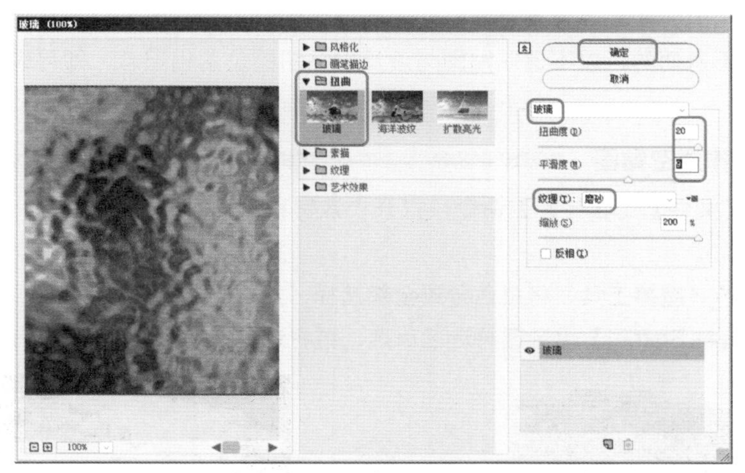

图4-67　【玻璃】对话框

下面为上面制作的图像调配颜色。

Step 5 单击【图像】|【调整】|【色彩平衡】命令，打开【色彩平衡】对话框，设置各项参数如图4-68所示。

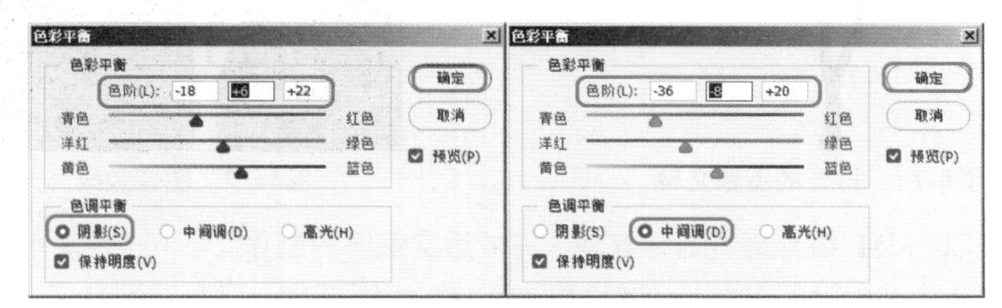

图4-68　【色彩平衡】对话框

执行上述操作后，图像效果如图4-69所示。

Step 6 按【Ctrl+T】组合键，弹出自由变换框，按住【Ctrl】键调整底部的控制点，如图4-70所示。

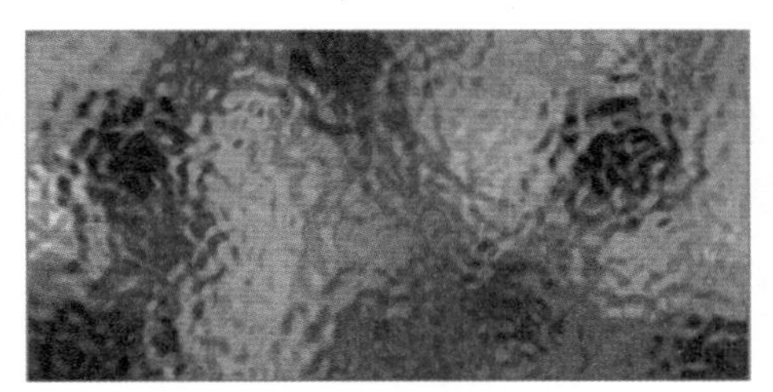

图4-69　调配颜色后的效果

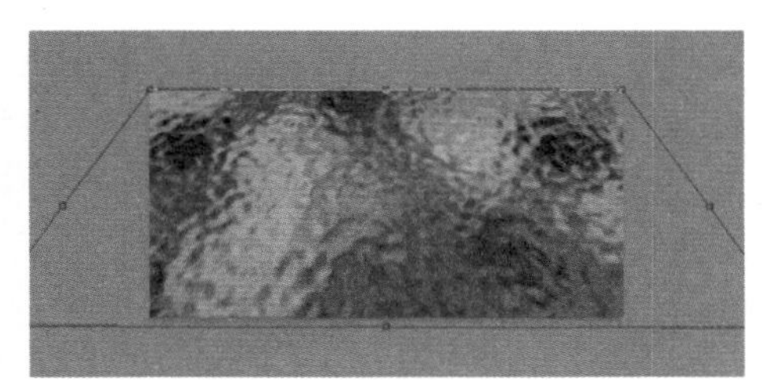

图4-70　梯形透视效果

Step 7 将制作的贴图保存为“水纹贴图.psd”文件。

4.7 透空贴图的制作

在效果图的制作中有时会遇到那些结构比较复杂的造型，例如汽车、假山、人物等，直接在3ds Max中制作不管是在难度上还是在效率上显然是不合适的。遇到这样的情况，一般采用赋予造型透空贴图的方式来表现。透空贴图由两部分组成，即一黑一白，其中黑色部分是透明的，白色部分是不透明的，以不透明贴图与漫反射贴图的位图相配合，即可表现出场景中的复杂造型。

动手操作——制作透空贴图

Step 1 单击【文件】|【打开】命令，打开“素材和源文件”\“第4章”\“树.jpg”文件，如图4-71所示。

Step 2 使用（魔棒工具）将白色背景全部选择，然后将选区以黑色填充。

Step 3 按【Ctrl+Shift+I】组合键将选区反选，再将选区以白色填充，效果如图4-72所示。

图4-71 打开的图像文件

图4-72 图像效果

Step 4 按【Ctrl+D】组合键将选区取消，完成透空贴图的制作。

Step 5 将制作的透空贴图保存为“透空贴图.jpg”文件。

4.8 小结

本章主要讲述了运用Photoshop软件中的各种命令组合制作几种常用材质及贴图的方法和技巧，其中包括金属质感贴图、木纹质感贴图、建筑材料质感、草地、光域网、水纹及透空贴图等。在制作室内外建筑效果图的过程中，各种材质及贴图对于每一幅效果图作品来说都是一个不可缺少的组成部分。只有具备了合适的贴图素材，才能制作出逼真、自然的效果图作品。

第5章 效果图的色彩和光效处理

本章内容

- 建筑与环境的色彩处理
- 建筑与环境的光影处理
- 室内常用光效的制作
- 室外常用光效的制作
- 效果图日景和夜景的相互转换

在建筑设计中色彩占有重要的地位，因为建筑设计最终是以其形态和色彩为人们所感知的。色彩除了对视觉产生影响外，还对人的情绪、心理产生影响。另外，色彩也是一种最实际的装饰因素，它可以创造建筑环境的情调和气氛。而光影可以直观地实现建筑模型的质感，所以光效的处理将直接影响到效果图的最终效果。一般来说，效果图的光效可以通过3ds Max软件来实现，但是有时可能花费大量的时间，也不一定能够得到理想的效果。这时就可以运用Photoshop软件对效果图的光效进行再加工处理。

5.1 建筑与环境的色彩处理

建筑效果图的色彩与建筑材料是密切相关的，一方面建筑效果图必须真实反映建筑材料的色感与质感；另一方面建筑效果图必须具有一定的艺术创意，要表达出一定的氛围与意境。

构成建筑效果图色彩的因素主要有两点：一是建筑材料，二是天空与环境的色彩。对于前者必须使用固有色，以表现真实感；而对于后者，创意空间则较大。例如，天空既可以是蓝蓝的，又可以是灰蒙蒙的；环境既可以是花红柳绿的春天，又可以是白雪皑皑的冬天，还可以是夜晚或黄昏。

5.1.1 确定效果图的主色调

每一幅效果图都有一个主色调，就像乐曲的主旋律一样，主导了整个作品的艺术氛围。

色彩是城市文化、城市美学的重要组成部分，建筑物的色彩甚至能影响到人们的生存环境和情感。中国古代建筑就非常讲究色彩，黄瓦红墙代表了最尊贵的颜色，只能在紫禁城、皇家园林等帝王居住之处使用，京城普通老百姓只能用青瓦青墙。

建筑的色调还包括色彩的明度和彩度，色彩明度高，给人以轻快、明朗、清爽、优美的感觉。而色彩彩度的选择要因建筑而宜，大的建筑物，体量越大，色彩选择应该越淡；反之，色彩则以活泼为主，如图5-1所示。

图5-1　建筑复杂程度的色彩对比

另外，公共设施类的建筑最好成组建设，成批统一规划安排，有利于色调上的协调。

5.1.2　使用色彩对比表现主题

色彩在室内外设计中具有多重功能，除具备审美方面的功能外，同时还具有表现和调节室内外空间情趣的作用。

在环境色彩中两种色彩互相影响，强调显示差别的现象，称作色彩对比。当同时观看相邻或接近的两种色彩时所发生的色彩对比，称作同时对比。

如果建筑物内部或外部的色彩属性有所变化时，还会产生属性之间的对比。色相和彩度相同时有明度对比；色相和明度相同时有彩度对比；明度和彩度相同时有色相对比。两种色彩之间必定存在差别，同时也必定产生相互影响。比如，在黑底上的灰色看起来要比白底上的灰色更明亮。又如，在两张灰色的底图上分别画上密集的黑线和白线。黑线部分的灰色底图显得深，而白线部分的灰色底图则显得浅。

好的效果图一般用色不宜超过3种，这个原则在室内效果图中体现得更为明显。如果画面中颜色过多，整个画面就会显得混乱，使人看上去很不舒服。

色彩对比可以使图更加好看，更加有韵味。色彩学上说的互补色就是色彩对比，例如，黄蓝对比、红绿对比、黑白对比等。红色让绿色显得更绿，反过来也一样。黄色最大限度地强化了蓝色。事实上，当你看到一种色彩时，你内在的感知能力就会想到它的互补色。任何两种色彩放到一起，彼此都会微妙地影响对方。每一种色彩安排，依据色彩在这种安排中的分量、质量和相邻关系，就会出现各种独特的联系和张力。

对于各种场所的设计师们来说，不要以为把互为对比色的几种颜色加在一起即可，其实一样要考虑它们的明度和纯度、面积大小等。黄蓝对比就着重于明度和纯度，在使用时明度中等的黄色和纯度高点的蓝色搭配在一起是没有问题的。红绿讲究面积大小，大面积的红加上小面积的绿是没有问题的，但是不能面积平均，这样就会显得土气。色彩的使用位置应根据图的主色来调整，主色应该用在近处，然后是装饰色，最后是次色。

图5-2　色彩对比效果图

强烈的色彩对比或怪诞的色彩对比，都能突出主体物，注意的是其他次要的物体色彩不能太抢眼，要有点模糊的感觉。

图5-2所示即为使用了色彩对比的两幅效果图。

5.1.3　如何调和建筑与环境的色彩

色彩往往给人非常鲜明且直观的视觉印象，同时也是建筑造型中最直接有效的一种表达手段，它使建筑造型的表达具有广泛性和灵活性。

在建筑活动中，色彩的使用为建筑提供了创造富有独特魅力的建筑环境的可能性，为建筑增添了难以言表的生机和活力，使我们的建筑造型大大地丰富起来。

总体来说，色彩在建筑效果的表现上主要有以下几个方面。

- 对空间层次关系的再创造：运用色彩远近感的差异可以对已有空间层次感加以强调，可利用适当的色彩组合来调节建筑造型的空间效果，并对建筑的空间层次加以区分，以增加空间造型的主次关系，建立有组织的空间秩序感。
- 对空间比例关系的再创造：建筑的尺度和比例一般受地段的条件及建筑面积的制约，建筑立面上各种构件的尺度和比例也是由各种具体条件所限定的，这势必会影响到建筑师创意的发挥。这时，设计师通常就会运用色彩造型的方法来调整建筑形体和界面的比例。例如，对建筑中同一性质的表面施以不同的色彩可以使尺度由大化小，可给人以亲切、精美之感；反之，也可使若干个零乱狭小的空间立面用统一的色彩组织起来，以达到对空间比例的重新划分与组合。

如果画面中全是一个色调，则画面就会显得单调、乏味，而如果在这一颜色中加上一小块对比颜色，这样既打破了颜色的太过统一性，又使画面产生了变化，如图5-3所示。

图5-3　色彩对空间比例的营造

- 材质的表现超本质的创造：建筑是各种材质的集合表现，材质是反映建筑造型界面的基本特征，色彩的表现可以使杂乱的肌理得到整顿而变得统一协调，也可以使过于平淡单调的材质变得丰富多彩，超过材料本色的表现力。

5.1.4 建筑与环境的色彩对构图的影响

室外建筑效果图的环境通常也称为配景，主要包括天空、辅助楼体、树木、花草、车辆、人物等。

（1）天空

对于室外建筑效果图而言，天空是必需的环境元素，不同的时间与气候，天空的色彩是不同的，它也会影响效果图的表现意境。

造型简洁、体积较小的室外建筑物，如果没有过多的辅助楼体、树木与人物等衬景，可以使用浮云多变的天空图，以增加画面的景观。造型复杂、体积庞大的室外建筑物，可以使用平和宁静的天空图，以突出建筑物的造型特征，缓和画面的纷繁。

天空在室外建筑效果图中占的画面比例较大，但主要是起陪衬作用。因此，不宜过分雕琢，必须从实际出发，合理运用，以免分散主题。

（2）环境绿化

室内外效果图都离不开环境的处理，其中绿化是一项很重要的工作。树木作为室外建筑效果图的主要配景之一，能起到充实与丰富画面的作用。树木的组合要自如，或相连或孤立、或交错。草坪、灌木等配景可以使环境幽雅宁静，大多铺设在路边或广场中，在表现时只作一般装饰，不要过分刻画，以免冲淡建筑物的造型与色彩的主体感染力。

（3）车辆、人物

在室外建筑效果图中添加车辆、人物可以增强效果图的生气，使画面更具生机。通常情况下，在一些公共建筑和商业建筑的入口处以及住宅小区的小路上，可以添加一些人物，在一些繁华的商业街中可以添加一些静止或运动的车辆，以增强画面的生活气息。在添加车辆与人物时要适度，不要造成纷乱现象，以免冲淡主体。

Ps 5.2 建筑与环境的光影处理

质感通过灯光得以体现，建筑物的外形和层次则需要通过阴影来确定。建筑效果图的真实感很大程度上取决于细节的刻画，而建筑的细节则需要通过灯光与阴影的关系来刻画。从一定程度上说，处理光与影的关系就是解决效果图的阴影与轮廓、明暗层次与黑白关系，光影表现的重点是阴影和受光形式。

（1）阴影

阴影的基本作用是表现建筑的形体、凹凸和空间层次，另外画面中常利用阴影的明暗对比来集中人们的注意力，突出主体。

在处理阴影时要注意两点：首先在一般的环境中影子不能过重，影子应该以可以察觉到但不刺眼，不影响整体的画面规划为原则；其次要控制好影子的边缘，即应该有退晕。

（2）受光形式

在建筑效果图中，最常用的受光形式主要有两种：单面受光、双面受光。

单面受光是指在场景中只有一个主光源，不对场景中的建筑进行补光。主要用于表现侧面窄小、正面简洁的建筑物。另外，这种受光形式还可以应用于鸟瞰图中，这样可以用阴影来烘托建筑物，加强空间的层次感。在室外建筑效果图的表现中，单面受光的运用极少。

双面受光是指场景中有一个主光源照亮建筑物的正面，同时还有辅助光源照亮建筑物的侧面，但是以主光源的光照强度为主，从而使建筑物产生光影变化与层次。这种受光形式在室外建筑效果图中应用最为普遍。主光源的设置一般要根据建筑物的实际朝向、季节及时间等确定。而辅助光源则与主要光源相对，补充建筑物中过暗部位的光照效果，即补光，它起到补充、修正的作用，照亮主光源没有顾及到的死角。

另外，在室内外建筑效果图的处理光影中，可以遵循以下原则：

要避免大块被光线照射生成的白色光斑，也要避免大块因为背光而产生的黑暗；在布光时应做到每一个灯都有切实的效果，对那些可有可无的灯光要删除。

5.3　室内常用光效的制作

5.3.1　快速制作十字星光效果

十字星光效果在室内效果图中应用得比较多，主要模拟的是筒灯的光晕效果，一种方法是选择十字星光笔刷，然后在筒灯的位置喷几下，以此产生发光的效果。另一种方法是直接调用现成的位图图片来模拟发光效果，具体操作方法请参考本书1.8节的详细讲述。

动手操作——制作十字星光效果

Step 1 单击【文件】|【打开】命令，打开“素材和源文件”\“第5章”\“会议室.tif”文件，如图5-4所示。

下面将运用Photoshop中的相应工具为场景制作十字星光效果。

Step 2 选择（画笔工具），然后选择一个十字星光笔刷，并设置属性栏中的各项参数，如图5-5所示。

图5-4　打开的图像文件

图5-5　属性栏参数设置

Step 3 在【图层】面板中新建名为“光晕”的图层。

Step 4 设置前景色为白色，然后在如图5-6所示的位置单击绘制发光效果。

Step 5 使用同样的方法，为场景中的其他筒灯绘制上光晕效果，如图5-7所示。

图5-6　创建的星光效果

图5-7　光晕效果

注意

在创建十字星光效果时，要注意根据透视原理随时调整画笔的大小。

Step 6　将制作的图像另存为“十字星光效果.psd”文件。

5.3.2　制作台灯的光晕效果

在室内效果图中，台灯光晕效果的表现也是非常重要的。在制作台灯光晕效果时应注意光晕的特征，在靠近光源的部分，其光亮度一般都很强，散射开后逐渐减弱，然后在目标点位置投射出一个光圈。

动手操作——制作台灯光晕效果

Step 1　单击【文件】|【打开】命令，打开“素材和源文件”\“第5章”\“台灯光晕.tif”文件，如图5-8所示。

下面将使用【画笔工具】制作台灯光晕效果。

Step 2　新建一个“光晕”图层。设置前景色为白色，选择（画笔工具），选择一个虚边的笔头，把笔刷大小设置为台灯的两倍，【不透明度】设置为30%，然后在台灯的位置单击，表现出台灯发出的光芒效果，如图5-9所示。

图5-8　打开的卧室夜景图像文件

图5-9　一次发光效果

Step 3 将画笔大小更改为比台灯大1倍的尺寸，【不透明度】设置为60%，在台灯的中心位置单击，如图5-10所示。

Step 4 将画笔大小更改为比台灯略小的尺寸，【不透明度】设置为80%，在台灯的中心位置单击，如图5-11所示。

图5-10　二次发光效果

图5-11　图像最终效果

Step 5 将制作的图像另存为“台灯光晕.psd”文件。

5.4　室外常用光效的制作

本节将运用Photoshop软件学习制作几种比较具有代表性的室外场景中的光影效果。

首先来了解一下夜晚汽车流光效果的制作方法。

5.4.1　制作夜晚汽车流光效果

夜幕降临、华灯初上，马路上一辆一辆汽车疾驰而过，留给观者的只是一道道流光溢彩的运动轨迹，这同样也成为夜晚的一道亮丽风景线。

动手操作——制作汽车流光效果

Step 1 单击【文件】|【打开】命令，打开“素材和源文件”\“第5章”\“汽车流光.psd”文件，如图5-12所示。

Step 2 选择“图层2”，单击【滤镜】|【模糊】|【动感模糊】命令，设置“图层1”的动感模糊效果，设置合适的参数，如图5-13所示。

图5-12　打开的图像文件

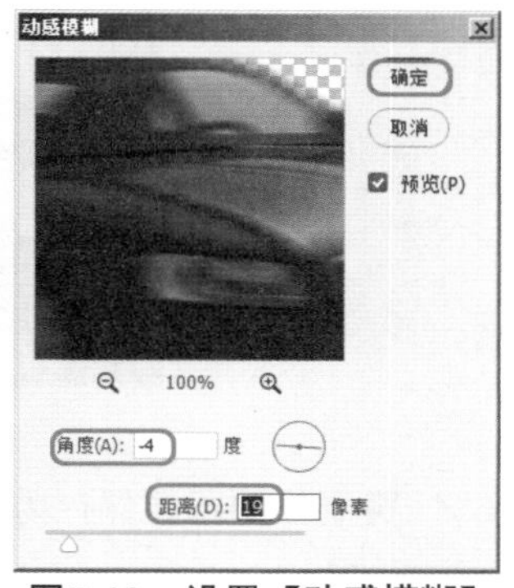

图5-13　设置【动感模糊】

得到的动感模型效果的汽车如图5-14所示。

Step 3 在【图层】面板中新建图层，使用（画笔工具）按钮，在窗口中绘制一个红色的圆点，并设置颜色为白色，在红色中绘制白色，如图5-15所示。

图5-14　动感模糊的效果

图5-15　绘制圆点

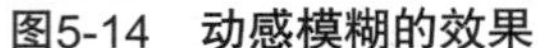

Step 4 缩放绘制的图像"图层2"进行缩放调整，如图5-16所示。

Step 5 单击【滤镜】|【模糊】|【动感模糊】命令，在弹出的对话框中设置合适的动感模糊参数，如图5-17所示。

图5-16　缩放调整图像

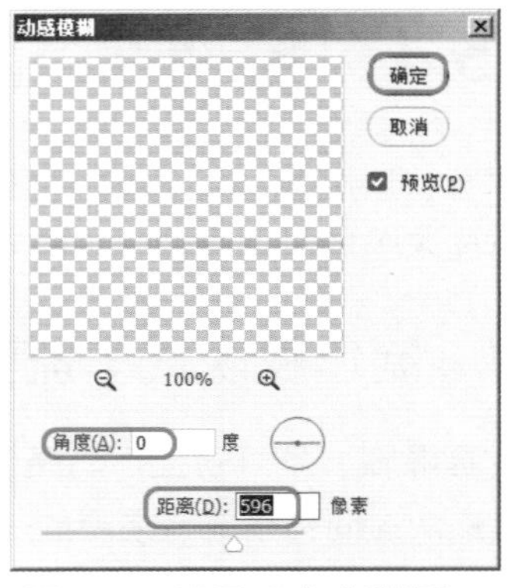

图5-17　设置【动感模糊】

Step 6 对动感模糊的效果进行复制，调整出合适的角度，并设置流光图层的混合模式为【滤色】，如图5-18所示。

图5-18　复制出的流光效果

Step 7 将制作的图像保存为"汽车流光效果.psd"文件。

5.4.2　制作城市光柱效果

在现代都市中，城市光柱是经常使用的一种照明设施。在夜幕的映衬下显得更加绚丽多彩、光彩夺目。

动手操作——制作城市光柱效果

Step 1 单击【文件】|【打开】命令，打开“素材和源文件”\“第5章”\城市光柱.tif”文件，如图5-19所示。

Step 2 新建一个“图层1”层，使用（多边形套索工具）在图像中创建图5-20所示的选区。

图5-19　打开的图像文件

图5-20　创建的选区

Step 3 将选区以淡黄色（R：250，G：255，B：200）填充，如图5-21所示，然后将选区取消，再按【Q】键进入快速蒙版状态。

Step 4 选择（渐变工具），在选区中执行“黑，白渐变”操作，如图5-22所示。

图5-21　填充选区

图5-22　执行渐变后的效果

Step 5 按【Q】键退出快速蒙版状态。这时图像中出现一个的选区，在【图层】面板底部单击（添加矢量蒙版）按钮，创建蒙版，设置图层的混合模式为【柔光】，设置【不透明度】为50%，如图5-23所示。

Step 6 选择“图层1”，在菜单栏中选择【滤镜】|【模糊】|【高斯模糊】命令，在弹出的对话框中设置合适的参数，单击【确定】按钮，如图5-24所示。

图5-23　设置图层的效果

图5-24　设置光的模糊

Step 7 将制作的图像另存为“城市光柱.psd”文件。

5.4.3　制作太阳光束效果

“太阳是大地上万物的母亲”，清晨的阳光，和着薄薄的雾霭，穿隙而下；傍晚的阳光，暖暖地照射在窗台、屋顶，是多么的温馨浪漫。本节将介绍太阳光束效果的后期方法。

动手操作——制作太阳光束效果

Step 1 单击【文件】|【打开】命令，打开“素材和源文件”\“第5章”\“别墅一角.psd”文件，如图5-25所示。

Step 2 新建一个图层，使用画笔工具绘制一个黑的圆，如图5-26所示。

图5-25　打开的图像文件

图5-26　绘制圆

Step 3 在菜单栏中选择【滤镜】|【杂色】|【添加杂色】命令，在弹出的对话框中设置合适的参数，单击【确定】按钮，如图5-27所示。

Step 4 在菜单栏中选择【滤镜】|【模糊】|【动感模糊】命令，在弹出的对话框中设置合适的参数，单击【确定】按钮，如图5-28所示。

Step 5 设置图形的动感模糊后，按【Ctrl+T】快捷键，使用自有变换调整其角度，调整合适的位置后，按住【Ctrl】键调整自有变换的控制点，调整其形状，如图5-29所示。

Step 6 设置图层的混合模式为【颜色减淡】，按【Ctrl+J】组合键复制一个图层副本，完成最终的效果制作，如图5-30所示。

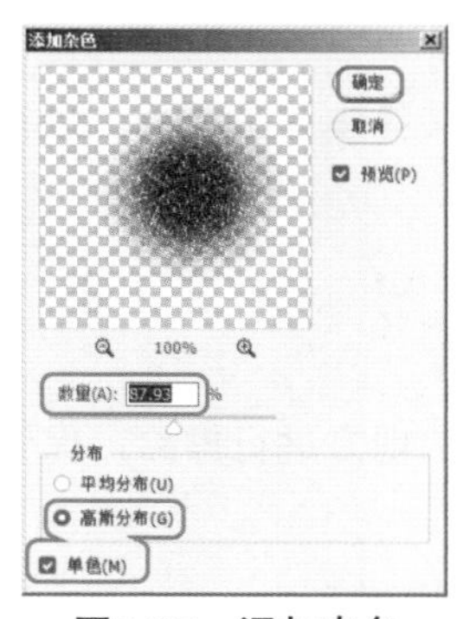

图5-27　添加杂色

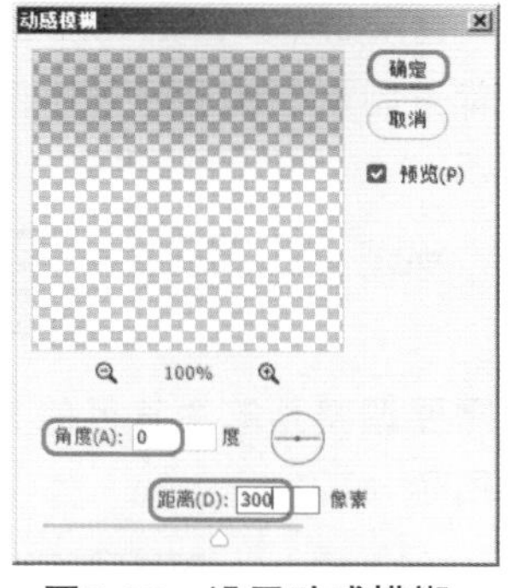

图5-28　设置动感模糊

图5-29　调整形状和角度

图5-30　设置图层的混合模式

Step 7 将制作的图像另存为“太阳光束.psd”文件。

5.4.4　制作光线穿隙效果

动手操作——制作光线穿隙效果

Step 1 单击【文件】|【打开】命令，打开“素材和源文件”\“第5章”\“住宅.psd”文件，如图5-31所示。

Step 2 将“背景”层复制一层，得到“背景副本”图层。

Step 3 单击【滤镜】|【模糊】|【动感模糊】命令，打开【动感模糊】对话框，设置参数，如图5-32所示。

图5-31　打开的图像文件

图5-32　参数设置

Step 4 更改“背景副本”图层的混合模式为“浅色”。

Step 5 为“背景副本”图层添加上图层蒙版。选择（橡皮擦工具），进行属性栏参数设置，如图5-33所示。

图5-33 属性栏参数设置

Step 6 根据需要调整画笔主直径的大小，在产生黑影的地方进行擦除，保留光线即可，最后效果如图5-34所示。

图5-34 穿隙效果

Step 7 将制作的图像另存为“光线穿隙效果.psd”文件。

5.4.5 制作镜头光晕效果

镜头光晕模拟的是太阳光照射时产生的光晕效果，尤其适合比较晴朗的天气。

动手操作——制作镜头光晕效果

Step 1 单击【文件】|【打开】命令，打开“素材和源文件”\“第5章”\“镜头效果光晕.tif”文件，如图5-35所示。

Step 2 单击【滤镜】|【渲染】|【镜头光晕】命令，弹出【镜头光晕】对话框，设置参数，如图5-36所示。

图5-35 打开的图像文件

图5-36 【镜头光晕】对话框

执行上述操作后，场景添加了镜头光晕效果，如图5-37所示。

图5-37　镜头光晕效果

Step 3 将制作的图像另存为“镜头效果光晕效果.tif”文件。

5.4.6　制作霓虹灯发光字效果

每当夜幕降临，城市就会隐现在霓虹灯闪烁的灯光中。霓虹灯是城市的美容师，它们把城市的夜晚装扮得格外美丽，它们使城市“亮”起来。繁华的街道两侧，处处都是发光字招牌，它们是商家夜间用来吸引顾客，或装饰夜景的彩色灯，给夜晚的街道营造了一种温馨、热闹的气息，成为一道亮丽的风景线。本节将介绍如何制作霓虹灯发光字效果。

动手操作——制作霓虹灯发光字效果

Step 1 打开“素材和源文件”\“第5章”\“霓虹灯.png”文件，如图5-38所示。

Step 2 使用T（横排文字工具）按钮，在效果图上单击创建红色文字，设置合适的字体属性，如图5-39所示。

图5-38　打开的图像文件

图5-39　创建文字

Step 3 在【图层】面板中双击文字层，在弹出的【图层样式】面板中勾选【内发光】，选择并设置【内发光】参数，如图5-40所示。

Step 4 在【图层样式】中勾选【外发光】，选择并设置【外发光】的参数，如图5-41所示。

Step 5 使用（多边形套索工具），在文本周围创建选区，创建选区后按【Shift+F6】组合键，在弹出的对话框中设置合适的【羽化半径】参数，如图5-42所示。

Step 6 选择“背景”图层，确定选区处于选择状态，按【Ctrl+M】组合键，在弹出的对话框中调整曲线，调整选区的亮度，如图5-43所示。

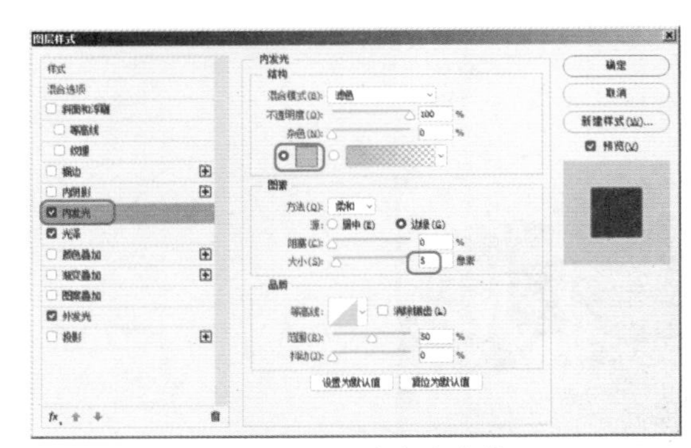

图5-40　设置内发光参数

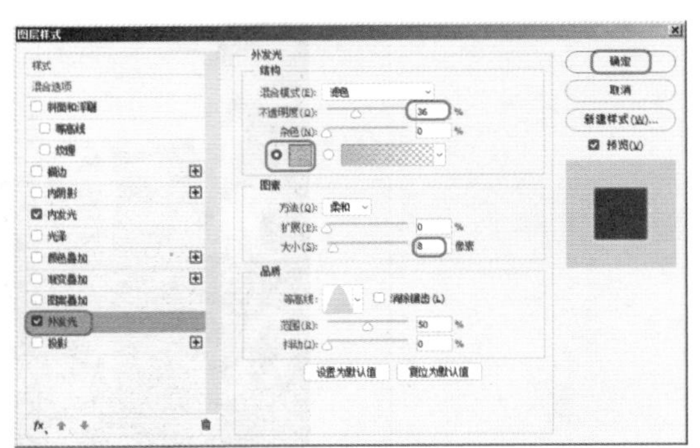

图5-41　设置外发光参数

图5-42　创建并设置选区羽化

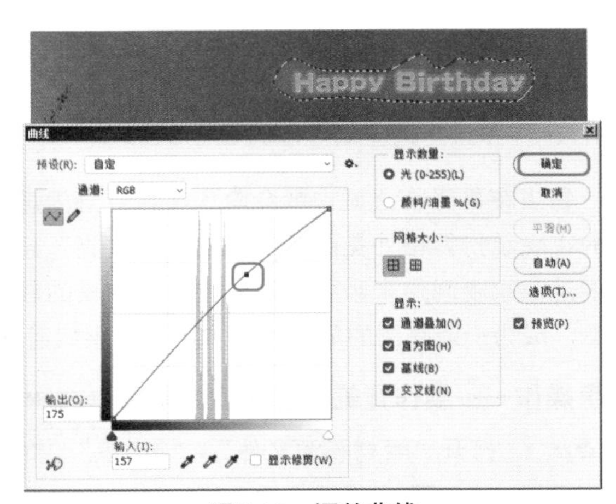

图5-43　调整曲线

Step 7 将制作的图像另存为“霓虹灯.psd”文件。

5.5　效果图日景和夜景的相互转换

在给用户制作效果图方案时，用户经常要求把同一场景的日景和夜景效果同时展示出来。设计师既可以在3ds Max中获得两种光照效果来达到客户的要求，又可以运用Photoshop软件中的相应工具和命令将已制作好的日景图片制作成夜景图片。为了提高工作的速度，一般建议直接在Photoshop中进行日景和夜景的转换。

在进行日景和夜景的转换时，设计师一定要注意场景中色彩和光照效果的变化。虽然是同一场景，但是时间不同，其所表现的氛围肯定也会不同。

动手操作——将日景转换为夜景效果的制作

Step 1 单击【文件】|【打开】命令，打开“素材和源文件”\“第5章”\“私宅.psd”文件，如图5-44所示。

这是一幅在Photoshop软件中处理好的室外日景效果图。接下来将以本图为例，详细地讲解怎样将日景效果转换为夜景效果。首先处理配景色调。

图5-44　打开的文件

Step 2 在【图层】面板中选择“配景”图层组中“图层3”，按【Ctrl+U】组合键，在弹出的【色相/饱和度】对话框中设置“明度”为-100，单击“确定”按钮，如图5-45所示。

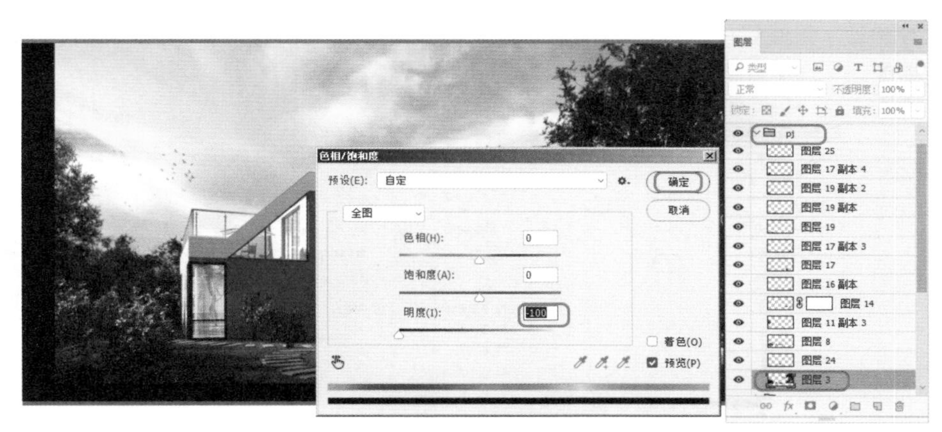

图5-45　调整图像的明度

Step 3 使用同样的方法调整“pj”图层组中的各个图层的明度，效果如图5-46所示。

图5-46　调整配景的效果

Step 4 继续调整“fog”图层组中的各个图层的明度，如图5-47所示。

调整配景效果后，下面将调整建筑效果。

图5-47　调整fog图层组的效果

Step 5 选择“jz”图层中的的“图层23”，按【Ctrl+M】组合键，调整图像的亮度，如图5-48所示。

在调整“jz”图层组中的图层时，需要注意的是，玻璃的图像需要调亮，建筑部分的图像需要降低亮度。

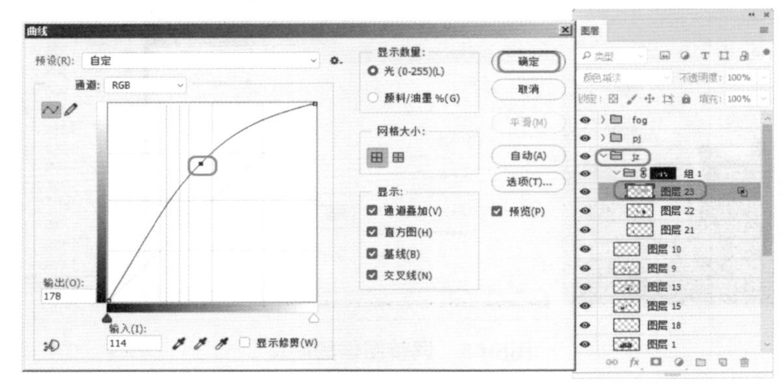

图5-48　调整曲线

调整图像jz图层组的效果后，下面调整“dx”图层组中的图像效果。

Step 6 选择“dx”图层组中的图像图层，设置图像的“色相/饱和度”，设置合适的效果，如图5-49所示。

图5-49　设置图像的效果

Step 7 打开“素材和源文件”\“第5章”\“夜景天空.jpg”文件，将其拖动至调整的夜景效果图。

Step 8 通过“td”图层中的通道图层将覆盖在建筑上的夜景天空图像区域删除，设置图层的混合模式为“正片叠底”，设置“不透明度”为80%，如图5-50所示。

图5-50　设置天空效果

Step 9 新建图层，将新图层置顶，并设置图层的混合模式为“叠加”，设置“不透明度”为50%，使用画笔工具，设置前景色为白色，设置出图像的高亮光晕效果，如图5-51所示。

图5-51　设置高亮光晕

Step 10 选择所有的图层和图层组，将其拖动到（创建新图层）按钮上，复制出所有图层和图层组后，选择复制出的图层和图层组，按【Ctrl+E】组合键，合并为一个图层，设置图层的混合模式为“深色”，设置“不透明度”为50%，如图5-52所示。

图5-52　设置图层的效果

Step 11　将制作的图像另存为“私宅夜景.psd”文件。

5.6　小结

本章主要讲述了建筑与环境的色彩处理关系，以及室内外各种常用光效的制作方法。其中，包括夜晚汽车的流光效果、城市之光光柱效果、太阳光束效果、霓虹灯效果、台灯光晕效果，以及日景转换为夜景的效果制作等。希望读者通过本章知识的学习，能够熟练掌握和运用本章所学到的知识，提高效果图后期处理水平，以制作出高水准的效果图作品。

第

章

效果图缺陷补救

本章内容

- 效果图的常见缺陷
- 对效果图光照效果的补救
- 修补错误建模和材质
- 用Photoshop调整画面构图

制作过效果图的用户可能都会有这样的体会，在3ds Max中效果图场景的造型、材质、灯光等已经很完美了，但是在输出后还会发现有很多不满意的缺陷，总是有一些令人遗憾的地方。例如，效果图的光照效果不够理想、材质不合理、构图不合理等。本章将详细讲解对效果图存在的缺陷进行补救的方法。

6.1 效果图的常见缺陷

从3ds Max软件中渲染输出的效果图，一般都会或多或少有些不足之处，一般表现为以下几个方面：

（1）渲染输出的效果图场景的整体灯光效果不够理想，过亮或过暗；

（2）主体建筑的体感不强；

（3）画面的锐利度不够，也就是画面显得发灰；

（4）画面所表现的色调和场景所要表现的色调不协调；

（5）输出图像的构图不合理，满足不了需要等。

对于那些比较好调整的错误，用户可以在Photoshop软件中对渲染图修改一下即可；而对于那些不太容易改的，就只好重新回到3ds Max中进行调整再渲染输出一遍。

6.2 对效果图光照效果的补救

场景中任何造型的体积感和质感都是通过光照被观者所感知的，因此灯光的创建和处理在效果图制作过程中是很重要的。理想的光照效果可以为场景营造出恰当的环境氛围，如图6-1所示，设计师利用室内光和室外光的巧妙结合，营造出一种人们结束了一天紧张忙碌的工作后，投身到夜生活中放松身心的那种轻松、惬意的感觉。

对于效果图制作来说，建模部分不是很难，最难的是灯光的创建，因为灯光创建的好坏将直接影响到最终效果图的成功与否。但往往在后期处理的过程中发现效果图场景的光照效果不是很理想，如果重新调整输出太浪费时间，这时也可以用Photoshop的相关命令进行处理。

图6-1　城市夜景

6.2.1　修改灯光的照射强度

Step 1　单击【文件】|【打开】命令，打开“素材和源文件”\“第6章”\“商务楼的后期制作.psd”文件，如图6-2所示。

由图6-2可以看出，因为在三维软件中主光源与辅助光源之间的光照强度没有设置好，所以整个建筑主体看起来很平，没有体积感。接下来，将对图像的光照效果进行调整，以使建筑看起来更有体积感。

Step 2　在【图层】面板中选择“建筑”图层，单击【图像】|【调整】|【亮度/对比度】命令，打开【亮度/对比度】对话框，参数设置及图像效果如图6-3所示。

图6-2　打开的图像

图6-3　调整亮度/对比度

Step 3 在【图层】面板中调整“建筑”图层到“组1”的下方，如图6-4所示。

图6-4　调整图层的位置

此时发现建筑已经稍微有了些体积感，但是主光源的照射位置和阴影区域体现得还不够完美。

Step 4 确定“建筑”图层处于选择状态，按【Q】键，进入快速蒙版状态，使用■（渐变工具），使用前景色为黑色、背景色为白色的渐变，由左上到右下进行填充，如图6-5所示。

Step 5 填充渐变后，按【Q】键，退出快速蒙版状态，按【Ctrl+M】组合键，打开【曲线】对话框，调整曲线，如图6-6所示。

图6-5　填充蒙版

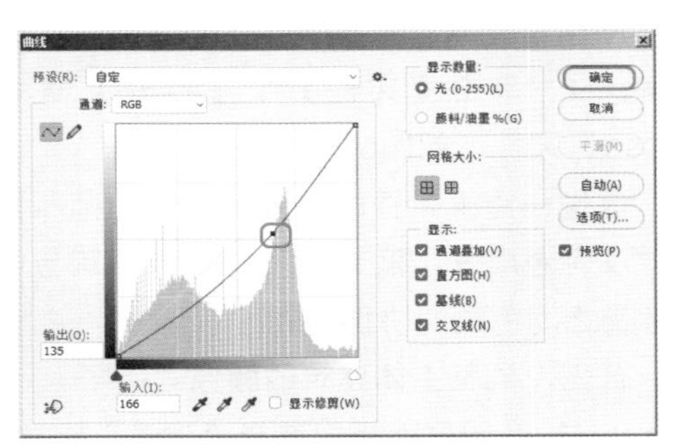

图6-6　调整曲线

看一下调整选区的曲线效果，如图6-7所示，执行上述操作后，按【Ctrl+D】组合键将选区取消。

图6-7　调整的曲线效果

Step 6 按【Ctrl+L】组合键，调整色阶的参数，如图6-8所示。

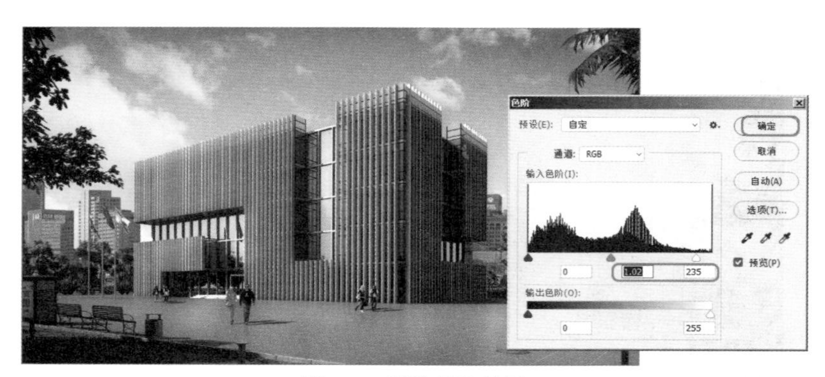

图6-8　调整色阶效果

Step 7　将制作的图像另存为“商务楼的后期制作调整.psd”文件。

6.2.2　修改建筑色彩

对于一幅完整的效果图而言，不仅要有优美的造型结构，还要有和谐统一的环境气氛，这主要体现在主体建筑和周围环境的相互协调上。因为只有建筑和环境相融合，才能体现出那种水乳交融的意境，效果图才会显得更加的真实、自然。

动手操作——修改建筑的色彩

Step 1　单击【文件】|【打开】命令，打开“素材和源文件”\“第6章”\“建筑色彩.psd”文件，如图6-9所示。

这是一建筑黄昏的效果图，设计师所要表现的是傍晚夕阳西下的意境，但是由于在创建灯光时没有考虑好，渲染出来的主体建筑与添加的黄昏背景色调不协调。接下来将处理主体建筑与背景之间色调的协调问题。

首先，调整主体建筑的颜色。

Step 2　在图层面板中选择“建筑”图层。

Step 3　单击【图像】|【调整】|【色相/饱和度】命令，打开【色相/饱和度】对话框，各项参数设置如图6-10所示。调整后的建筑颜色如图6-11所示。

Step 4　单击【图像】|【调整】|【亮度/对比度】命令，打开【亮度/对比度】对话框，各项参数设置如图6-12所示。

图6-9　打开的图像文件

图6-10　调整色相/饱和度

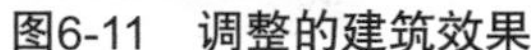

图6-11　调整的建筑效果

图6-12　调整亮度/对比度效果

Step 5　将最终的调整效果存储为“建筑色彩的调整.psd”。

6.3　修补错误建模和材质

有时将效果图位图渲染输出后，往往在后期处理的过程中会发现有的地方因为建模时没有对齐或者其他的原因，致使渲染图有的地方不正确。大的不好更改的错误，可以重新回到3ds Max中调整好后重新渲染输出，但是像那些不是很严重的错误建模用户就可以直接运用Photoshop软件中的相应工具或命令修补即可。

一般修补方法有两种：工具修补法和拖移复制法。这两种修补方法简单而且实用。

6.3.1　拖移复制法修改错误建模

拖移复制法就是先在正确的位置创建合适的选择区域，然后按【Ctrl+Alt】组合键的同时移动鼠标，将选区内的内容复制到需要修补的位置，以此达到修补错误建模的目的。

动手操作——拖移复制法修改错误建模

Step 1　打开“素材和源文件”\“第6章”\“拖移复制.jpg”文件，如图6-13所示。

由图6-13可以看出，图中沙发因为在3ds Max中建模时模型的位置调整得不够准确，致使沙发穿插到竹子里面，如图6-14所示。下面需要用拖移复制法调整。

图6-13　打开的图像文件

图6-14　错误位置

Step 2　使用（多边形套索工具）在图像中创建如图6-15所示的选区。

Step 3　按住【Ctrl+Alt】组合键的同时移动鼠标，将选区内容复制到相应的位置，如图6-16所示。

Step 4 按【Ctrl+D】组合键将选区取消。

Step 5 使用同样的方法，将其他错误建模区域也拖移复制好，效果如图6-17所示。

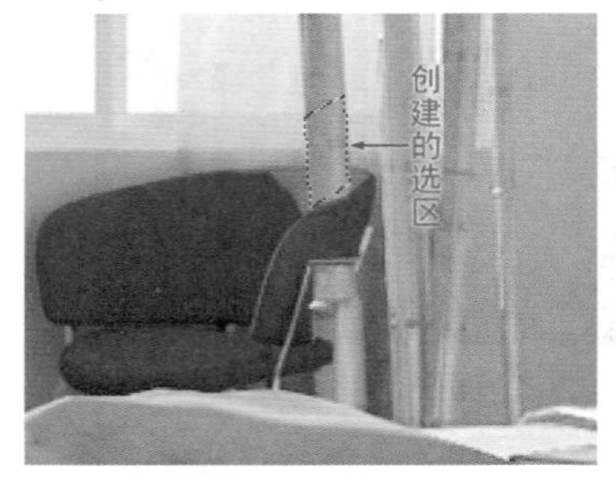

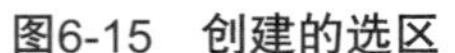
图6-15 创建的选区

图6-16 复制图像

图6-17 修补好的图像效果

Step 6 将制作的图像另存为“拖移复制好.jpg”文件。

6.3.2 工具修补法修改错误材质

工具修补法就是使用（修补工具）将画面中某一不理想的区域修补得令用户满意。而且在修补过程中，手动的区域是经过羽化的，并经过Photoshop内部程序处理，是“混合”，不是粘贴，因此边缘不生硬，色彩也不生硬。

修补工具有两种用法：第一种是拿别处的修补此处；第二种是拿此处的修补别处。

动手操作——工具修补法修改错误材质

Step 1 单击【文件】|【打开】命令，打开“素材和源文件”\“第6章”\“工具修补法.jpg”文件，如图6-18所示。

这是一张渲染输出的别墅俯视效果图场景，将图片放大观察，发现屋顶的材质因为在3ds Max场景中没有平铺好，致使出现了如图6-19所示的材质错误。接下来就对该部分进行修补处理。

图6-18 打开的图像文件

图6-19 错误建模的位置

Step 2 选择（修补工具），其属性栏参数设置如图6-20所示。

图6-20 属性栏设置

Step 3 在图像中想修补的区域拖动鼠标，创建如图6-21所示的选区。

Step 4 使用（修补工具）在选区内按住鼠标左键不放，拖动到用户认为正确的区域释放鼠标，这时原先的选区就被正确区域内容修补了，如图6-22所示。

图6-21　创建选区

图6-22　修补效果

Step 5 运用同样的方法，用（修补工具）将图像中其他错误材质区域一一修补好，如图6-23所示。

图像的最终效果如图6-24所示。

图6-23　局部放大效果

图6-24　修补后的图像效果

Step 6 将制作的图像另存为“工具修补法好.jpg”文件。

6.4　用Photoshop调整画面构图

一般情况下直接从3ds Max中渲染输出的位图很难满足用户对画面构图的需要，因此往往都会在Photoshop中调整画面的构图关系，以达到画面的统一、合理。其实，效果图的构图没什么既定的法则，具体的构图形式应该根据建筑的设计形式、建筑风格以及用户的要求等方面来确定。

6.4.1　位置线

在进行效果图的后期处理时，位置线可以辅助我们把主体建筑安放在合适的位置。由于位置线并不是画面的组成部分，这必然考验创作者对画面的整体把握能力。

在效果图的后期处理过程中，将直面上下左右各三等分，这种平分线就是位置线，如图6-25所示。

用位置线的格式放置主体建筑时，主体建筑应该放在位置线上任意3个格的偏左或偏右处。

主体建筑尽量不要摆放在位置线的正中间，这样既可以避免画面构图呆板的情况，又利于为场景添加配景素材，使画面的构图更舒适合理。

图6-25　横位置线和竖位置线

6.4.2　构图原则

不同的美术作品具有不同的构图原则，对于建筑装饰效果图来说，基本上应遵循平衡、统一、比例、节奏、对比等基本原则。

- 平衡：所谓平衡是指空间构图中各元素的视觉分量给人以稳定的感觉。平衡有对称平衡和非对称平衡之分，对称平衡是指画面中心两侧或四周的元素具有相等的视觉分量，给人以安全、稳定、庄严的感觉；非对称平衡是指画面中心两侧或四周的元素比例不等，但是利用视觉规律，通过大小、形状、远近、色彩等因素来调节构图元素的视觉分量，从而达到一种平衡状态，给人以新颖、活泼、运动的感觉。如图6-26所示，如果没有左上角的枝叶，画面就会显得左右不均衡，加上左边的枝叶配景后，整个画面看起来就平衡了。
- 统一：统一也就是使画面拥有统一的思想与格调，把所涉及的构图要素运用艺术的手法创造出协调统一的感觉。这里所说的统一，是指构图元素的统一、色彩的统一、氛围的统一等多方面的，如图6-27所示。

图6-26　平衡法

图6-27　色彩的统一

- 比例：一是指造型比例，二是指构图比例，这里说的是构图比例。对于室内效果图来说，室内空间与沙发、床、吊灯、植物配景等要保持合理的比例；而对于室外建筑装饰效果图来说，主体与环境设施、人物、树木等要保持合理的比例，如图6-28所示。
- 节奏：节奏体现了形式美。节奏就是有规律的重复，各空间要素之间具有单纯的、明确的、秩序井然的关系，使人产生匀速有规律的动感。在效果图中将造型或色彩以相同或相似的序列重复交替排列可以获得节奏感。自然界中有许多事物由于有规律地重复出现，或者有秩序地变化，给人以美的感受，如图6-29所示。

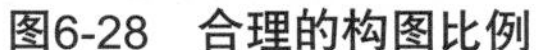

图6-28　合理的构图比例

图6-29　充满韵律的节奏感

- 对比：有效地运用任何一种差异，通过大小、形状、方向、色彩、明暗及情感对比等方式，都可以引起人们的注意力，如图6-30所示。

图6-30　统一中求变化

6.4.3　裁切法

裁切法就是直接运用工具箱中的（裁剪工具）将图像中多余的区域裁剪掉，从而使得图像的构图比例变得均衡。

动手操作——裁切法

Step 1 单击【文件】|【打开】命令，打开“素材和源文件”\“第6章”\“构图.tif”文件，如图6-31所示。

由图6-31可以看出，整个画面的构图头轻脚重，这是因为在场景中渲染或添加配景时，没有把握好画面的均衡关系造成的。接下来，就运用裁切法调整画面的构图关系。为了更好地观察构图，在进行裁剪之前最好先用黑颜色把要裁剪掉的区域遮盖起来，看看效果再裁剪。

Step 2 使用（矩形选框工具）在图像中创建矩形选区，并以黑色填充，效果如图6-32所示。

通过观察，裁剪到如图6-32所示的位置感觉画面效果还可以，下面就可以使用（裁剪工具）将多余的部分裁减掉。

Step 3 将选区取消，选择 (裁剪工具)，然后在图像中拖动鼠标，得到如图6-33所示的裁剪区域。

Step 4 按【Enter】键，确认裁剪操作，图像效果如图6-34所示。

图6-31 打开的图像文件

图6-32 创建遮罩

图6-33 创建裁剪

图6-34 确定裁剪

技巧

确认裁切操作，除了上面的按【Enter】键外，也可以在裁剪区域内快速双击确认裁剪操作。

Step 5 将制作的图像另存为“裁剪构图.tif”文件。

6.4.4 添加法

添加法就是在画面中感觉构图偏的位置加上合适的其他配景，以此把画面的重心扶正，使整个画面从视觉上看起来是均衡的。

动手操作——添加法

Step 1 打开前面的“裁剪构图.tif”文件。再打开“素材和源文件”\“第6章”\“树枝.psd”文件，如图6-35所示。

下面将把这幅树配景素材拖到“构图”场景中，使画面看起来更均衡些。

Step 2 使用 (移动工具)将近景树配景素材图片拖到“裁剪构图”场景中，并调整它的大小和位置，如图6-36所示。

图6-35 打开的素材图像

图6-36 添加的素材到效果中

Step 3 将制作的图像另存为“添加构图.psd”文件。

6.5　小结

本章通过具体实例的操作过程，系统地讲述了运用Photoshop软件中相应的工具和命令对不太理想的室内外效果图进行修改的方法，其中包括对效果图光照效果图的调整、对错误建模的调整，以及对不理想画面构图的调整等。这些不足之处都是渲染后的效果图经常有的缺陷，希望读者能够认真体会我们讲述的调整方法，平时多做些这方面的练习，牢固掌握本章讲述的各项内容。

第7章 配景素材的使用及处理方法

本章内容

- 常用配景倒影效果的处理
- 常用配景投影效果的处理
- 草地处理方法
- 天空处理方法
- 玻璃材质处理方法
- 人物配景处理方法
- 树木配景添加原则
- 配景色彩与环境的协调问题

在室内外建筑效果图表现中，如果要正确表现场景中所要达到的真实效果，就不能忽视背景、人物、花草、树木及水等配景的作用。这些配景虽然不是主体部分，但是能对场景效果起到一个协调的作用，它们处理得好坏与否，将直接影响到整个效果图场景的最终效果。

7.1 常用配景倒影效果的处理

倒影在室内外效果图中会经常遇到。相对于投影来说，倒影的制作过程显得稍微复杂一些。根据配景与地面的“接触点”不同，倒影大致可以分为两种：一种是配景与地面只有一个单面接触的情况，如树木、花盆、人物等。制作这类配景的倒影时，只需将原图像复制一个，然后将复制后的图像垂直翻转即可（这类倒影的制作方法详见本书3.6.1节）。另一种是配景与地面有多个接触点的情况，如汽车、桌椅等。在制作该类配景的倒影效果时，就不能仅仅依靠【垂直翻转】命令来处理，还需要对图像进行一些变形操作。另外，还经常需要制作水面倒影的效果，下面将介绍后面这两种倒影的制作方法。

7.1.1 人物倒影

在很多时候，人物的倒影与地面的接触点不止一个，像前面比较单一地仅靠【垂直翻转】

命令已经不能满足需要，必须结合其他命令来完成。

动手操作——制作人物倒影

Step 1 单击【文件】|【打开】命令，打开“素材和源文件”\“第7章”\“人物倒影.tif”文件，如图7-1所示。

Step 2 再打开“素材和源文件”\“第7章”\“人物5.psd”文件，如图7-2所示。

Step 3 使用✥（移动工具）将“人物5.psd”拖到“人物倒影.tif”文件中，并调整其大小和位置，如图7-3所示。

图7-1　打开的图像文件

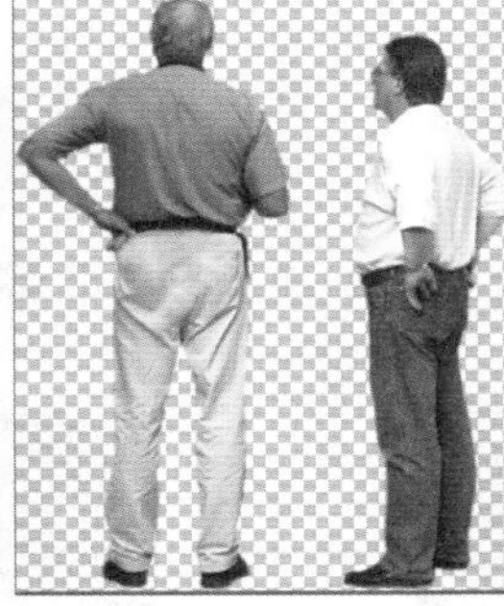

图7-2　打开的图像文件

图7-3　添加人物的效果

Step 4 确定人物所在图层处于选择状态，单击【图像】|【调整】|【色彩平衡】命令，在弹出的对话框中设置图像与室内效果图的色调相符，如图7-4所示。

Step 5 在【图层】面板中，选择人物所在的图层，然后按【Ctrl+J】组合键将复制该图层。

Step 6 确定“人物　副本”图层为当前层，单击【编辑】|【变换】|【垂直翻转】命令，将图像垂直翻转，并将其作为倒影的图层移至人物图层的下方，如图7-5所示。

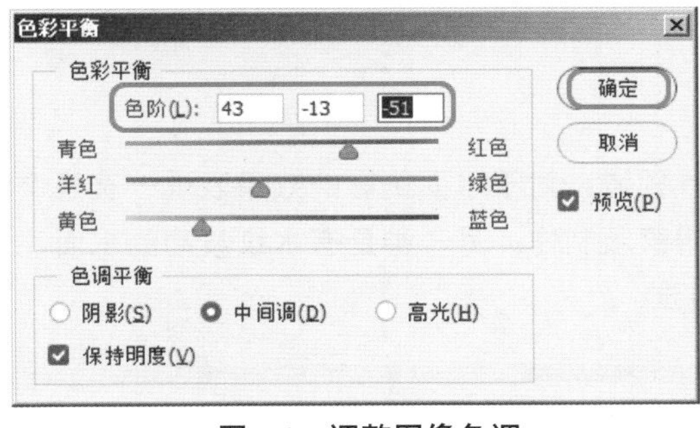

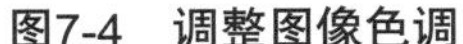

图7-4　调整图像色调

图7-5　变换操作

Step 7 使用⬚（矩形选框工具）选出脚的区域，按【Ctrl+T】组合键，打开变换框，鼠标右击变形框，在弹出的快捷菜单中选择【变形】，调整脚步区域，图像效果如图7-6所示。

Step 8 选择出另一个人的右腿选区，按【Ctrl+T】组合键，调整其高度，如图7-7所示。

Step 9 在【图层】面板中，设置作为倒影图层的“不透明度”为20%。

图7-6　变形选区

图7-7　调整腿部的变形

Step 10 按【Q】键，进入快速蒙版模式，使用（渐变工具），填充渐变制作出人物倒影的退晕效果，如图7-8所示。

Step 11 按【Q】键退出蒙版，在【图层】面板中单击（添加蒙版）按钮，创建出退晕效果，如图7-9所示。

图7-8　创建渐变

图7-9　制作出退晕效果

Step 12 将制作的图像另存为“人物倒影.psd”文件。

7.1.2　水面倒影

不管是在三维设计领域，还是在平面设计领域，对于水面倒影的效果表现一直是个难题。水面有两种，一种是比较平静的水面，可以用蒙版制作；另一种是有水纹波动的水面，一般用滤镜制作。下面分别介绍这两种水面的制作方法。

动手操作——平静水面倒影制作

Step 1 单击【文件】|【打开】命令，打开“素材和源文件”\“第7章”\“泳池别墅.psd”文件，如图7-10所示。

Step 2 选择泳池边的植物图层，通过psd源文件可以查看植被所在图层，也可以在预选的植被上右击选择该图层。

Step 3 按【Ctrl+J】组合键，复制该图层至新图层，再按【Ctrl+T】组合键，弹出自由变换框，右击，选择【垂直翻转】命令，如图7-11所示。

Step 4 使用（多边形套锁）工具，在场景中创建不在水面的图像选区，如图7-12所示，按【Delete】键，将选区中的图像删除。

图7-10　打开的图像文件

图7-11　翻转图像

Step 5　设置倒影图层的【不透明度】为25%，如图7-13所示。

图7-12

图7-13

倒影的颜色一般和水的颜色有一定的联系，比较接近水面的颜色，所以这里制作这个倒影时，先调整倒影素材的颜色。在调整颜色之前，先将复制图像的形态和位置调整到如图7-14所示的位置。

Step 6　单击【图像】|【调整】|【色彩平衡】命令，打开【色彩平衡】对话框，设置各项，参数如图7-14所示

Step 7　为倒影添加图层蒙版，如图7-15所示的渐变区域。

图7-14　设置参数

Step 8　参照前面案例中遮罩的制作制作出退晕的倒影效果，效果如图7-16所示。

图7-15　创建蒙版

图7-16　泳池倒影效果

Step 9 将制作的图像另存为“泳池倒影效果.psd”文件。

动手操作——滤镜制作水面倒影

Step 1 单击【文件】|【打开】命令，打开“素材和源文件”\“第7章”\“水面建筑.tif”文件，如图7-17所示。

Step 2 将“背景”图层转换为普通图层“图层0”。

Step 3 使用 (裁剪工具)，裁剪出底部一部分空白区域，如图7-18所示。

图7-17　打开的图像文件

图7-18　裁剪出空白区域

Step 4 将“图层0”图层复制一层，命名为“倒影”。

Step 5 确认“倒影”图层为当前图层，按【Ctrl+T】组合键，弹出自由变换框，选择右键菜单中的【垂直翻转】命令，然后将它在垂直方向稍微压扁些，再调整图像的大小和位置，如图7-19所示。

Step 6 调整合适后，按【Enter】键确认变换操作。

Step 7 按【Ctrl】键的同时单击“倒影”图层，调出图像选区。

Step 8 单击【滤镜】|【模糊】|【动感模糊】命令，在弹出的【动感模糊】对话框中设置各项参数，如图7-20所示。

图7-19　调整图像大小和位置

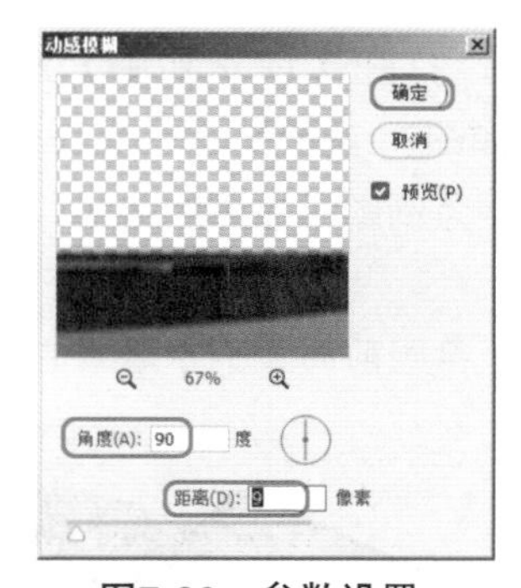

图7-20　参数设置

Step 9 单击【滤镜】|【模糊】|【高斯模糊】命令，在弹出的【高斯模糊】对话框中设置“半径”为1像素，如图7-21所示。

Step 10 单击【滤镜】|【扭曲】|【置换】命令，在弹出的【置换】对话框中设置各项参数，如图7-22所示。

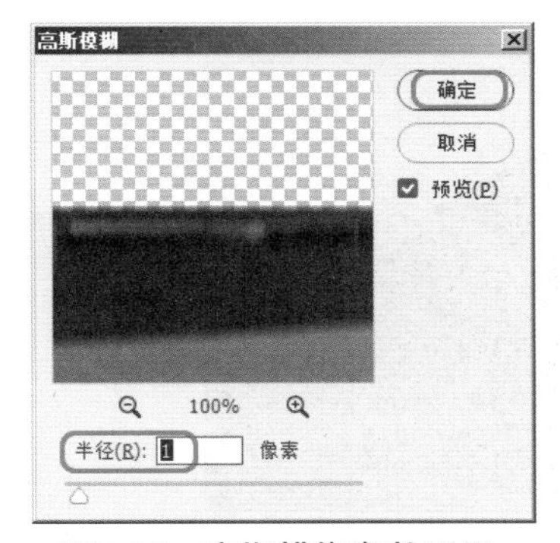

图7-21　高斯模糊参数设置

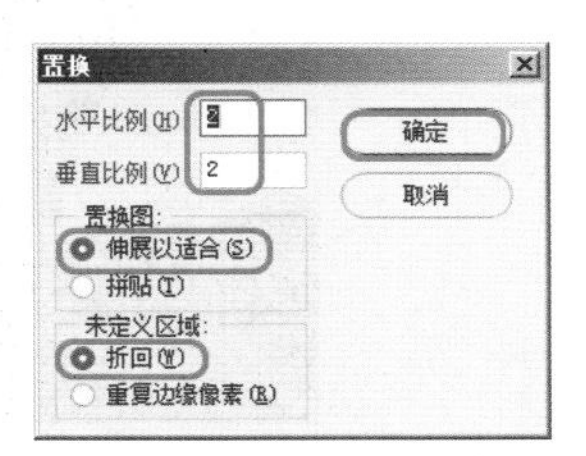

图7-22　置换参数设置

Step 11 单击按钮，在打开的对话框中选择“素材和源文件”\“第7章”\“水.psd”文件，如图7-23所示。

Step 12 单击【滤镜】|【滤镜库】命令，打开滤镜库从中选择【扭曲】|【玻璃】命令，设置如图7-24所示的参数。

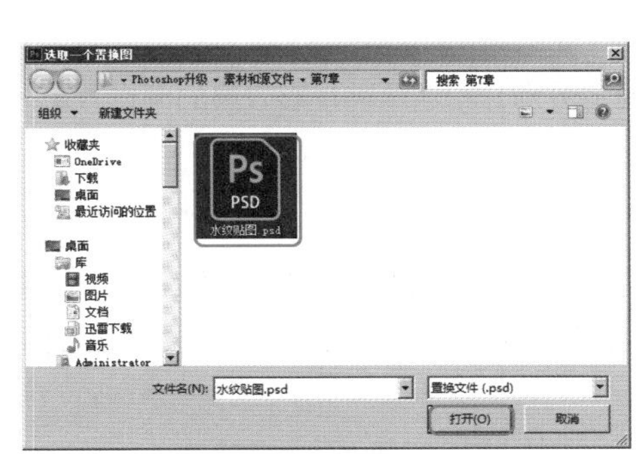

图7-23　打开文件

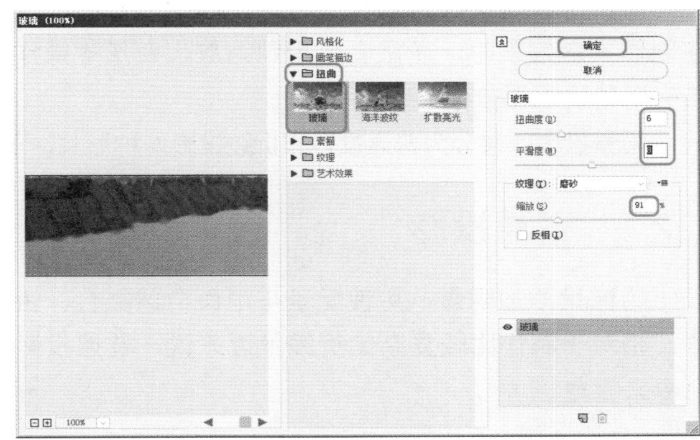

图7-24　参数设置

Step 13 打开“素材和源文件”\“第7章”\“水面.tif”文件，如图7-25所示。

Step 14 将“水面”文件调入场景中，调整它的大小和位置，如图7-26所示。

图7-25　打开的图像文件

图7-26　调入水面的位置

Step 15 使用（橡皮擦工具）将水面擦除部分，露出底下的建筑物，从而得到水面倒影的最终效果，如图7-27所示。

Step 16 将制作的图像另存为“水面建筑效果.psd”文件。

图7-27　水面建筑效果

7.2　常用配景投影效果的处理

没有了影子，物体的立体感也就无从体现。因此，影子是使物体具有真实感的重要因素之一。通常情况下，在为效果图场景中添加配景后，接着就应该为该配景制作投影效果。另外，在制作投影效果时，通常会应用到缩放、变形等操作，通过给图层添加蒙版还可以制作出那种带有退晕的投影效果。

配景投影效果分为普通投影和折线投影两种形式，下面将分别介绍这两种投影效果的制作方法。

7.2.1　普通投影

为配景添加阴影，可使配景与地面自然融合，否则添加的配景就会给人以漂浮在空中的感觉。相对于制作比较复杂的折线投影来说，普通投影的制作方法很简单，主要是运用【变换】命令来完成。

动手操作——制作普通的投影效果

Step 1　单击【文件】|【打开】命令，打开“素材和源文件”\“第7章”\“普通投影素材.psd”文件，如图7-28所示。

这是一幅室外建筑的效果图后期处理图片，位于画面左侧的两个人物没有投影，接下来为其制作投影。

Step 2　将人物所在图层复制一层，生成副本图层，然后将该图层拖到人物图层的下方。

Step 3　按【Ctrl+T】组合键，弹出自由变换框，然后将图像调整成如图7-29所示的形态。

图7-28　打开的图像文件

图7-29　执行自由变换的效果

Step 4 调整合适后，按【Enter】键，确认变换操作。

Step 5 单击前景色，在弹出的拾色器中，使用（吸管工具）吸取旁边植物阴影的颜色，按住【Ctrl】键，单击人物倒影图层，将其图层载入选区，按【Alt+Delete】快捷键，填充前景色，效果如图7-30所示。

此时人物阴影轮廓过于清晰，需要进行模糊处理。

Step 6 单击【滤镜】|【模糊】|【高斯模糊】命令，打开【高斯模糊】对话框，设置模糊【半径】为1像素，图像效果如图7-31所示。

图7-30　调整为黑色

图7-31　模糊图像效果

Step 7 使用（多边形套锁工具）在场景中创建如图7-32所示的选区。

Step 8 单击【选择】|【修改】|【羽化】命令，在弹出的对话框中设置羽化【半径】为50，删除末端的一部分选区。

Step 9 使用（模糊工具），设置倒影的模糊区域，如图7-33所示。

图7-32　创建选区

图7-33　图像的最终效果

Step 10 将制作的图像另存为“普通投影效果.psd”文件。

7.2.2　折线投影

在很多情况下，室内外光线所投射的投影是位于台阶、墙角等有转折的物体上的，这类投影叫作折线投影。在制作这类投影时，就不能用制作普通投影的方法来制作。

动手操作——制作折线投影

Step 1 单击【文件】|【打开】命令，打开“素材和源文件”\“第7章”\“公园.jpg”文件，如图7-34所示。

Step 2 打开“素材和源文件”\“第7章”\“人物1.psd”文件，如图7-35所示。

Step 3 使用✥（移动工具）将人物1拖到“公园”图像文件中，并调整其大小和位置，然后将其所在图层命名为“人物”，如图7-36所示。

Step 4 将“人物”图层复制一层，生成“人物 副本”图层，然后将该图层拖到“人物”图层的下方。

图7-34　打开的“公园”图像文件

图7-35　打开的“人物”图像文件

Step 5 单击【编辑】|【变换】|【扭曲】命令，弹出扭曲变形框，用鼠标将图像调整到如图7-37所示的形态。

图7-36　调整人物大小后的效果

图7-37　扭曲后的图像效果

Step 6 形态合适后，按【Enter】键，确认变换操作。

Step 7 使用▽（多边形套索工具）在图像中创建如图7-38所示的选区。

Step 8 按【Ctrl+ →】组合键，选区将变为如图7-39所示的效果。

图7-38　创建的选区

图7-39　选区效果

Step 9 按【Ctrl+T】组合键，弹出自由变换框，然后将图像调整到如图7-40所示的状态。

Step 10 形态合适后，按【Enter】键确认变换操作，再按【Ctrl+D】组合键取消选区。

Step 11 调出“人物 副本”图层选区，将选区以黑色填充，再将选区取消，图像效果如图7-41所示。

图7-40　变形效果

图7-41　填充黑色效果

Step 12 单击【滤镜】|【模糊】|【高斯模糊】命令，打开【高斯模糊】对话框，设置模糊【半径】为3像素，图像效果如图7-42所示。

Step 13 在【图层】面板中调整该图层的【不透明度】为70%，得到图像的最终效果如图7-43所示。

图7-42　高斯模糊效果

图7-43　图像最终效果

Step 14 将制作的图像另存为“折线投影.psd”文件。

7.3　草地处理方法

在建筑后期处理中，草地的处理是必不可少的，它是环境绿化的铺垫。图7-44所示小区绿化景观图，青葱的草地和周边的灌木、草丛、树木等互相映衬，展现了小区环境的干净、优雅。

图7-44　小区绿化效果图

图7-45所示为夜景效果图中的草地效果，大面积的草地在周围灯光的映射下生机勃勃，给人以美的享受。

图7-46所示为高层建筑前的草地，该类草地的颜色一般不是很青翠，而是略微偏暗，从色彩上给人一种稳重、不张扬的感受，符合建筑的气势。

在处理室外效果图的草地时，可以直接在制作草地的位置使用相应的工具填充草地的颜色，然后再使用【噪波】滤镜命令制作出草地的效果。但是这种方法制作的草地呆板、不真实，因此现在很少使用。

图7-45　夜色中的草地效果

图7-46　高层前的草地效果

也可以直接调用现成的草地素材，不做过多的调整，这样的草地看起来效果比较真实。但是前提是草地的色调、透视必须和场景所要表现的效果相匹配，如图7-47所示。

最常用的方法是合成法，也就是同时引用多种草地素材，使用Photoshop中的图层工具与其他工具对其进行合成，使其按照真实的透视原理合成为一个整体。这种处理方法的特点是颜色绚丽，草地富于变化，如图7-48所示。

图7-47　直接引用草地素材的效果

图7-48　合成法制作的草地效果

还有一种方法是使用复制草地的方法来制作大片的草地效果，一般适用于大型的鸟瞰效果图场景。

7.3.1　直接调用草地素材

Step 1　打开“素材和源文件”\“第7章”\“别墅.psd”文件，如图7-49所示。

Step 2　打开“素材和源文件”\“第7章”\“草地.jpg”文件，如图7-50所示。

图7-49　打开的图像文件

图7-50　打开的图像文件

Step 3 使用✥（移动工具）将“草地”拖到“别墅”文件中，并调整草地的大小和位置，效果如图7-51所示。

由图7-51看出，添加的草地色调和场景不协调，需要使用色彩调整命令处理。

Step 4 单击【图像】|【调整】|【曲线】命令，打开【曲线】对话框，设置各项参数如图7-52所示。

执行上述操作后，得到图像的最终效果如图7-53所示。

图7-51　调整草地的大小

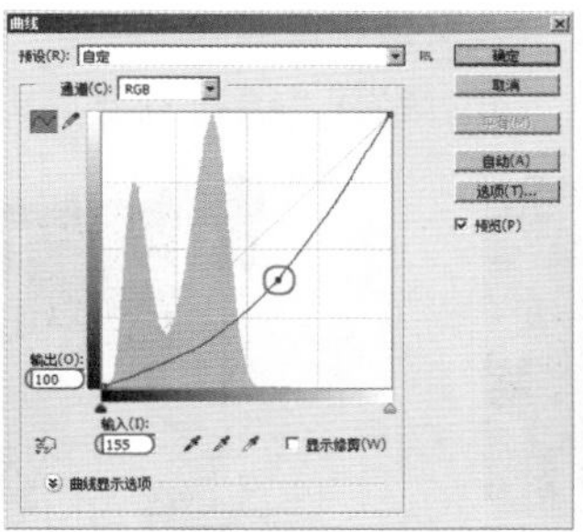

图7-52　参数设置

图7-53　最终效果

Step 5 将制作的图像另存为“调入草地.psd”文件。

7.3.2　合成法制作草地

Step 1 打开“素材和源文件”\“第7章”\“居民楼后期.psd”文件，如图7-54所示。

Step 2 打开“素材和源文件”\“第7章”\“草.psd”文件，如图7-55所示。

图7-54　打开的图像文件

图7-55　打开的草素材

这是一幅草地图片，我们准备使用这幅图片与另外一些植物配景图片合成来完成远景、中景、近景的表现。

Step 3 使用✥（移动工具）将“草”图像拖到“居民楼后期”场景中作为草地图片，然后调整它的大小及位置，如图7-56所示。

Step 4 显示出线框颜色图像来，使用（魔棒工具）在草地区域创建选区，如图7-57所示。

图7-56　添加素材

图7-57　打开素材

Step 5 选择添加的草地素材，单击【图层】面板底部的（添加矢量蒙版）按钮，创建出草地的蒙版，如图7-58所示。

接下来为场景添加近景、中景和远景植物配景。

Step 6 打开“素材和源文件”\“第7章”\“植物.psd”文件，如图7-59所示。

图7-58　创建图层的蒙版

图7-59　打开素材

Step 7 使用✥（移动工具）在打开的素材文件中鼠标右击需要的植物素材，选择并拖动到效果图中，调整素材的位置和大小，如图7-60所示右侧的近景树。

Step 8 使用同样的方法添加近景、中景和远景植物，通过调整素材的位置和大小，如图7-61所示。

图7-60　添加近景树

图7-61　添加的草地植物

注意

在添加配景时一定要注意图层的先后顺序，避免互相遮挡现象的发生。

Step 9 将制作的图像另存为“居民楼后期效果.psd”文件。

7.3.3　复制法制作草地

Step 1 打开“素材和源文件”\“第7章”\“小区规划.tif”文件，如图7-62所示。

Step 2 使用（魔棒工具）选择代表草地的蓝色区域，再按【Ctrl+J】组合键将其复制为一个单独图层，得到“图层1”图层，如图7-63所示。

图7-62　打开的图像文件

图7-63　将草地区域复制为一个单独图层

Step 3 打开“素材和源文件”\“第7章”\“草地02.jpg”文件，如图7-64所示。

Step 4 按【Ctrl+A】组合键将草地全选，再按【Ctrl+C】组合键对选区内的图像进行复制，返回“小区规划”场景中，按【Ctrl+V】组合键进行粘贴。

为了使鸟瞰图和草地素材的比例适宜，需要将草地素材进行缩小处理，使草地本身的纹理比例切合实际。

Step 5 按住【Ctrl】键，将调入的草地载入选区，按住【Ctrl+Alt】组合键的同时拖动鼠标，在同一个图层内移动复制草地，得到“草地”图层，如图7-65所示。

图7-64　打开的图像文件

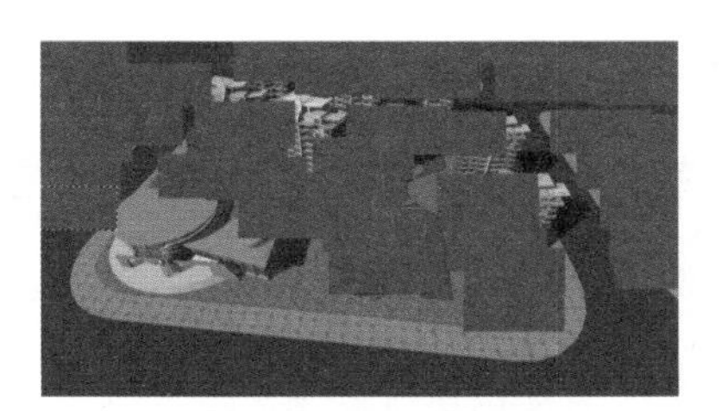

图7-65　移动复制草地效果

Step 6 将“图层1”载入选区，返回“草地”图层，为该图层添加上图层蒙版，将多余的草地进行隐藏，如图7-66所示。

下面用色彩调整命令调整场景中草地配景的明暗对比度，增强场景的透视感。

Step 7 单击“草地”图层的图层缩览图，单击【图像】|【调整】|【亮度/对比度】命令，在弹出的对话框中设置参数，如图7-67所示。

图7-66　添加图层蒙版

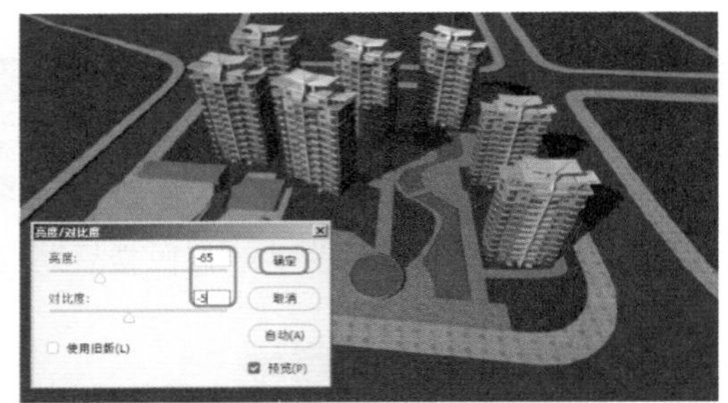

图7-67　调整草地明暗效果

Step 8 单击【图像】|【调整】|【色彩平衡】命令，在弹出的对话框中设置参数，如图7-68所示。

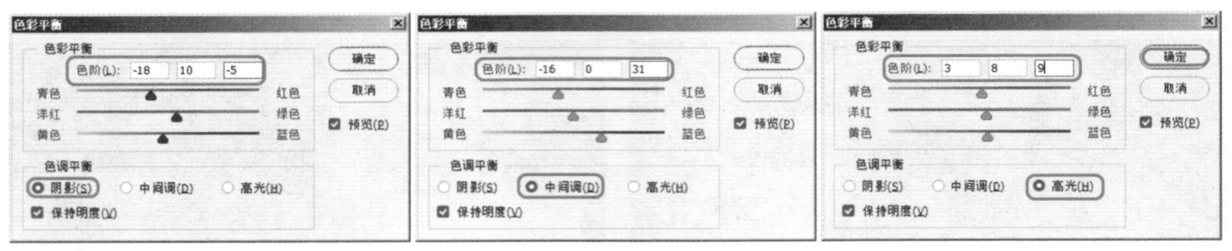

图7-68　参数设置

执行上述操作后，图像效果如图7-69所示。

Step 9 最后再添加树木、水流、汽车及周边环境，效果如图7-70所示。

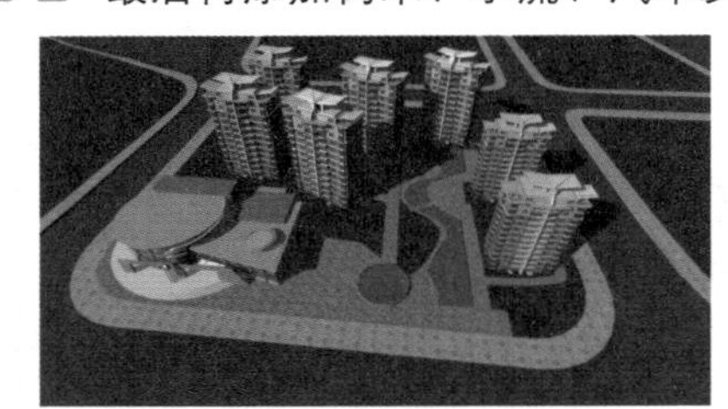

图7-69　调整草地效果

图7-70　鸟瞰完成效果图

Step 10 将制作的图像另存为“复制法制作草地.psd”文件。

7.3.4　制作草地的注意事项

草地有时也是效果图的一部分，它处理的好坏直接影响到效果图的成败。在制作草地时需要注意以下几点。

（1）透视规律

草地同样也遵循效果图近大远小、近实远虚的透视规律。因此在处理草地时，远处的草地可以处理得粗糙些，而近处的草地则要纹理清晰，如图7-71所示。

（2）明暗关系

由于受光照及植物遮挡的影响，草地本身的颜色并不是一成不变的，它会随着这些因素的变化而呈现出不同的光影效果。

如图7-72所示，受近景树木的遮挡，近处的草地颜色很深，而远处的草地由于光照的原因，它的颜色相对明亮些。

图7-71　草地透视效果

图7-72　日景草地明暗关系

图7-73为夜景中的草地效果，远处受建筑物内灯光照射的影响，草地颜色偏亮，而近处因为灯光较弱，草地呈现颜色较重。

夜景中的草地一般颜色较深，只有在有灯光的地方才能呈现出不同的绿色，这样就把草地的明暗关系表现出来了，而且使草地层次更加丰富。

图7-73　夜景草地明暗关系

（3）合理种植

草地的种植是很有讲究的。园林、小区、湿地等地方的草地颜色以鲜绿为主，草地要茂盛，很有生命力，体现环境的优雅和生机勃勃，如图7-74～图7-76所示。

图7-74　小区

图7-75　公园

图7-76　湿地

稳重，色彩不轻浮、纹理简单的草地，常见于办公楼、高层建筑等场景中，如图7-77和图7-78所示。

图7-77　高层建筑

图7-78　办公场所

7.4 天空处理方法

天空的表现对于建筑效果图制作具有重要的意义，通过为场景添加不同的天空背景，在天空的色彩、亮度、云彩大小上产生丰富的变化，将为建筑营造不同的氛围。

如图7-79所示，不论是白云朵朵，还是干净的蓝色，都给人一种晴朗的惬意感。

图7-79 晴空效果

图7-80所示为阴云密布的下雨场景的天空，通过暗沉的天空背景，营造出了下雨前压抑、厚重的气息。

图7-81所示为夜晚的天空，单纯的深蓝色，给人以静谧的感觉。

图7-80 阴云密布的天空

图7-81 夜晚的天空

制作天空背景的方法有三种，一种是直接运用合适的天空背景素材，添加到效果图中；另一种是利用颜色渐变制作天空；还有一种是利用多个天空素材合成，营造出变化丰富的天空背景。

7.4.1 直接添加天空配景素材

直接添加天空相对来说简单，只需根据建筑和环境的需要，选择合适的天空，直接添加进来即可。

动手操作——直接添加天空

Step 1 单击【文件】|【打开】命令，打开“素材和源文件”\“第7章”\“直接添加.psd”文件，如图7-82所示。

本实例将学习如何为建筑效果图添加天空背景。

Step 2 打开“素材和源文件”\“第7章”\“天空.jpg”文件，如图7-83所示。

Step 3 使用✥（移动工具）将“天空”拖到“直接添加”文件中，并将其所在图层调整到建筑所在图层的下方，调整它的大小，最后效果如图7-84所示。

图7-82　打开的图像文件

图7-83　打开的天空图像

图7-84　添加天空背景效果

注意

素材的选择很重要，准确地选择合适的天空素材，可以轻松地制作出逼真的天空透视效果。

Step 4 将制作的图像另存为“直接添加天空.psd”文件。

7.4.2　巧用渐变工具绘制天空

渐变色填充天空背景的方法，一般适合于万里无云的晴空，这样天空看起来宁静而高远。

动手操作——渐变工具绘制天空方法一

Step 1 单击【文件】|【打开】命令，打开“素材和源文件”\“第7章”\“半鸟瞰.psd”文件，如图7-85所示。

Step 2 设置前景色为深蓝色（R：48，G:102，B：175）、背景色为浅蓝色（R：210，G：225，B：255）。

Step 3 选择（渐变工具），在工具属性栏渐变列表框中选择“前景色到背景色渐变”类型，选择线性渐变。

Step 4 新建图层，将其放置在建筑图层的下方，如图7-86所示。

Step 5 在场景中自右上角至左下角拖动鼠标，执行渐变操作，得到的渐变天空效果如图7-87所示。

图7-85　打开的图像文件

图7-86　新建图层

图7-87　渐变绘制天空效果

Step 6 将制作的图像另存为“渐变绘制天空.psd”文件。

动手操作——渐变工具绘制天空方法二

本方法可以自由控制天空高亮区域的大小。

接着上面的操作继续。

Step 1 将上个案例的渐变图层填充前景色，如图7-88所示。

Step 2 将前景色设置为白色，选择▇（渐变工具），在工具属性栏渐变列表框中选择“前景色到透明渐变”类型，选择线性渐变。

Step 3 然后从画面下向上拖动鼠标，填充白色到透明渐变，如图7-89所示。

图7-88 填充颜色

图7-89 天空效果

Step 4 将制作的图像另存为“渐变不透明度天空.psd”文件。

动手操作——渐变工具绘制天空方法三

本方法通过调整颜色来制作天空的远近距离感。

Step 1 返回方法二制作前的效果。

Step 2 将“图层1”图层以深蓝色（R：48，G:102，B：175）填充。

Step 3 按【D】键，恢复前/背景色为默认的黑白颜色。

Step 4 按【Q】键进入快速蒙版编辑模式。

Step 5 选择▇（渐变工具），在画面中由左下角至右上角拖动鼠标，填充一个半透明的红色蒙版，如图7-90所示。

Step 6 按【Q】键退出快速蒙版编辑模式，按【Ctrl+M】组合键，在弹出的【曲线】对话框中调整曲线，如图7-91所示。

图7-90 填充颜色

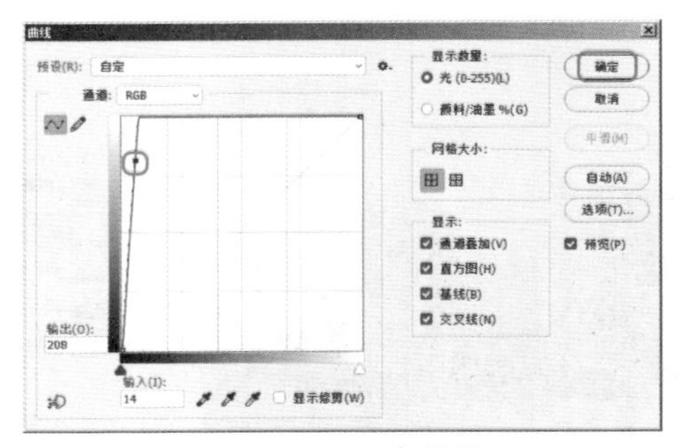

图7-91 天空效果

Step 7 将制作的图像另存为“颜色调整天空.psd”文件。

7.4.3　合成法让天空富有变化

合成法适合制作颜色、层次变换有度的天空，使天空看起来具有丰富的美感。

动手操作——合成法制作天空

Step 1 单击【文件】|【打开】命令，打开“素材和源文件”\“第7章”\“合成背景.psd”文件，如图7-92所示。

Step 2 打开“素材和源文件”\“第7章”文件夹下的“天空3.psd”文件和“天空4.psd”文件，如图7-93所示。

图7-92　打开的图像文件

图7-93　打开的图像文件

Step 3 首先使用（移动工具）将“天空3、天空4”图像添加到效果图场景中，调整其大小和位置，并放置在建筑图层面板的下方，效果如图7-94所示。

根据建筑上影子的投射方向，确定天空的光照方向是从右往左照射，那么在添加天空素材时也要遵循这个规律，天空较亮的一方在画面的右侧，左侧的天空相对较暗。

Step 4 按【Q】键，进入以快速蒙版模式编辑中，由左上角向右下角拖动出渐变，如图7-95所示。

图7-94　调整图层

图7-95　创建蒙版

Step 5 按【Q】键退出蒙版，在图层面板中选择“天空3”所在的图层，单击 （添加矢量蒙版）按钮，创建蒙版。

执行上述操作后，得到添加天空背景的最终效果如图7-96所示。

图7-96　添加矢量蒙版效果

Step 6 将制作的图像另存为“合成素材天空效果.psd”文件。

7.4.4　制作天空的注意事项

天空制作的注意事项如下。

（1）根据建筑物的用途表现氛围

建筑性质不同，所表现出的气氛也会不同。例如，居住类建筑应表现出亲切、温馨的氛围，商业建筑应表现出繁华、热闹的氛围，而办公建筑则应表现出肃静、庄重的氛围。

图7-97所示为办公大楼场景，使用了比较暗沉的天空配景，表现出办公环境的庄重和肃静。

图7-98所示为居住小区场景，运用高饱和度的蓝色天空，配以轻松活泼的云彩，表现出住宅小区的温馨和亲切感。

图7-97　办公大楼

图7-98　居住小区

（2）天空素材要与建筑物形态匹配

作为配景的天空背景，应与建筑物的形态相协调，以突出、美化建筑为主，不能喧宾夺主。

结构复杂的建筑应选用简单的天空素材作为背景，甚至用简单的颜色处理也可以，如图7-99所示。结构简单的建筑宜选用云彩较多的天空作为背景，以丰富画面，如图7-100所示。

图7-99 结构复杂的建筑

图7-100 结构简单的建筑

（3）天空素材要有透视感

天空在场景中占据着一半甚至更多的位置，是最高远的背景。为了表现出整个场景的距离感和纵深感，天空图像本身也应该通过颜色的浓淡、云彩的大小等表现出远近感，以使整个场景更为真实，如图7-101所示。

图7-101 有透视感的天空

（4）天空素材应与场景的光照方向和视角相一致

天空素材也应该有光照方向，靠近太阳方向颜色亮且耀眼，远离太阳的方向颜色深。

如图7-102所示的场景，根据场景的光照方向，哪个天空方向正确，哪个天空方向错误一目了然。

图7-102 天空与光照的方向

 7.5 玻璃材质处理方法

玻璃材质是建筑效果图中最难表现的。与一般的其他材质不同，玻璃材质会根据周围景观的

不同有很多变化。同一块玻璃，在不同的天气状况，不同的观察角度，都会看到不同的效果。

玻璃的最大特征是透明和反射，不同的玻璃其反射强度和透明度会不同。如图7-103所示，高层建筑的玻璃由于反射了天空的颜色，玻璃呈现出极高的亮度，但是透明度较低。而低层建筑的玻璃由于周围建筑的遮挡而光线较暗，呈现出极高的透明度和较低的反射度，室内的灯光和景物一览无余。

图7-103　建筑玻璃照片

实际使用的玻璃可以分为透明玻璃和反射玻璃两种。透明玻璃透明性好，反射较弱，如图7-104所示。透明玻璃由于透出暗的建筑内部，而看起来暗一些。反射玻璃由于表面镀了一层薄膜，而呈现出极强的反射特征，如图7-105所示。

图7-104　使用透明玻璃的建筑

图7-105　使用反射玻璃的建筑

7.5.1　透明玻璃处理方法

透明玻璃一般常见于商业街的门面或家居、别墅的落地窗户，从窗内透出来的暖暖的黄色灯光，给人一种温馨的感受，而透明的玻璃质感则给人一种窗明几净、舒适的感觉。

动手操作——透明玻璃处理方法

Step 1　单击【文件】|【打开】命令，打开“素材和源文件”\“第7章”\“透明玻璃.psd”文件，如图7-106所示。

这是一幅室外建筑效果图，场景中其他部分都处理好了，只有玻璃部分没有处理，下面将以该例讲述透明玻璃的处理方法和技巧。

Step 2　显示“背景”图层，然后使用选择工具选择该图层玻璃颜色区域部分，得到如图7-107所示的玻璃选区。

图7-106　打开的图像文件

图7-107　创建选区效果

Step 3　选择建筑所在图层，按【Ctrl+J】组合键将选区内容复制为单独的一层，命名为“玻璃”，使用[矩形选框工具图标]（矩形选框工具）框选如图玻璃区域，如图7-108所示。

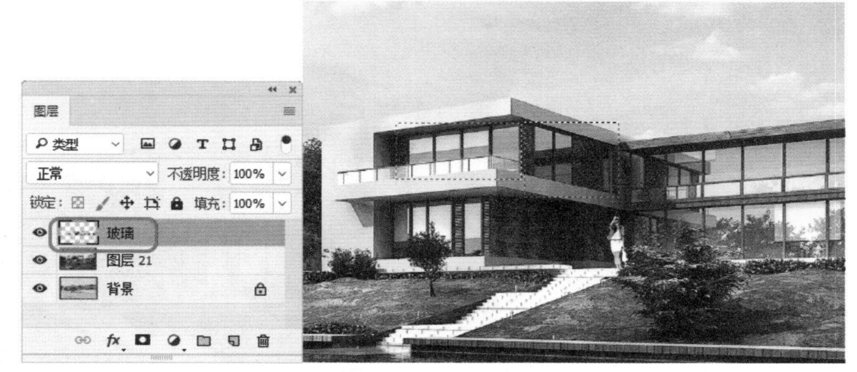

图7-108　选择的正面玻璃区域

Step 4　单击【图像】|【调整】|【色相/饱和度】命令，在弹出的【色相/饱和度】对话框中设置各项参数，如图7-109所示。

Step 5　按【Ctrl+D】组合键，取消选区。继续选择如图7-110所示的区域。

图7-109　【色相/饱和度】参数设置

图7-110　创建并调整图像的色调

Step 6　单击【图像】|【调整】|【色相/饱和度】命令，在弹出的【色相/饱和度】对话框中设置各项参数，如图7-111所示。

Step 7　单击【文件】|【打开】命令，打开“素材和源文件”\“第7章”\“住户窗.psd”文件，如图7-112所示。

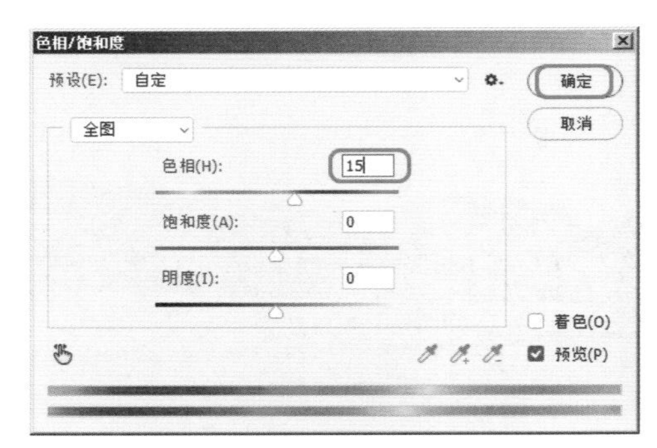

图7-111　编辑图像效果

图7-112　创建选区

Step 8 从中选择需要住户窗的所在图像图层，如图7-113所示，将其拖到场景中。

Step 9 按【Ctrl+T】快捷键，将拖动到场景中的图像进行调整，鼠标右击变换区，选择“扭曲”命令，调整图像，如图7-114所示。

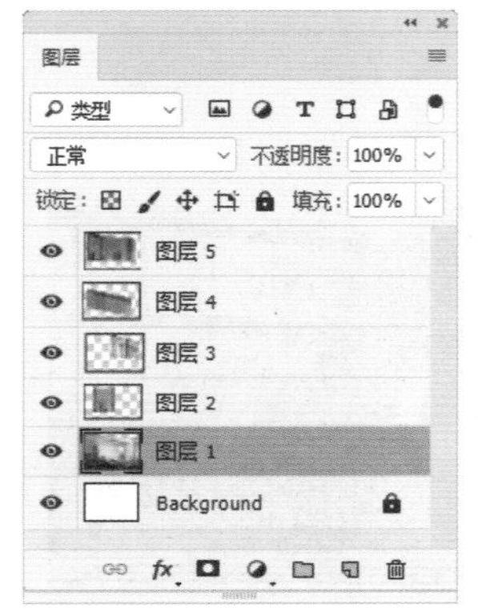

图7-113　住户窗的图层

图7-114　调整图像

Step 10 使用同样的方法为场景添加图像，如图7-115所示。

Step 11 选择所有的窗户玻璃图层，按【Ctrl+E】键，将图层合并到一个图层中，按住【Ctrl】键单击“玻璃”图层的缩览窗，将其载入选区，选择合并后的窗户图层，单击 ◘（创建矢量蒙版）按钮，创建蒙版，如图7-116所示。

图7-115　添加住户窗

图7-116　创建蒙版

Step 12 选择“玻璃”图层，按【Ctrl+M】键，调整曲线的形状，如图7-117所示。

执行上述操作后，图像效果如图7-118所示。

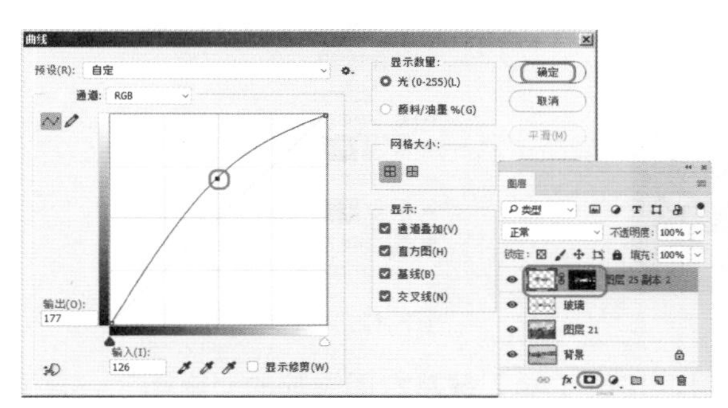

图7-117　调整曲线

图7-118　完成的效果图

Step 13 将制作的图像另存为“透明玻璃效果制作.psd”文件。

7.5.2　反射玻璃处理方法

反射玻璃一般常见于高层建筑的窗户、玻璃幕墙等，它反射的是天空的颜色和周围的建筑、树木等。这样它不仅可以增加建筑的色彩变化，还可以使建筑主体真正地融入画面中，不显得孤零。

动手操作——反射玻璃处理方法

Step 1 单击【文件】|【打开】命令，打开“素材和源文件”\“第7章”\“反射玻璃.psd”文件，如图7-119所示。

Step 2 在打开的文件中鼠标右击植物所在的区域，在弹出的快捷菜单中选择相应的植物图层“图层2”，如图7-120所示。

图7-119　打开的反射玻璃图像文件

图7-120　创建的玻璃选区

Step 3 选择植物后，按住【Alt】键移动复制出植物，如图7-121所示。

Step 4 在【图层】面板中将其放置到“图层2”的下方，并将图层命名为“玻璃反射”，如图7-122所示。

图7-121 复制出植物

图7-122 命名图层

Step 5 在【图层】面板中选择颜色通道图层，按住【Alt】键单击图层前的“眼睛”，只显示该图层，使用（魔棒工具），选择玻璃颜色，创建选区，如图7-123所示。

Step 6 按【Alt】键再单击颜色通道图层前的“眼睛”，显示出其他图层，选择“玻璃反射”图层，单击（添加矢量蒙版）按钮，创建玻璃的遮罩效果，设置作为玻璃反射图层的【不透明度】为30%，如图7-124所示。

执行以上操作得到如图7-125所示的效果。

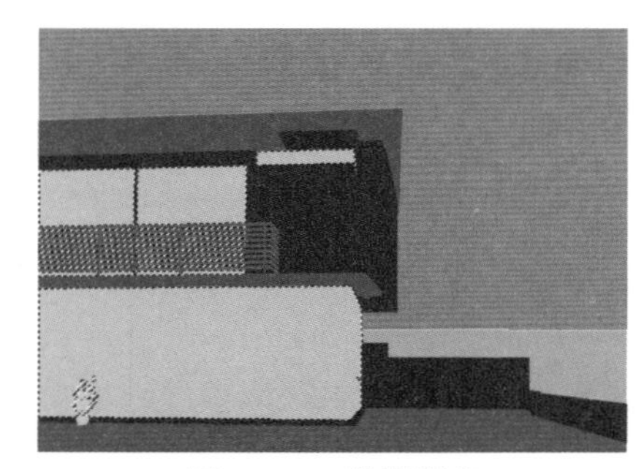

图7-123 选择颜色

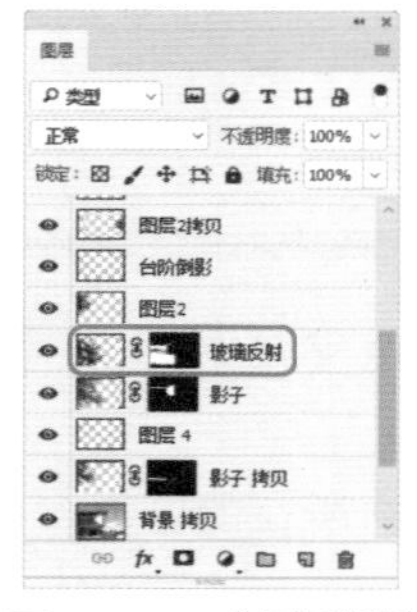

图7-124 创建蒙版

图7-125 编辑反射玻璃效果

Step 7 将制作的图像另存为“反射玻璃处理.psd”文件。

7.6 人物配景处理方法

在进行效果图后期处理时，适当地为场景添加一些人物配景是必不可少的。添加了人物后，不仅可以很好地烘托主体建筑、丰富画面、增加场景的透视感和空间感，还能使画面更加贴近生活，富有生活气息。

在添加人物配景时需要注意以下几点：

1）所添加人物的形象和数量要与建筑的风格相协调；

2）人物与建筑的透视关系和比例关系要一致；

3）人物的穿着要与建筑所要表现的季节相一致；

4）为人物制作的阴影或者倒影要与建筑的整体光照方向相一致，而且要有透明感。

下面以一个小实例介绍人物添加的方法和注意事项。

动手操作——人物配景的添加

Step 1 单击【文件】|【打开】命令，打开“素材和源文件”\“第7章”\“添加人物场景.jpg”文件，如图7-126所示。

在添加人物配景之前，先在场景中建立一条参考线，以方便调整人物的大小和高度。

确定场景视平线高度的方法有多种，最常用的是在场景中选定一个参照物，然后以该参照物为依据创建视平参考线。例如，建筑窗台的高度一般在1.0～1.8m的范围，而人的视平线高度一般在1.65m左右，那么在窗台稍高的位置创建一条水平参考线，即得到视平参考线。

Step 2 在场景中按【Ctrl+R】组合键调出标尺，在窗台稍高的位置创建一条水平参考线，即视平参考线，如图7-127所示。

Step 3 打开“素材和源文件”\“第7章”\“人物.psd”文件。然后使用✥（移动工具）将其拖到场景中，将其所在图层命名为“人1”，并调整它的位置，如图7-128所示。

图7-126 打开的图像文件

图7-127 建立视平线

图7-128 调入图像的位置

接下来为人物制作投影效果。

Step 4 将“人1”图层复制一层，生成“人1 副本”图层，使其位于“人1”图层的下方。

Step 5 按【Ctrl+T】组合键，弹出自由变换框，将图像调整成如图7-129所示的形态。

Step 6 调整合适后，按【Enter】键确认变换操作，然后调出其选区。

Step 7 将选区以黑色填充，然后将选区取消。

Step 8 单击【滤镜】|【模糊】|【高斯模糊】命令，在弹出的【高斯模糊】对话框中设置模糊“半径”为1像素。再将“人1 副本”图层的【不透明度】调整为80%，效果如图7-130所示。

图7-129 执行自由变换的效果

图7-130 编辑人物投影效果

Step 9 打开“素材和源文件”\“第7章”文件夹下的“人物2.psd”“人物3.psd”和“人物4.psd”文件，如图7-131所示。

Step 10 使用✥（移动工具）将打开的人物配景素材一一拖到场景中，并分别调整它们的位置，如图7-132所示。

Step 11 将制作的图像另存为“人物添加实例.psd”文件。

图7-131　打开的图像文件

图7-132　添加人物配景后的整体效果

7.7　树木配景添加原则

进行室外效果图后期处理，必须会场景添加一些合适的树木配景，这样可以使建筑与环境融为一体。作为建筑配景的植物种类有高大的乔木、低矮的灌木、花丛等，通过它们高低不同、错落有致的排列和搭配，可以形成丰富多样、赏心悦目的效果图场景。

树木配景的添加一般遵循以下几个原则。

（1）符合规律

树木配景通常分为远景树、中景树、近景树3种，处理好这3种树木配景的前后关系，可以增强效果图场景的透视感。在处理这3种配景时，也要遵循近大远小、近实远虚的透视原理。远景树配景要处理得模糊些、颜色暗淡些，中景树次之，近景树要纹理清晰，颜色明亮。调整好透视关系后，还要根据场景的光照方向为树木配景制作上阴影效果，如图7-133所示。

图7-133　树木配景

（2）季节统一

添加树木配景时还要注意所选择树木配景的色调和种类要符合地域和季节特色。如果在一个效果图中，既有篱笆上的黄色迎春花，又有池塘里的荷花，这样就不符合实际，因为这两种花不可能在同一个季节开放。

（3）疏密有致

树木配景并不是种类和数量越多越好，毕竟它的存在是为了陪衬主体建筑，因此，树木配景只要能和主体建筑相映成趣，并注意透视关系和空间关系，切合实际即可。

Ps 7.8　小结

本章通过几个既典型又实用的实例制作过程，讲述了效果图各种情况下投影和倒影的制作方法，以及草地、天空、玻璃材质、人物配景和树木配景的处理方法。希望读者能够认真体会制作的思路及方法，并将制作方法灵活运用，以使自己的制作水平达到一个更高的层次，制作出更加逼真的效果图作品。

第8章 效果图的艺术处理

本章内容

- 水彩效果
- 油画效果
- 素描效果
- 水墨画效果
- 雨景效果
- 雪景效果
- 烟雾效果
- 遮罩效果

在完成效果图的后期处理后，为使自己的设计作品在众多竞争者中脱颖而出，设计师往往会进行艺术再加工，为效果图制作一些特殊效果，以此来吸引观者视线。

8.1 水彩效果

水彩效果的特点之一就是具有一定的块状区域，因为它是一笔一笔画出来的，所以它不具有普通图片平滑渐变清晰的细节。

动手操作——制作水彩效果

Step 1 单击【文件】|【打开】命令，打开“素材和源文件”\第8章”\“商场.jpg”文件，如图8-1所示。

Step 2 单击【滤镜】|【模糊】|【特殊模糊】命令，在弹出的【特殊模糊】对话框中设置各项参数，如图8-2所示。执行上述操作后，去掉了图像中一些不太需要的细节。

Step 3 单击【滤镜】|【滤镜库】命令，打开滤镜库选择【艺术效果】|【水彩】命令，设置各项参数，如图8-3所示。

图8-1　打开的图像文件

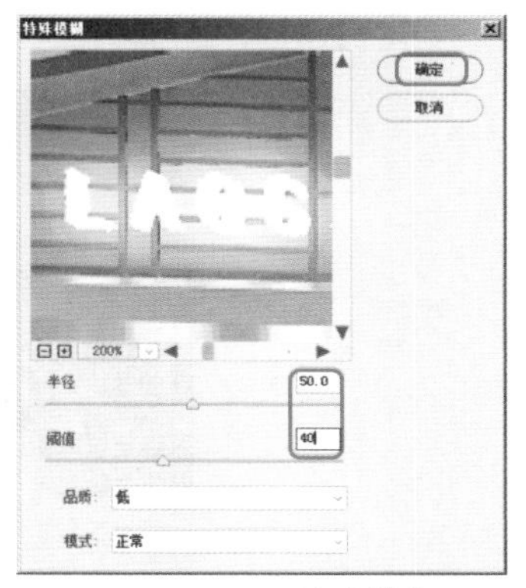

图8-2　设置特殊模糊

图8-3　设置水彩参数

Step 4 单击【滤镜】|【滤镜库】命令，打开滤镜库选择【纹理】|【纹理化】命令，设置各项参数，如图8-4所示。

图8-4　设置纹理化参数

执行上述操作后，图像的最终效果如图8-5所示。

图8-5 最终效果

Step 5 将调整好的图像另存为“水彩效果.jpg”文件。

8.2 油画效果

油画效果是一种很另类、很有个性的效果，非常有视觉冲击力。如果你的用户是一个非常喜欢另类、个性的人，处理一幅油画效果的设计图给他看，将是一个很不错的主意。

动手操作——制作油画效果

Step 1 单击【文件】|【打开】命令，打开“素材和源文件”\“第8章”\“蘑菇房子.jpg”文件，如图8-6所示。

油画一般色彩鲜艳，因此适合于色彩鲜艳的风景图片，所以要先对图像进行色彩饱和度的调整。

Step 2 单击【图像】|【调整】|【色相/饱和度】命令，在弹出的对话框中设置“饱和度”数值为+39，图像效果如图8-7所示。

图8-6 打开的图像

图8-7 调整图像色彩的饱和度

Step 3 单击【滤镜】|【模糊】|【高斯模糊】命令，在弹出的【高斯模糊】对话框中设置【半径】为1.5像素，效果如图8-8所示。

Step 4 单击【滤镜】|【像素化】|【彩块化】命令，图像效果如图8-9所示。

图8-8　设置模糊参数

图8-9　设置彩块化参数

注意

如果觉得效果不是很好，可根据需要多执行一次。图8-12所示为执行6次【彩块化】滤镜命令后的效果。

Step 5 单击【滤镜】|【滤镜库】，打开滤镜库后选择【纹理】|【纹理化】命令，设置各项参数，如图8-10所示。

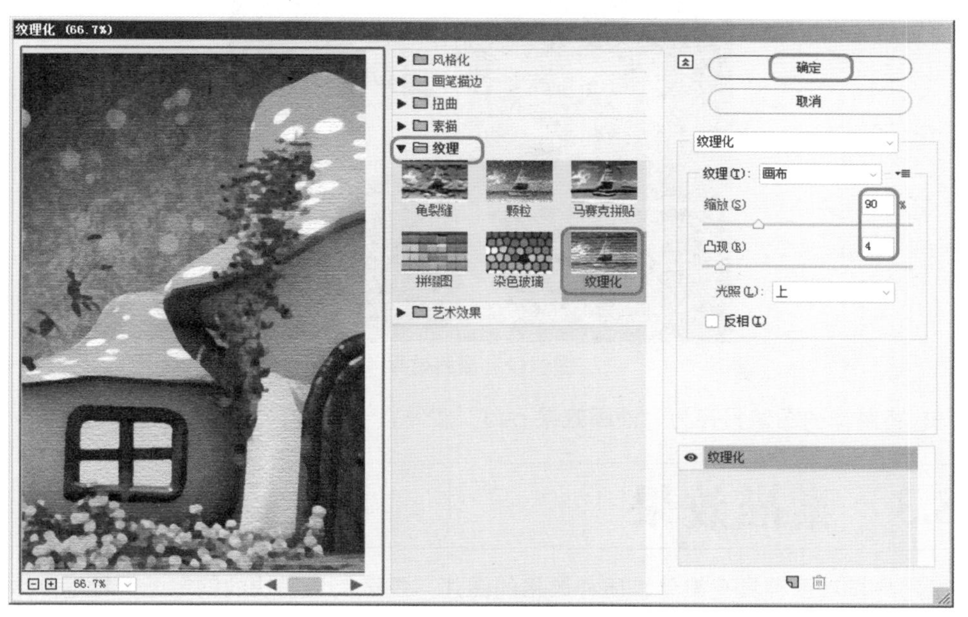

图8-10　设置纹理化参数

Step 6 将“背景”图层复制一层，然后单击【滤镜】|【滤镜库】，打开滤镜库后选择【艺术效果】|【绘画涂抹】命令，设置各项参数，如图8-11所示。

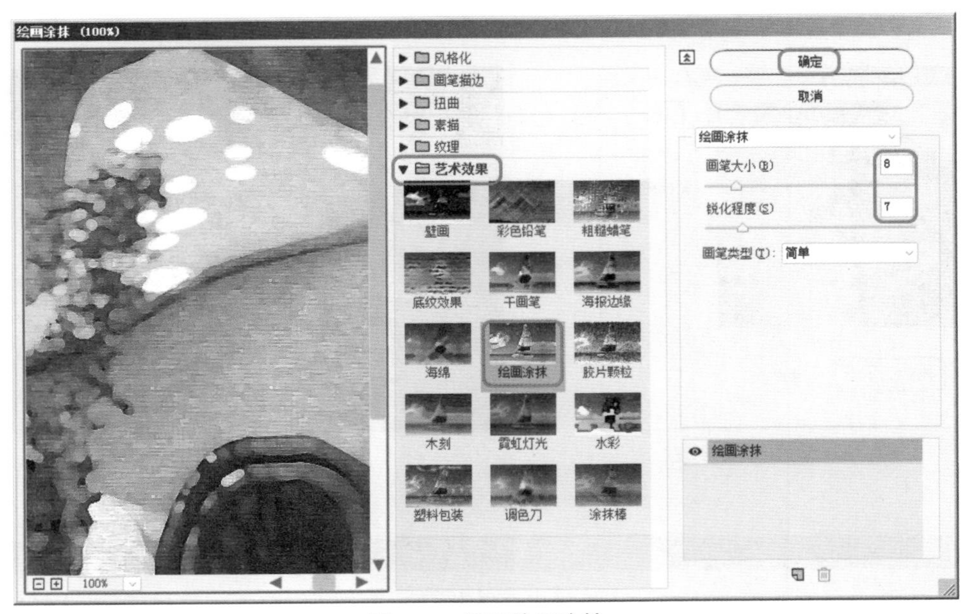

图8-11　设置绘画涂抹

Step 7 将该图层的混合模式调整为“颜色减淡”，修改【不透明度】为30%，得到图像的最终效果，如图8-12所示。

图8-12　最终效果

Step 8 将制作的图像另存为“油画效果.psd”文件。

8.3　素描效果

如果用户喜欢那种具有简单、质朴风格的图片，那么简洁明快的钢笔画、铅笔画效果不失为一种很好的选择。它模拟画家的手，寥寥几笔就可以勾勒出迷人的线条，为作品增加一份艺术效果。

动手操作——制作素描效果

Step 1 单击【文件】|【打开】命令，打开“素材和源文件”\“第8章”\“阳光房.tif”文

件，如图8-13所示。

Step 2 单击【图像】|【调整】|【去色】命令，去除图像的色彩。

Step 3 在【图层】面板中将“背景”图层复制一层，生成“背景拷贝”图层。

Step 4 确认“背景拷贝”图层为当前层，单击【图像】|【调整】|【反相】命令，效果如图8-14所示。

Step 5 将“背景副本”图层的混合模式调整为“颜色减淡”，此时图像变为白色。

Step 6 单击【滤镜】|【其他】|【最小值】命令，在弹出的【最小值】对话框中设置“半径”为1像素，得到图像的最终效果如图8-15所示。

图8-13　打开的图像

图8-14　设置反相

图8-15　最终效果

技巧

如果感觉线条还不够，可以执行几次【最小值】命令，线条会逐渐变化，直到满意为止。

Step 7 将制作的图像另存为“素描.psd”文件。

8.4　水墨画效果

在Photoshop中模拟水墨画的效果很多，制作的最终效果如何还要看原始素材的特点。一般素材中有中式建筑、水、倒影，就比较适合制作水墨画效果。

动手操作——制作水墨画效果

Step 1 单击【文件】|【打开】命令，打开“素材和源文件”\“第8章”\“江南水乡.jpg”文件，如图8-16所示。

Step 2 单击菜单栏中的【图像】|【调整】|【通道混合器】命令，在弹出的【通道混合器】对话框中，设置各项参数，如图8-17所示。

执行上述操作后，图像变为黑白两色效果，如图8-18所示。

Step 3 在【图层】面板中将“背景”图层复制一层，生成“背景 副本”图层，并修改该图层的混合模式为“叠加”，图像效果如图8-19所示。

图8-16　打开的图像文件

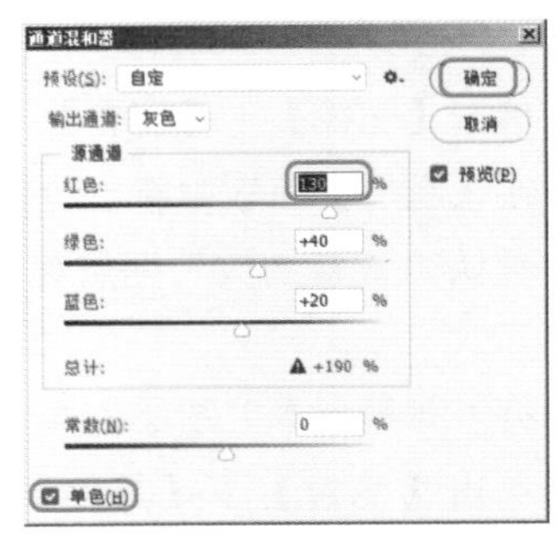

图8-17　参数设置

图8-18　去色效果

图8-19　画面的黑白更加分明

注意

这里也可以直接用【图像】｜【调整】｜【去色】命令将图像变为黑白色，但是那样会损失很多细节，所以不建议用【去色】命令。

Step 4 按【Ctrl+Alt+Shift+E】组合键盖印可见图层。这时就可以看到刚才新建的图层多了一张图片，并且是刚刚做好效果的图层，将该图层命名为“图层1”。

Step 5 单击【滤镜】｜【杂色】｜【中间值】命令，在弹出的对话框中设置【半径】为2像素，效果如图8-20所示。

Step 6 单击【滤镜】|【滤镜库】命令，打开滤镜库从中选择【画笔描边】｜【喷溅】设置各项参数，如图8-21所示。

图8-20　图像效果

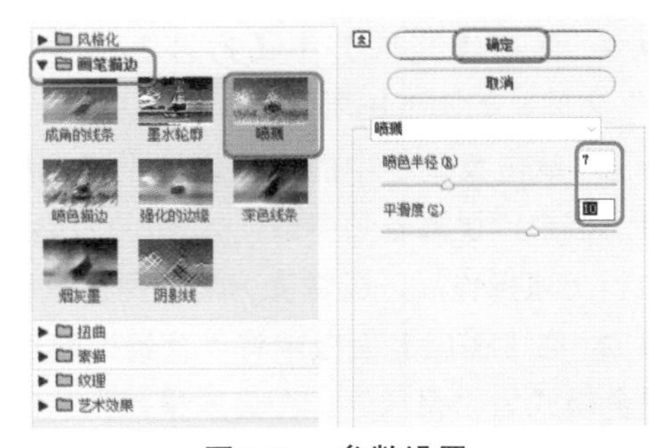

图8-21　参数设置

Step 7 再次盖印可见图层，并设置新的盖印层的名称为“图层2”。

Step 8 确认“图层2”图层为当前层，使用（套索工具）在场景中将绿色植物部分选择下来，然后按【Shift+F6】组合键，打开【羽化选区】对话框，设置【羽化半径】为5像素，如图8-22所示。

Step 9 单击【图像】|【调整】|【色相/饱和度】命令，在弹出的对话框中设置各项参数，如图8-23所示。

图8-22　创建的选区效果

图8-23　参数设置

执行上述操作后，按【Ctrl+D】组合键将选区取消，图像效果如图8-24所示。

Step 10 使用同样的方法将灯笼的色调调整为红色，如图8-25所示。

图8-24　参数设置

图8-25　编辑图像效果

下面为墙体制作斑驳效果。

Step 11 新建一个图层，设置前景色（R：155，G：145，B：125），选择（画笔工具），设置一个虚边笔头，在其属性栏中设置【不透明度】为75%，然后在墙体上合适的位置涂抹颜色，如图8-26所示。

Step 12 将该图层的混合模式更改为“正片叠底”，图像效果如图8-27所示。

图8-26　绘制的颜色

图8-27　更改混合模式效果

Step 13 再次盖印一层，将生成图层命名为“图层3”。然后单击【滤镜】|【滤镜库】命令，从中选择【纹理】|【纹理化】命令设置各项参数，如图8-28所示。

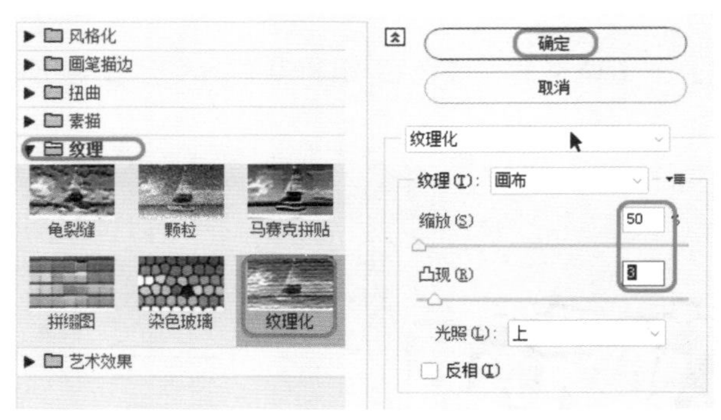

图8-28　参数设置

执行上述操作后，画面就形成了一种宣纸的感觉。接下来，再为画面上加入一些文字，效果会更加真实。

Step 14 打开“素材和源文件”\“第8章”\“字.psd”文件，如图8-29所示。

Step 15 使用（移动工具）将字拖到画面中，并调整它的大小和位置。调整合适后，图像的最终效果如图8-30所示。

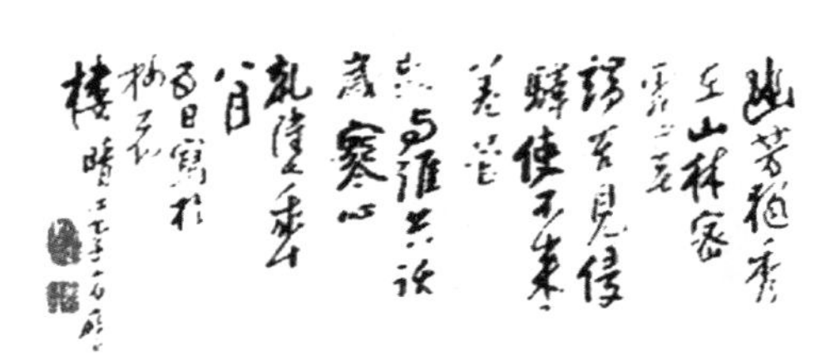

图8-29　打开的图像文件

图8-30　最终效果

Step 16 将制作的图像另存为“水墨画效果.psd”文件。

8.5　雨景效果

雨景图在后期处理中不经常见，但是作为一种特殊效果图，有它独特的魅力，因而备受设计师的青睐。

动手操作——制作雨景效果

Step 1 单击【文件】|【打开】命令，打开“素材和源文件”\“第8章”\“亭子.png”文件，如图8-31所示。

Step 2 在【图层】面板中按【Ctrl+J】快捷键，复制图像到“图层1”。

Step 3 确认“图层1”为当前图层，单击【滤镜】|【像素化】|【点状化】命令，在弹出的对话框中设置参数，如图8-32所示。

图8-31　打开的图像文件

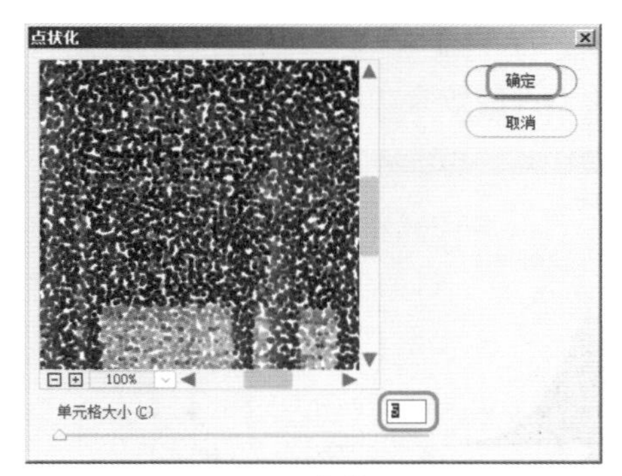

图8-32　参数设置

Step 4　单击【图像】|【调整】|【阈值】命令，在弹出的对话框中设置参数，如图8-33所示。

Step 5　执行以上操作得到如图8-34所示的效果。

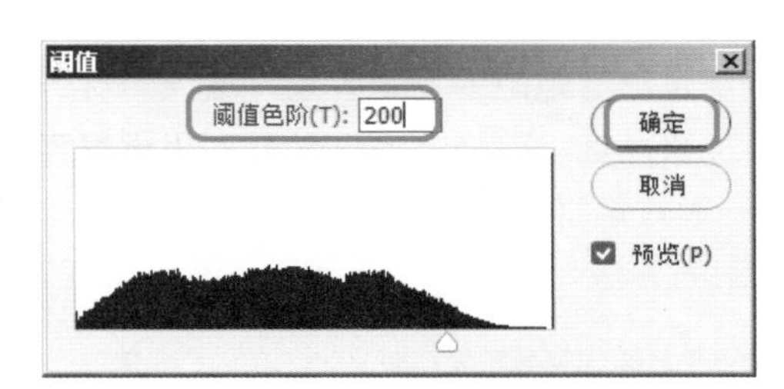

图8-33　设置参数

图8-34　设置阈值后的效果

Step 6　将“背景副本”图层的混合模式调整为“滤色”，并调整该图层的【不透明度】为60%，此时图像效果如图8-35所示。

Step 7　单击【滤镜】|【模糊】|【动感模糊】命令，在弹出的对话框中设置参数，如图8-36所示。

执行动感模糊的效果，如图8-37所示。

图8-35　设置图层的混合模式

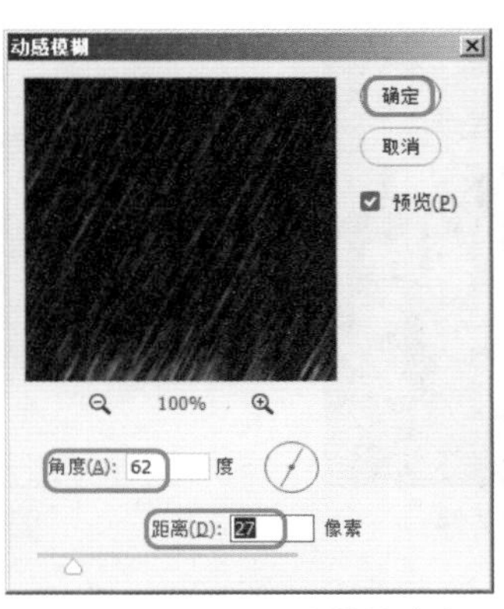

图8-36　设置动感模糊参数

图8-37　动感模糊的效果

Step 8 按【Ctrl+L】组合键，在弹出的对话框中调整色阶参数，如图8-38所示。执行色阶得到的效果如图8-39所示。

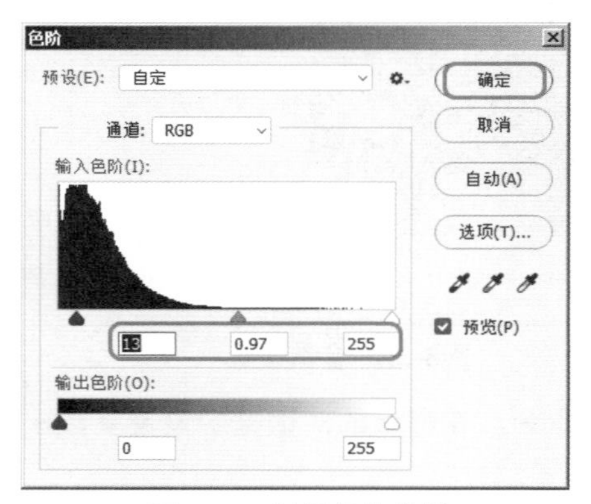

图8-38　设置色阶参数

图8-39　得到的下雨效果

Step 9 将制作的图像另存为“雨景效果.psd”文件。

8.6　雪景效果

雪景，作为一类特殊的效果图，表现的主要是白雪皑皑的场景效果，给人一种纯洁、美好的向往。一般雪景的制作方法两种，一种是通过照片直接转换，另一种是利用雪景素材进行创作。前者的优点在于制作迅速，后者的优点在于雪景素材真实细腻。

本例介绍的是直接将照片快速转换为雪景图的方法。

动手操作——制作雪景效果

Step 1 单击【文件】|【打开】命令，打开“素材和源文件”\“第8章”\“雪景.jpg”文件，如图8-40所示。

Step 2 将“背景”图层复制一层，生成“背景拷贝”图层。

Step 3 确认“背景拷贝”图层为当前图层，单击【滤镜】|【像素化】|【点状化】命令，在弹出的对话框中设置参数，如图8-41所示。

图8-40　打开的图像文件

图8-41　设置点状化参数

由于雪花处于下落的趋势，因此会产生一种动感的效果，接下来制作雪花飞舞的效果。

Step 4 单击【滤镜】|【模糊】|【动感模糊】命令，在弹出的对话框中设置参数，如图8-51所示。执行上述操作后，图像效果如图8-42所示。

接下来把雪花的颜色去掉，让它成为白色的。

Step 5 单击【图像】|【调整】|【去色】命令，去除图像的颜色，效果如图8-43所示。

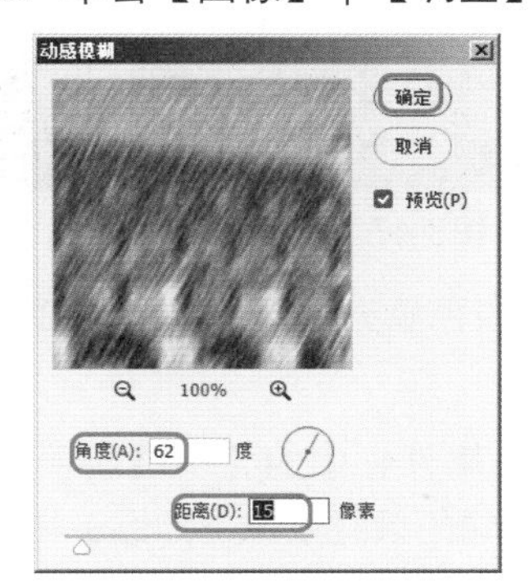

图8-42　设置动感模糊

图8-43　去色图像

Step 6 按【Ctrl+L】组合件，在弹出的对话框中调整色阶参数，如图8-44所示。

Step 7 将“背景拷贝”图层的混合模式调整为“滤色”，得到图像的最终效果如图8-45所示。

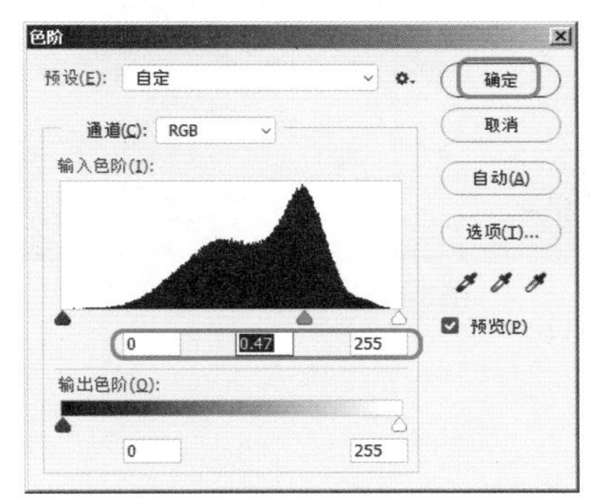

图8-44　设置色阶

图8-45　雪景效果

Step 8 将制作的图像另存为“雪景效果.psd”文件。

8.7　云雾效果

云雾效果在效果图后期处理中也很常见，这种效果一般适用于江南水乡的民居建筑，它是江南一带天气特征的写照，以其独特的朦胧美感征服人的视觉

动手操作——制作云雾缭绕效果

Step 1 单击【文件】|【打开】命令，打开“素材和源文件”\“第8章”\“古建筑群.jpg”文件，如图8-46所示。

Step 2 按【D】键将颜色设置为默认状态，按【Q】键进入快速蒙版。

Step 3 单击【滤镜】|【渲染】|【云彩】命令，然后按【Ctrl+F】组合键5次，图像效果如图8-47所示。

图8-46　打开的图像文件

图8-47　云雾效果

Step 4 按【Q】键退出快速蒙版。新建一个图层，将其以白色填充，效果如图8-48所示。

Step 5 按【Ctrl+D】组合键将选区取消。

Step 6 选择（橡皮擦工具），选择一个虚边笔刷，将属性栏中的【不透明度】调整为50%，然后在场景中对填充的白色部分进行擦除，从而得到图像的最终效果，如图8-49所示。

Step 7 将制作的图像另存为“云雾效果.psd”文件。

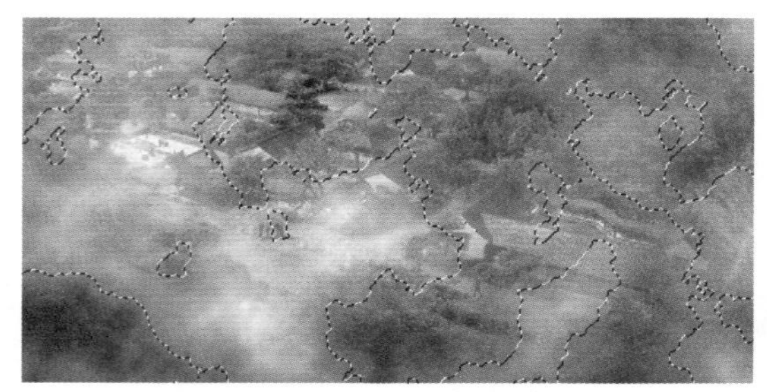
图8-48　填充白色效果

图8-49　最终图像效果

8.8　遮罩效果

遮罩效果是用（画笔工具）制作的，用（画笔工具）在图像的背景区喷涂，使背景逐渐减弱，目的是为了突出主体建筑，吸引观者的视线。

动手操作——制作遮罩效果

Step 1 单击【文件】|【打开】命令，打开“素材和源文件”\“第8章”\“鸟瞰场景.jpg”文件，如图8-50所示。

图8-50　打开的图像文件

Step 2 新建一个图层，将前景色设置为黑色。

Step 3 选择（画笔工具），选择一个虚边笔头，属性栏参数设置如图8-51所示。

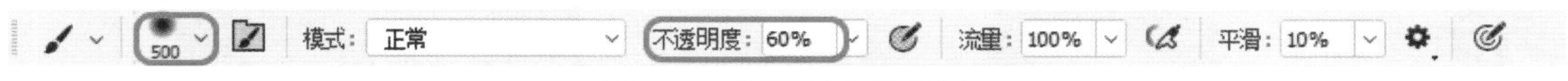

图8-51　属性栏参数设置

Step 4 用（画笔工具）在图像背景处不均匀地喷涂黑色，效果如图8-52所示。

Step 5 将该图层的混合模式更改为“柔光”，【不透明度】调整为75%，图像效果如图8-53所示。

图8-52　喷涂黑色效果

图8-53　遮罩效果

由图8-53和图8-50对比可以看出，制作了遮罩的效果图主体建筑部分更加突出。

Step 6 将制作的图像另存为“遮罩效果.psd”文件。

8.9　小结

本章详细地介绍了几个效果图后期处理典型特殊效果的制作方法和技巧，其中包括水彩效果、油画效果、素描效果、雨景效果、雪景效果和云雾效果等。本章实例的制作，渗透了Photoshop软件中各种工具和命令的应用技巧，同时又强调了作品的审美意识。

第

章

如何收集自己的配景素材库

本章内容

- 什么是建筑配景
- 建筑配景的添加原则
- 建筑配景的添加步骤
- 收集配景素材的几种方法
- 几种常用配景素材的制作
- 如何制作配景模板

为效果图场景适当添加建筑配景，能起到烘托主体建筑、营造环境氛围的作用。建筑效果图的质量，除了与设计者的实际水平、审美观点、操作技巧等因素有关外，还与设计者所拥有配景素材的数量与质量有关，如果没有大量的素材，则必定制作不出高质量的效果图。所以在后期制作（添加景物）之前，应该充分准备大量的配景素材，这样才能够在设计中随心所欲地表现自己的设计思想。

9.1 什么是建筑配景

在建筑效果图中，除重点表现的建筑物是画面的主体之外，还有大量的配景要素。建筑物是效果图的主体，但它不是孤立的存在，须安置在协调的配景之中，才能使一幅建筑效果图渐臻完善。所谓配景要素就是指突出衬托建筑物效果的环境部分。

协调的配景是根据建筑物设计所要求的地理环境和特定的环境而定。常见的配景有：树木丛林、人物车辆、道路地面、花圃草坪、天空水面等。也常根据设计的整体布局或地域条件，设置一些广告、路灯、雕塑等，这些都是为了创造一个真实的环境，增强画面的气氛，这些配景在建筑效果图表现中起着多方面的作用，能充分表达画面的气氛与效果。

除了烘托主体建筑外，配景还能起到提供尺度的作用。配景可以调整建筑物的平衡，可以起到引导视线的作用，能把观察者的视线引向画面的重点部位。配景又有利于表现建筑物的性格和时代特点。利用配景又可以表现出建筑物的环境气氛，从而加强建筑物的真实感。利用配景还可以有助于表现出空间效果，利用配景本身的透视变化及配景的虚实、冷暖可以加强画面的层次和纵深感。

9.2　建筑配景的添加原则

“红花需要绿叶衬”，在效果图场景中添加适当的建筑配景，能起到烘托主体建筑，营造气氛的作用。但建筑配景虽然有用，也不能滥用，一般来说，使用建筑配景需要遵循以下原则。

（1）主次分明

配景在效果图场景中的主要作用是烘托主体建筑、活跃画面气氛。总之，对于一幅完整的效果图来说，主体建筑是“主角”，而配景始终是“配角”。不管建筑配景多么完美，它也是为主体建筑服务的，不能求多求全，数量和种类要适可而止。因此，配景素材的表达既要精细，又要有所节制，要注意整个画面的搭配与协调、和谐与统一。

（2）服务于构图

选择配景时，应根据整个画面的布局，以及建筑特点来选材，不同的建筑类型所选择的后期素材是有区别的。例如，园林公园等场景添加的配景素材宜色彩鲜艳，办公区域添加的配景素材宜庄重。

在选择配景素材时，还应考虑画面整体布局的需要，灵活选择。如图9-1所示的效果图场景，在为场景中添加了树木、假山、水面、人物等配景后，画面两侧显得有点空，这是构图不均衡的原因造成的。

而如果在画面两侧加上一个近景植物，就会使整个画面产生均衡感，如图9-2所示。

图9-1　构图不均衡场景

图9-2　添加近景植物平衡构图

（3）尽量贴近现实

一般而言，后期素材在于平时的发现和积累，一般用真实的照片取材会比较贴近现实，而用软件制作的配景素材会显得生硬，容易使整个效果图场景显得不真实。所以在后期处理中使用的配景素材要尽量贴近现实取材，例如，斑驳的树木影子或鲜艳的花丛，以及真实的水面和天空等，来源于生活，贴近于生活，则自然真实。

9.3 建筑配景的添加步骤

建筑配景的添加一般遵循以下几点。

- 添加环境背景：环境背景一般是一幅合适的天空背景。在天空背景方面，既可以填充合适的渐变颜色来作为背景，又可以直接调用一幅合适的、真实的天空配景图片作为背景，一般采用后者的处理方法。在选择天空背景素材时注意图片的分辨率要与建筑图片的分辨率基本相当，否则将影响到图像的精度与效果。另外，还要为场景中添加合适的草地配景。在添加草地配景时注意所选择草地的色调、透视关系要与场景相协调。
- 添加辅助建筑：适当地添加辅助建筑会增强画面的空间感，渲染出建筑群体的环境气氛。注意辅助建筑的透视和风格要与场景中主体建筑风格相近，而且辅助建筑的形式与结构要相对简单一些，才能既保持风格的统一，又能突出建筑主体。
- 添加植物配景：为场景中添加植物配景，不仅可以增加场景的空间感，还可以展现场景的自然气息。在添加时要注意植物配景的形状及种类要与画面环境相一致，以免引起画面的混乱。
- 添加人物配景：注意人物的形象要与建筑类型相一致；不同位置的人物的明暗程度也会不同，要进行单个适当调整；人物所处位置要尽量靠近建筑的主入口部位，以突出建筑入口；要处理好人物与建筑的透视关系、比例关系等。
- 添加其他配景：不同类型的建筑添加的配景也不一样，适当地为场景中添加一些路旗广告、户外广告、路灯等配景，可使画面更加生动、真实。

9.4 收集配景素材的几种方法

在日常生活中，可以通过以下几种途径来收集配景素材。

- 购买专业的配景素材库：由于近年来建筑设计行业的迅速发展，专业的图形图像公司与建筑效果图公司迅速崛起，相关的辅助公司也随之应运而生，其中包括专业制作配景素材的图像公司。所以可以通过购买他们的产品得到专业的配景素材。
- 通过扫描仪扫描：可以收集一些印刷精美的画册及杂志，通过扫描仪扫描转换为图像格式，以便使用。扫描仪的分辨率不同，所扫描的图像精细程度也不同。分辨率太低，扫描的图像就不是很清晰；分辨率过高，扫描后的文件就会大很多，使用起来不方便。因此，在扫描图像之前，要先弄清楚扫描仪的分辨率，然后根据实际需要灵活选择扫描仪的分辨率。
- 通过数码相机进行实景拍摄：如果想创作出真正属于自己的建筑效果图，建议还是带上数码相机，走出房间融入生活中，拍下真实生活中的各种角色。另外，数码相机拍摄的照片可以方便地修改及保存。
- 借助网络：现在网络非常发达，可以通过网络下载自己需要的配景素材，当然，前提是不能有知识产权的问题。

9.5　几种常用配景素材的制作

本节将制作几种效果图后期处理过程中常用的配景素材。在对效果图场景进行后期制作时，场景不同所需要的配景素材是不一样的，例如，鸟瞰场景、彩平图、平面规划图等和正常视角的建筑场景所需的素材就不一样。因此需要准备很多不同类型的配景素材，已备不时之需。

9.5.1　街景素材的制作

街景素材一般包括景观灯、路灯、景观小品及长椅等。制作方法都一样，在这里制作一个景观小品配景素材。

动手操作——景观小品素材的制作

Step 1 单击【文件】|【打开】命令，打开“素材和源文件”\“第9章”\“园林小品.jpg”文件，如图9-3所示。

抠图的方法有许多种，只要能把图像扣取出来就可以了。

Step 2 使用（快速选择工具），在舞台中选择石灯区域，按住【Shift】键，加选选区，直至整个模型被选中，如图9-4所示。

图9-3　打开的图像文件

图9-4　选择石灯区域

Step 3 如果有多选的区域，按住【Alt】键，减选选择区域，如图9-5所示，可重复加选和减选选区。

Step 4 创建选区后，按【Ctrl+J】组合键，将选区中的图像复制到图层中，将“背景”图层隐藏，如图9-6所示。

图9-5　减选区域

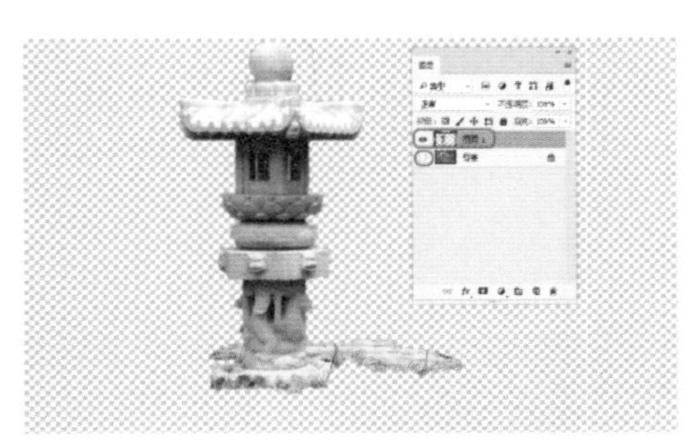

图9-6　复制图像

Step 5 将制作的图像保存为“园林小品素材.psd”。

9.5.2 喷泉素材的制作

喷泉的形式多种多样，其制作方法也是多样的。既可以运用3ds Max软件中的粒子系统制作，也可以运用Photoshop软件的相应命令和工具来制作。在3ds Max中制作的喷泉或许会更真实一些，但是这样会使效果图中的面片数量增加，致使计算机的运行速度减慢。所以，一般建议在Photoshop中制作喷泉效果。

动手操作——喷泉素材的制作

Step 1 单击【文件】|【打开】命令，打开“素材和源文件”\“第9章”\“水.jpg”文件，如图9-7所示以一个图像来做背景制作喷泉效果。

Step 2 新建一个“图层1”图层，设置前景色为白色，选择（画笔工具），将笔尖设置为花斑状笔刷。

Step 3 在水池的位置向上拖动鼠标，绘制出如图9-8所示的效果。

图9-7 打开的图像文件

图9-8 绘制图像

水柱制作出来了，但看上去还是没有喷泉的效果，接下来，再运用【动感模糊】滤镜制作出动感效果。

Step 4 单击【滤镜】|【模糊】|【动感模糊】命令，打开【动感模糊】对话框，参数设置及图像效果如图9-9所示。

Step 5 复制一个图像，并设置图像的“动感模糊”，如图9-10所示。

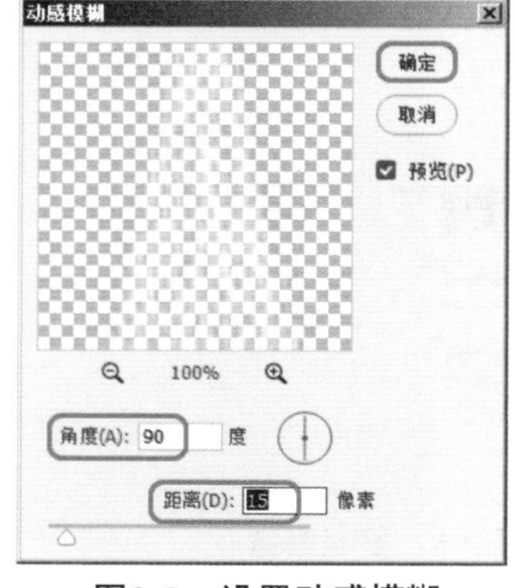

图9-9 设置动感模糊

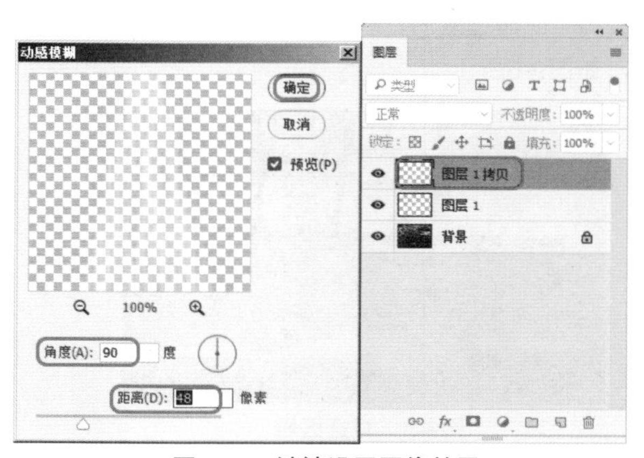

图9-10 继续设置图像效果

可以多复制一个图层1图像效果，稍作调整制作出水柱效果。

Step 6 新建“图层2”，绘制底部的落水溅起的水花，如图9-11所示。

Step 7 选择（涂抹工具），在喷泉的底部拖动几次鼠标将底部模糊一下，使其与背景相融合，效果如图9-12所示。

可以使用画笔工具继续绘制少许的溅起的水滴效果。

图9-11　绘制水花

图9-12　涂抹图像

Step 8 将制作的图像另存为“喷泉.psd”文件。

9.5.3　铺装素材的制作

所谓铺装素材就是地面铺装，例如地板、地砖、地面拼花等。这里制作一个地板素材。

Step 1 单击【文件】|【新建】命令，打开【新建】对话框，设置各项参数如图9-13所示。

接下来将运用前面制作的一个木纹贴图来制作地板素材。

Step 2 打开“素材和效果”\“第9章”\“木纹.jpg”文件，如图9-14所示。

图9-13　新建文件

图9-14　打开木纹

Step 3 使用（矩形选框工具）在打开的文件中创建选区，如图9-15所示。

Step 4 使用（移动工具），将选区中的木纹拖动到新建的文件中，调整其角度和大小，如图9-16所示。

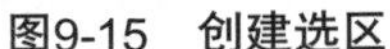

图9-15　创建选区

图9-16　调整图像

Step 5 双击刚调入的图像所在图层，在弹出的【图层样式】对话框中选择“斜面和浮雕”命令，各项参数设置如图9-17所示。

Step 6 将木纹移动复制多个，完成图像的最终效果如图9-18所示。

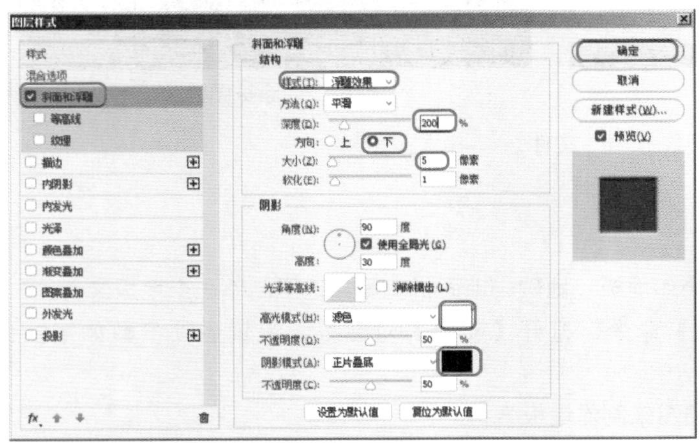

图9-17　设置图层样式

图9-18　铺装效果

Step 7 将制作的图像保存为“铺装.psd”文件。

9.5.4　植物配景素材的制作

植物配景素材一般包括成片的树林、单棵树、单棵灌木及那种放在场景角上少量的枝叶等，这些素材都来自平时的摄影作品，通过工具将素材抠取下来。在这里制作一个压角枝配景素材。

动手操作——压角枝素材的制作

Step 1 打开“素材和源文件”\“第9章”\“压脚枝素材.jpg”文件，如图9-19所示。

接下来用通道抠图的方法将植物选择下来。在抠取之前，先观察【通道】面板中各通道的情况，绿色通道的反差大一些，如图9-20所示，这里选择以绿色通道为目标。

Step 2 选择“绿”通道，将其拖动到（创建新通道）按钮上，复制出“绿拷贝”图层，并按【Ctrl+L】组合键，调增黑白对比，如图9-21所示。

Step 3 调整出的色阶明暗对比，配合使用（画笔工具），填充其他部分为白色，如图9-22所示。

图9-19 打开的图像文件

图9-20 绿通道效果

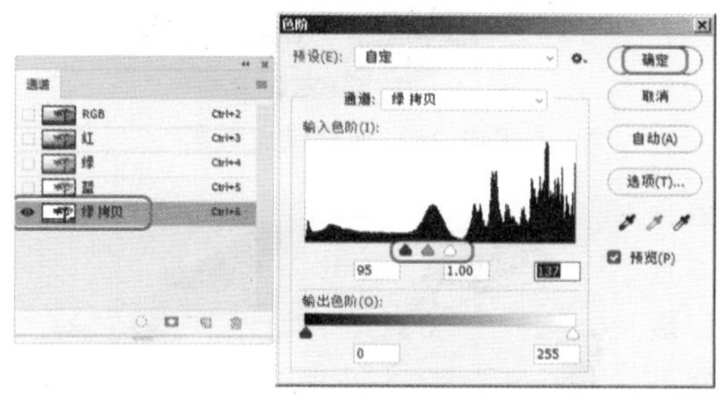

图9-21 调整通道的色阶

图9-22 填充白区域

选中“绿拷贝”通道，按【Ctrl+I】组合键设置通道的反相效果。

Step 4 按【Ctrl】键，单击“绿拷贝”图层的缩览图，将树区域选中，显示“RGB”通道，如图9-23所示。

Step 5 隐藏“绿拷贝”图层。

Step 6 在“图层”面板中按【Ctrl+J】组合键复制选区中的树图像到新的图层中，如图9-24所示。隐藏“背景”图层。

图9-23 载入选区

图9-24 复制图像

Step 7 将制作的图像保存为“植物.psd”文件。

9.5.5 汽车素材的制作

汽车在室外建筑效果图后期制作中用得很多，加入了汽车配景就带动了整个场景的气氛。在作图时如果没有合适的汽车素材，就需要现搜资料，找到合适的汽车配景后再把汽车抠下来，做成汽车素材使用。

动手操作——汽车素材的制作

Step 1 打开“素材和源文件”\“第9章”\“汽车.jpg”文件，如图9-25所示。

Step 2 使用（钢笔工具）沿着汽车的周围单击创建锚点，如图9-26所示。

图9-25 打开的图像文件

图9-26 创建锚点效果

Step 3 将路径转换为选区，再按【Ctrl+J】组合键将选区内容复制为单独的一个图层。然后将“背景”图层以蓝色（R：0，G：0，B：255）填充，最后使用（裁剪工具）调整图片的大小，最终效果如图9-27所示。

Step 4 将制作的图像保存为“汽车素材.psd”。

图9-27 素材最终效果

9.5.6 人物素材的制作

不管是室内场景还是室外场景，人物都是一个非常有用的配景。加上人物，场景马上就有了人文气息。

动手操作——人物素材的制作

Step 1 打开“素材和源文件”\“第9章”\“人物.jpg”文件，如图9-28所示。

Step 2 选择（快速选择工具），在图像中拖动鼠标，将人物选择下来，如图9-29所示。

图9-28 打开文件

图9-29 选择人物

此时发现人物上有个位置没有选择上，接下来处理。

Step 3 在（快速选择工具）的属性栏上选择减选类型，然后使用鼠标在未选择的人物处单击创建选区，如图9-30所示。

继续检查人物图像的选取情况，可以继续使用（快速选择工具）选择和减选，如图7-31所示。

图9-30　打开文件

图9-31　选择人物

Step 4　按【Ctrl+J】组合键将选区内容复制为单独的一个图层。

Step 5　将“背景”图层隐藏，从而得到人物素材的最终效果，如图9-32所示。

Step 6　将制作的图像保存为“人物素材.psd”。

图9-32　素材的最终效果

9.5.7　雪景树木素材的制作

在制作雪景时，有时会遇到雪景素材不足或者无适合的雪景树木素材。这时就可以对现有的树木素材进行调整以制作出完美的雪景树木素材。制作雪景树木素材有两种方法，一种是填充颜色模拟完成，另一种是调整颜色进行模拟。下面分别介绍。

动手操作——填充制作雪景树木素材

Step 1　打开“素材和源文件”\“第9章”\“雪景树木.jpg”文件，如图9-33所示。

图9-33　打开的图像

Step 2　单击【选择】【色彩范围】命令，打开【色彩范围】对话框，用吸管吸取高光部分的颜色，如图9-34所示。

Step 3　设置前景色为白色，新建一个名为“图层2”的图层，使其位于图层的最上方，然后将该图层以白色填充。

按【Ctrl+D】组合键将选区取消，图像最终效果如图9-35所示。

图9-34　选择色彩范围

图9-35　雪景树木效果

Step 4 将制作的图像保存为“雪景树木效果.psd”。

动手操作——调色制作雪景树木素材

Step 1 单击【文件】|【打开】命令，打开“素材和源文件”\“第9章”\“雪松1.psd”文件，如图9-36所示。

Step 2 单击【图像】|【调整】|【色阶】命令，打开【色阶】对话框，用第3个吸管在松树的高光部分吸取颜色，如图9-37所示。

图9-36 打开的图像文件

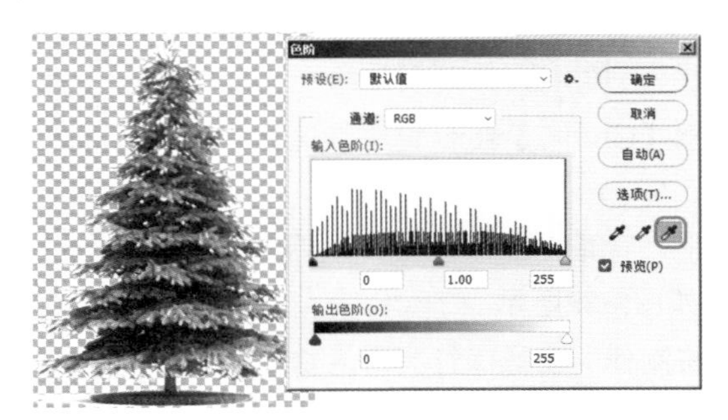

图9-37 吸取高光部分颜色

Step 3 单击【图像】|【调整】|【色相/饱和度】命令，打开【色相/饱和度】对话框，设置各项参数，如图9-38所示。

Step 4 新建一个图层，使其位于图层的最下方，然后将该图层以蓝色填充，从而得到图像的最终效果，如图9-39所示。

图9-38 参数设置及降低饱和度效果

图9-39 素材最终效果

Step 5 将制作的图像保存为“雪松调色.psd”。

9.6 如何制作配景模板

几乎每个建筑效果图后期制作公司都有自己制作好的适用于不同环境的配景模板，例如居住区素材配景模板、园林素材配景模板、广场素材配景模板、高层住宅配景模板、夜景配景模板等。制作这些配景模板，当遇到那些和模板表达的意境类似的场景时，就可以直接套用已经制作好的现成模板，这样既节省了人力、又节省了时间，一举多得。

动手操作——商住小区配景模板的制作

Step 1 单击【文件】|【新建】命令，打开【新建】对话框，创建一个【宽度】为3100像

素、【高度】为2100像素、分辨率为72像素/英寸、【背景内容】为透明的新文档。

先为场景添加上天空和地面。

Step 2 打开“素材和源文件”\“第9章”\“地面.psd”文件，如图9-40所示。

图9-40　打开的图像文件

Step 3 使用✥（移动工具）将路面拖到场景中，将其所在图层命名为“路面”，然后调整其位置如图9-41所示。

图9-41　将地面拖动到新建的文件中

Step 4 打开“素材和源文件”\“第9章”\“草地.png”文件，如图9-42所示。

图9-42　打开草地素材

Step 5 将草地素材拖动到场景文件中，将其所在的图层放置到地面图层的下方，如图9-43所示。

Step 6 打开“素材和源文件”\“第9章”\“配景植物.psd”文件，如图9-44所示。

图9-43　添加并调整图层

图9-44　打开素材文件

Step 7 将配景植物素材中的图像分别添加到场景，在场景中调整素材的位置、大小和角度，如图9-45所示。

Step 8 在工具箱中设置前景色的RGB为148、182、209，设置背景色为白色。

Step 9 新建图层“天空”，将图层放置到最下方，使用（渐变工具），填充天空，如图9-46所示。

图9-45　添加植物和配景

图9-46　填充天空

Step 10 打开“素材和源文件”\“第9章”\“建筑.psd”文件。

Step 11 将建筑拖动到效果图中，并调整其位置以及图层的位置，如图9-47所示。

Step 12 打开“素材和源文件”\“第9章”\“水面.psd”文件。

Step 13 将水面拖动到场景中，将其放置轨道水面的位置，通过创建水面选区，设置选区的羽化，最后为水面图层设置蒙版和不透明度效果，得到最终效果，如图9-48所示。

图9-47　添加建筑

图9-48　最终效果

Step 14 将制作完成的效果存储为“模板.psd”文件。

9.7　小结

本章学习了如何收集自己的素材库、常用配景素材的制作，以及如何制作配景模板等。通过本章的学习，读者应掌握用配景素材的制作方法。其实配景素材的制作方法多种多样，读者不必拘泥于本章介绍的方法，完全可以根据自己的习惯和需要制作。

第10章 欧式客厅效果图的后期处理

本章内容

- 客厅效果图后期处理的要点
- 客厅效果图后期处理

在前面几章中主要学习了效果图后期处理的一些基础知识，其中包括Photoshop软件中的一些常用工具及命令的用法、如何制作常用贴图、效果图中光效和色彩的处理，以及如何补救带有缺陷的效果图等。可以说几乎把效果图后期处理中用到的工具和命令都讲到了。从本章开始，将开始效果图后期处理的实战操作旅程。

本章中将学习制作一幅欧式客厅健身区效果图的后期处理。处理前和处理后的效果对比如图10-1所示。

图10-1　用Photoshop处理的前后效果对比

10.1 客厅效果图后期处理的要点

从上面的两幅效果图可以很明显地看出来，直接从3ds Max渲染输出的欧式客厅效果图会存在一些瑕疵，例如空间的色调不是很温馨亮丽、整体画面太灰、光感不够。因此，一般都需要用Photoshop对渲染图片进行二次加工。

在做欧式客厅效果图后期处理时，用户通常要做的工作包括调整画面的整体色调、对画面的细部进行单独调整，以使整个画面更加人性化、生活化。

另外，为了避免画面缺乏层次感，可以通过适当的对比，将该暗的地方暗下去，将该亮的地方亮起来，以求达到突出画面主题、增加空间层次的目的。在这里需要注意的是，不管怎么黑，都不能出现死黑的现象，再暗的部分也要有颜色倾向。

10.2 客厅效果图后期处理

本节将运用Photoshop软件对欧式客厅效果图进行后期处理。欧式客厅渲染出的效果比较丰富，相对来说，其后期处理比较简单，不需要添加太多的配景。

欧式客厅效果图后期处理的制作流程一般由以下几步组成。

（1）调整渲染图片的整体色调

在添加配景之前，要先用Photoshop软件中相应的色彩调整命令对画面的整体色调和明暗对比度进行调整，以使画面更加符合场景要求。

（2）对场景细部刻画

在这里，细部刻画说的就是效果图场景中局部色调、明暗对比度的调整。

（3）为场景制作特殊光效

为场景添加特殊光效可以丰富画面的整体整体效果，可以采用最简单的方法直接将制作好的光效拖到场景中。

10.2.1 调整图像整体效果

用3ds Max渲染的最终效果，往往会与预期的效果有些差别，例如明暗、色彩上都会有欠缺，这样，就可以用Photoshop对渲染图片中的不足之处进行提亮、修饰、美化。

客厅效果图整体色调的调整分为以下两步完成。首先打开要处理的图像文件，并将它的通道文件也调入场景中；其次运用【曲线】、【色阶】命令调整场景的大体色调，从而完成整体色调盒明暗的调整。

Step 1 启动Photoshop软件。

Step 2 单击【文件】|【打开】命令，打开“素材和源文件”\“第10章”文件夹下的“欧式客厅.tga”和“欧式客厅通道.tga”文件，如图10-2所示。

Step 3 单击✥（移动工具）按钮，然后在按住【Shift】键的同时将“欧式客厅通道.tga”文件拖动到“欧式客厅.tga”文件中，再将“欧式客厅通道.tga”文件关闭。

Step 4 在【图层】面板中“背景”图层复制一层，得到“背景拷贝”图层，将“背景拷贝”图层放置到“图层1”的上方，效果如图10-3所示。

图10-2　打开的图像

图10-3　复制图层

现在观察渲染的欧式客厅效果图，可以看出此时的效果图整体有些灰暗，色调不够鲜明。这些问题将在下面的操作中一一解决。首先来调整画面的亮度及色调问题。

Step 5 确认“背景 拷贝”图层处于当前层，单击【图像】|【调整】|【色阶】命令（快捷键为【Ctrl+L】键，在弹出的【色阶】对话框中设置各项参数，图像效果如图10-4所示。

执行曲线调整得到如图10-5所示的效果。

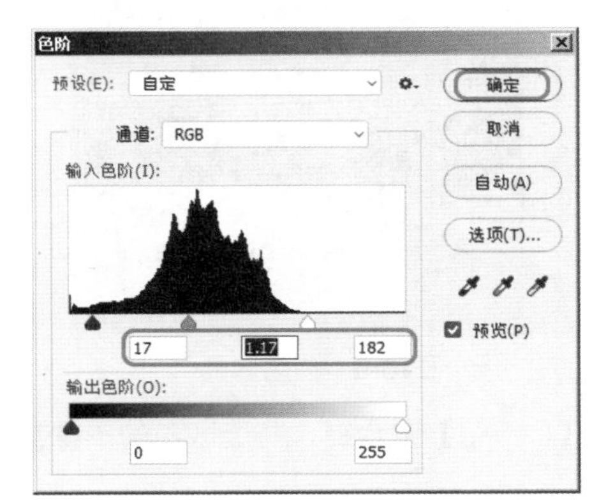

图10-4　参数设置

图10-5　调整曲线的效果

10.2.2　客厅效果图的局部刻画

10.2.1节已完成了效果图整体的调整，本节将对场景中一些不太理想的局部进行单独调整，以使画面效果达到最佳。

Step 1 选择通道所在的“图层1”，单击（魔棒工具）按钮，在图像中单击墙体，可以看到与其相近颜色的模型都被选中了，可以按住【Shift】键多选颜色选择，如图10-6所示。

Step 2 创建选区之后选择“背景拷贝”图层，按【Ctrl+J】组合键，将选区中的图像复制到新的图层中。

Step 3 复制选区中的图像到新的图层中之后，按【Ctrl+L】组合键，在弹出的对话框中调整参数，如图10-7所示。

图10-6　创建选区

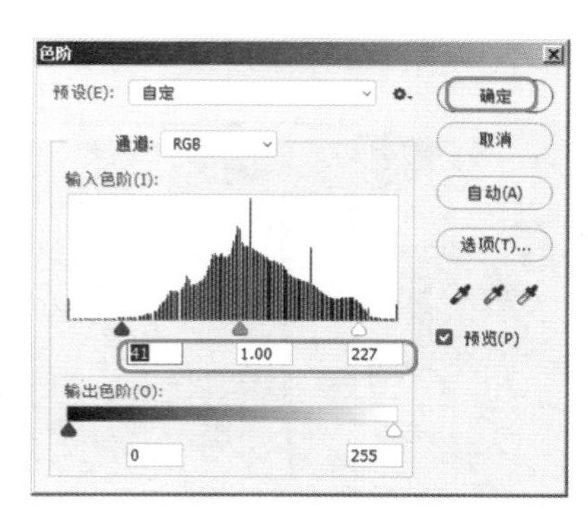

图10-7　复制图层

调整色阶后的墙体效果，如图10-8所示。

Step 4 选择通道所在的“图层1”，单击（魔棒工具）按钮，在场景中选择灯池的颜色区域，如图10-9所示。

创建选区之后如果有多选的选区，按住【Alt】键，使用（多边形套索工具）减选多余的区域。

图10-8　调整的墙体效果

图10-9　创建选区

Step 5 创建选区之后选择“背景拷贝”图层，按【Ctrl+J】组合键，将选区中的图像复制到新的图层中。

Step 6 复制选区中的图像到新的图层中之后，按【Ctrl+L】组合键，在弹出的对话框中调整参数，如图10-10所示。

调整色阶后的顶灯池效果，如图10-11所示。

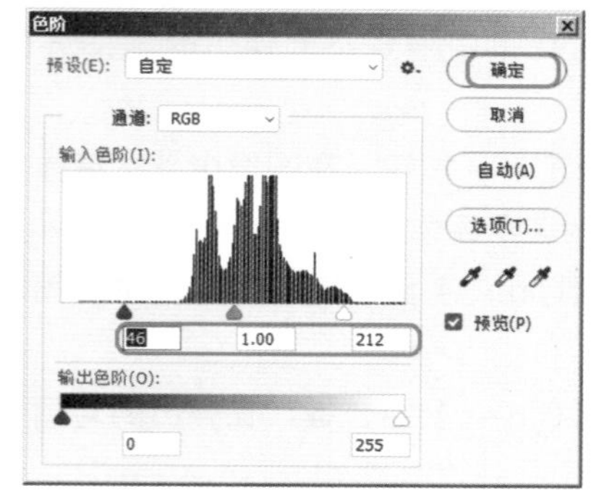

图10-10　调整色阶参数

图10-11　调整灯池后的效果

Step 7 选择通道所在的“图层1”，单击（魔棒工具）按钮，在场景中选择白色石膏线和白色柜子的颜色区域，如图10-12所示。

Step 8 创建选区之后选择“背景拷贝”图层，按【Ctrl+J】组合键，将选区中的图像复制到新的图层中。

Step 9 复制选区中的图像到新的图层中之后，按【Ctrl+L】组合键，在弹出的对话框中调整参数，如图10-13所示。

图10-12　创建选区

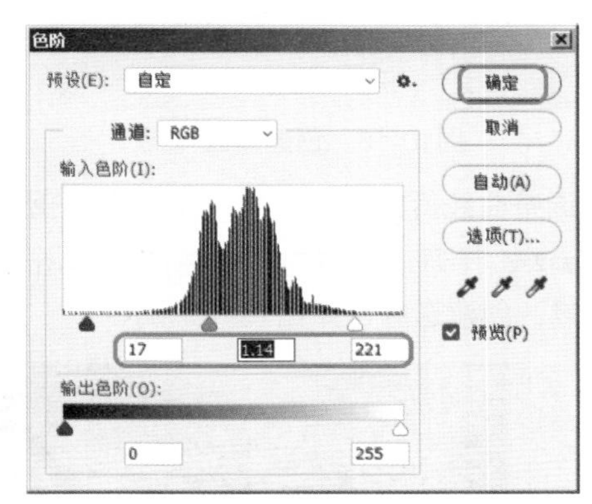

图10-13　设置参数

Step 10 按【Ctrl+U】组合键，在弹出的对话框中降低“饱和度”参数，如图10-14所示。

调整的白色石膏和白色柜子的效果，如图10-15所示。

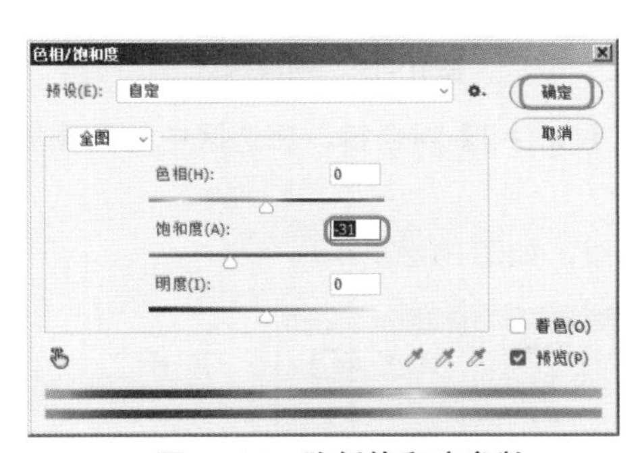

图10-14　降低饱和度参数

图10-15　调整的效果

Step 11 选择通道所在的“图层1”，单击（魔棒工具）按钮，在场景中选择壁画的颜色区域，创建选区，如图10-16所示。

Step 12 创建选区后，选择“背景拷贝”图层，按【Ctrl+J】组合键，将选区中的图像复制到新的图层中。

Step 13 按【Ctrl+M】组合键，调整壁画图像的曲线，如图10-17所示。

图10-16　创建选区

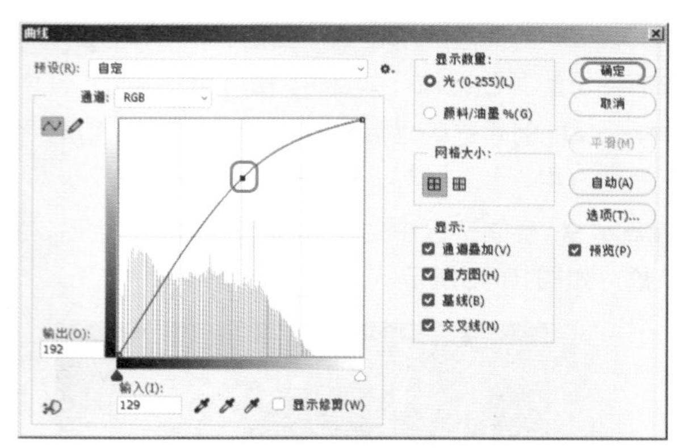

图10-17　调整曲线

调整曲线后的壁画效果，如图10-18所示。

Step 14 择通道所在的“图层1”，单击（魔棒工具）按钮，在场景中选择窗帘和同等的颜色区域，创建选区，如图10-19所示。

图10-18

图10-19　创建选区

Step 15 创建选区后，选择“背景拷贝”图层，按【Ctrl+J】组合键，将选区中的图像复制到新的图层中。

Step 16 按【Ctrl+M】组合键，调整壁画图像的曲线，如图10-20所示。

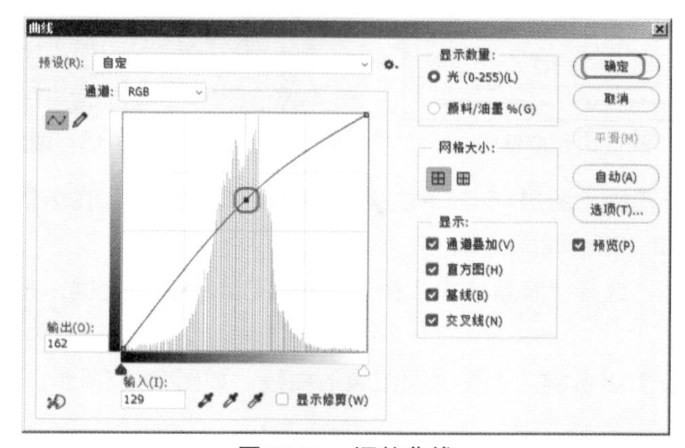

图10-20　调整曲线

调整曲线后的窗帘和筒灯效果，如图10-21所示。

Step 17 择通道所在的“图层1”，单击（魔棒工具）按钮，在场景中选择地面拼花的颜色区域，创建选区，如图10-22所示。

图10-21　调整的窗帘盒筒灯效果

图10-22　创建选区

Step 18 创建选区后，选择“背景拷贝”图层，按【Ctrl+J】组合键，将选区中的图像复制到新的图层中。

Step 19 按【Ctrl+L】组合键，调整图像的色阶参数，如图10-23所示。

调整色阶后的拼花地面效果，如图10-24所示。

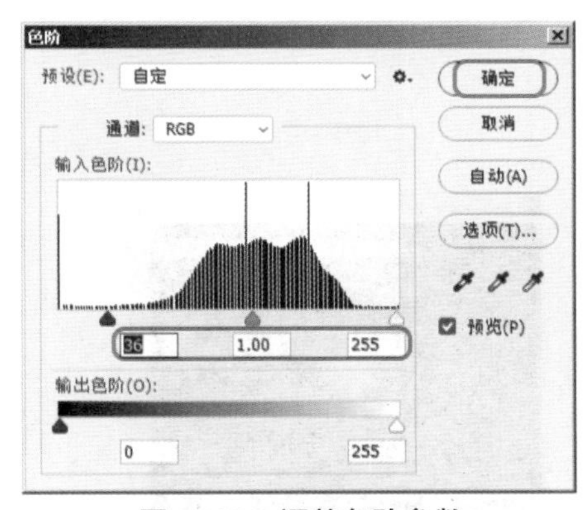

图10-23　调整色阶参数

图10-24　调整的拼花效果

在图10-24中可以看到整体的饱和度都偏高，下面我们来降低场景中饱和度过高的图像。

Step 20 在“图层”面板中选择墙面所在的图层“图层2”，按【Ctrl+U】组合键，在弹出的对话框中降低“饱和度”参数，如图10-25所示。

使用同样的方法降低顶灯池和壁画图像的饱和度，得到如图10-26所示。

Step 21 择通道所在的“图层1”，单击（魔棒工具）按钮，在场景中选择窗户玻璃的颜色区域，创建选区，如图10-27所示。

Step 22 创建选区后，选择“背景拷贝”图层，按【Ctrl+J】组合键，将选区中的图像复制到新的图层中。

Step 23 按【Ctrl+M】组合键，调整图像的曲线参数，如图10-28所示。

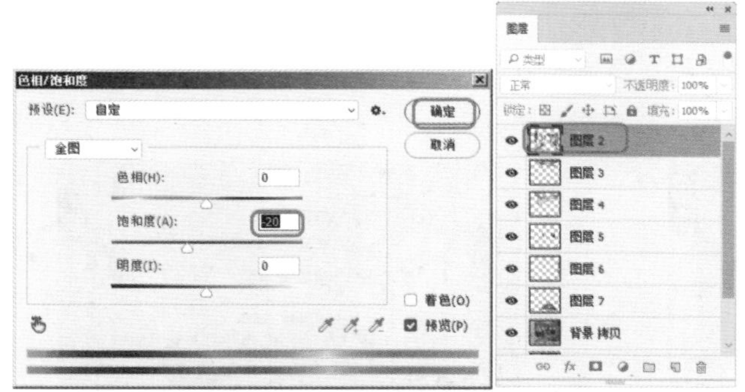

图10-25　降低饱和度参数

图10-26　降低饱和度后的效果

图10-27　创建窗户玻璃选区

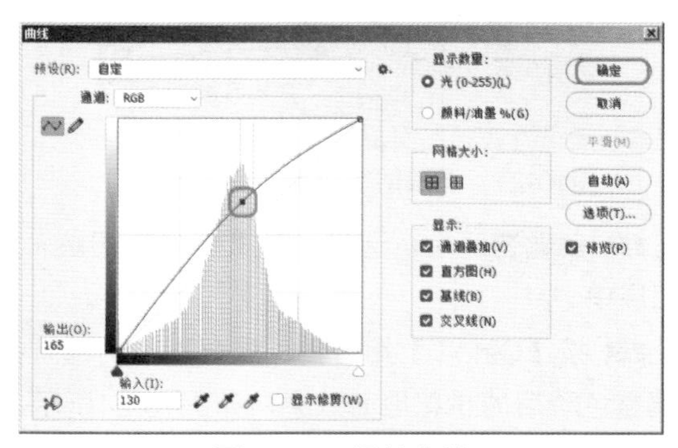

图10-28　调整曲线

调整曲线后的窗户玻璃效果，如图10-29所示。

图10-29　调整图像的效果

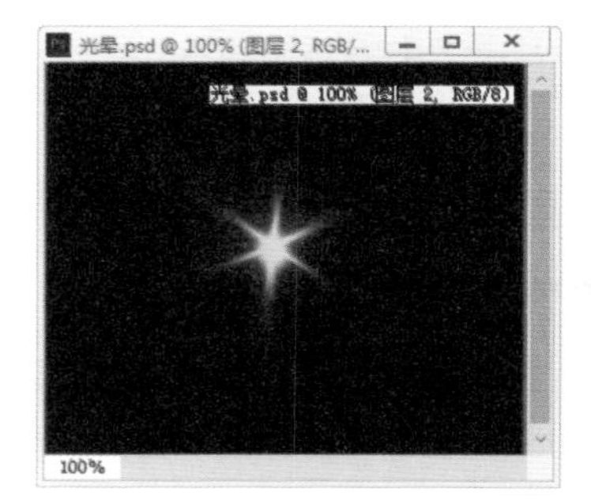

图10-30　打开的图像文件

10.2.3　添加光效

继续上一节的操作，下面为场景中的筒灯和吊灯添加光效。

Step 1 单击菜单栏中的【文件】|【打开】命令，打开“素材和源文件”\“第10章”文件夹下的“光晕.psd”文件，如图10-30所示。

Step 2 运用工具箱中的✥（移动工具）将光晕拖入正在处理的欧式客厅效果图中，调整它的大小后，将其移动放置在如图10-31所示的位置，按【Alt】键移动复制光晕，并设置图像的大小，选择所有的光晕图层，并将其放置到一个图层组中。

图10-31　调整图像的效果

图10-32　打开的图像文件

10.2.4　设置四角压暗

添加光效素材后，最后为效果图设置一个四角压暗的效果。

Step 1 按【Ctrl+Alt+Shit+E】组合键，盖印所有可见图层到新的图层中，如图10-33所示。

Step 2 选择盖印的图层，按【Ctrl+M】组合键，在弹出的对话框中调整曲线的形状，如图10-33所示。

Step 3 压暗图像后，使用（橡皮擦工具），设置一个柔边笔触，擦除中间图像区域，制作出四角压暗效果，如图10-34所示。

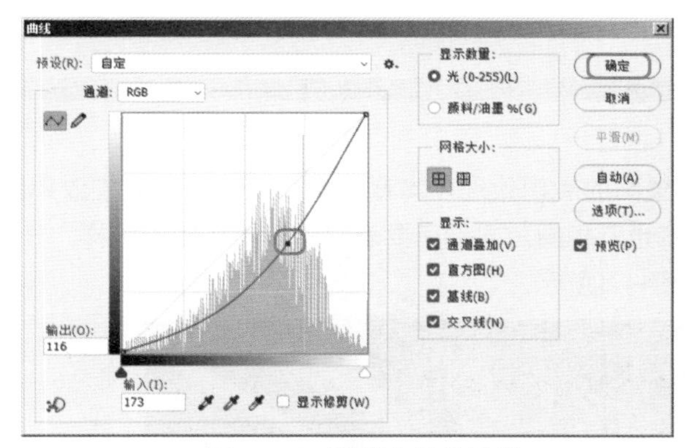

图10-33　调整曲线的形状

图10-34　制作出的四角压暗效果

至此，欧式客厅的后期处理就全部完成了。

Step 4 单击菜单栏中的【文件】｜【存储为】命令，将处理后的文件另存为“欧式客厅后期.psd”文件。

10.3　小结

本章系统地介绍了欧式客厅效果图后期处理的方法和技巧，通过本章知识的学习，希望读者能够对家装空间的后期处理有一个大体的认识和了解，并且能够举一反三，轻松完成类似的效果图后期处理工作。

第11章

酒店大堂效果图后期处理

本章内容

- 酒店大堂效果图后期处理的要点
- 酒店大堂效果图后期处理

在第10章中已经学习了制作欧式客厅效果图的后期处理，本章将学习工装酒店大堂效果图的后期处理。工装不同于家装，所添加的配景也不相同，它们所要表现的环境氛围不一样。

渲染的效果图处理前和处理后的效果如图11-1所示。

处理前

图11-1　效果图处理前后对比

处理后

图11-1　效果图处理前后对比（续）

11.1　大堂效果图后期处理的要点

酒店大堂作为一个敞开式的公共空间，应该给人一种恢宏、大气的气度及宽畅、亮堂的感觉。一般该类空间比较宽大、结构比较复杂，所以其效果图后期处理相对于客厅、卧室等家装类的空间来说要复杂一些。

与前面的家装卧室场景一样，要对酒店大堂效果图进行后期处理，需要注意以下两点。

- 效果图的全局性和美观性：一幅成功的室内装饰效果图作品，要考虑到各个方面的协调性，既要美观又要有创意，还要具有逼真的效果。
- 配景的选择：在实际操作中，应该选择那些适合表现设计思想，能够和周围环境融为一体，或选择能活跃室内气氛，或能平衡整体色彩画面的配景和素材。

11.2　大堂效果图后期处理

用3ds Max软件完成了对场景的渲染后，得到的仅仅是一幅初步的渲染效果图。这时的效果图从主体结构到色彩运用等各方面都不可能尽善尽美，还需要用Photoshop软件对渲染后的效果图做许多调整。

酒店大堂效果图的后期处理一般由以下几步组成。

- 对图像整体色调的调整：在为效果图添加配景之前，一般要先用Photoshop软件中相应的色彩调整命令对画面的整体色调和明暗对比度进行调整，以使画面更加符合场景要求。
- 进行场景细部刻画：细部刻画就是效果图场景中局部色调、明暗对比度的调整。一般采用的是先为不理想的区域建立选区，然后用相应的工具或命令对选区内的内容进行细致的调整。
- 为场景中添加上一些合适的配景：如有必要可以为场景添加一些配景素材，这些配景素材一般包括植物、人物、装饰品等，但是要注意，所添加的人物配景要与室内效果图的环境风格相一致。

11.2.1 调整图像整体色调

用3ds Max渲染的最终效果往往会与预期的效果有些差别，例如明暗、色彩上都会有所欠缺。针对这些问题，可以用Photoshop软件对渲染图像中的不足之处进行调整和完善。

Step 1 启动Photoshop 软件。

Step 2 单击【文件】|【打开】命令，打开“素材和源文件”\“第11章”文件夹下的“大堂效果.png”和“大堂通道.png”文件，如图11-2所示。

Step 3 单击工具箱中的✥（移动工具）按钮，然后按住【Shift】键，将“大堂通道.png”拖到“大堂效果.png”图像中。

Step 4 在【图层】面板中“背景”图层复制一层，得到“背景拷贝”图层，将“背景拷贝”图层放置到“图层1”的上方，效果如图11-3所示。

图11-2 打开图像

图11-3 复制图层

现在观察和分析渲染的酒店大堂效果图，可以看出直接渲染输出的图像显得稍微有些灰暗，画面的明暗关系不是很明确，细节也不够丰富。这些问题将在下面的操作中一一解决。首先来调整画面的色调问题。

Step 5 确认“背景 拷贝”图层处于当前层，按【Ctrl+L】键，在弹出的【色阶】对话框中设置各项参数，图像效果如图10-4所示。

Step 6 按【Ctrl+M】组合键，在弹出的对话框中调整曲线，如图11-5所示。

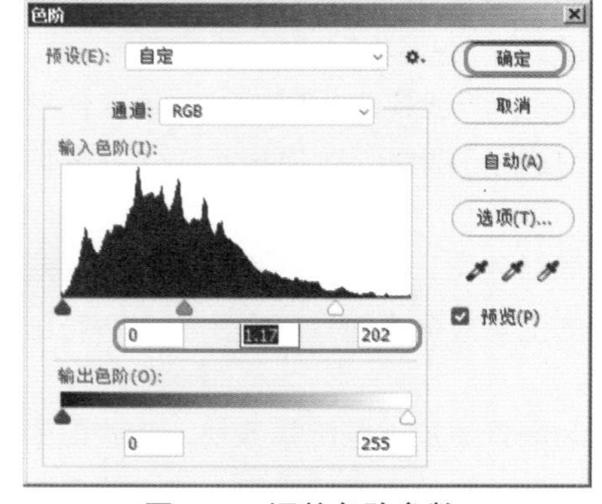

图11-4 调整色阶参数

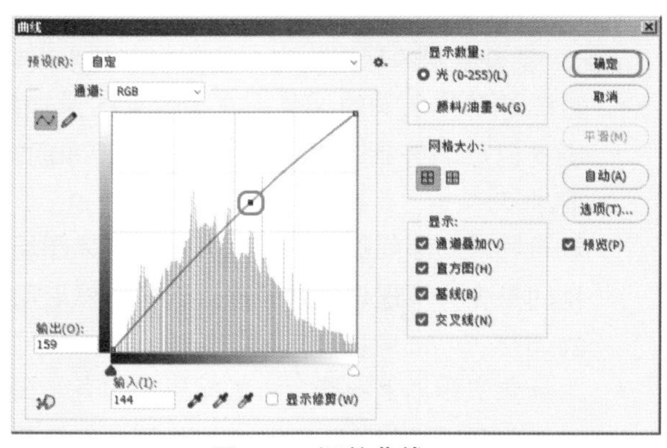

图11-5 调整曲线

调整的曲线效果如图11-6所示。

图11-6　调整的曲线效果

Step 7　在菜单栏中选择【图像】|【调整】|【亮度/对比度】命令，在弹出的对话框中调整参数，如图11-7所示。

图11-7　调整亮度/对比度参数

11.2.2　大堂效果图的局部刻画

继续上节操作，下面将对大堂中不理想的局部进行一一刻画，以使画面效果达到最佳。

Step 1　选择通道所在的“图层1”，单击（魔棒工具）按钮，在图像中单击地面，可以看到地面区域已被选中，如图11-8所示。

图11-8　创建选区

Step 2　创建选区之后选择“背景拷贝”图层，按【Ctrl+J】组合键，将选区中的图像复制到新的图层中。

Step 3 复制选区中的图像到新的图层中之后，按【Ctrl+U】组合键，在弹出的对话框中调整参数，如图11-9所示。

图11-9　调整色相/饱和度

Step 4 按【Ctrl+L】快捷键，在弹出的对话框中调整地面的色阶，如图11-10所示。

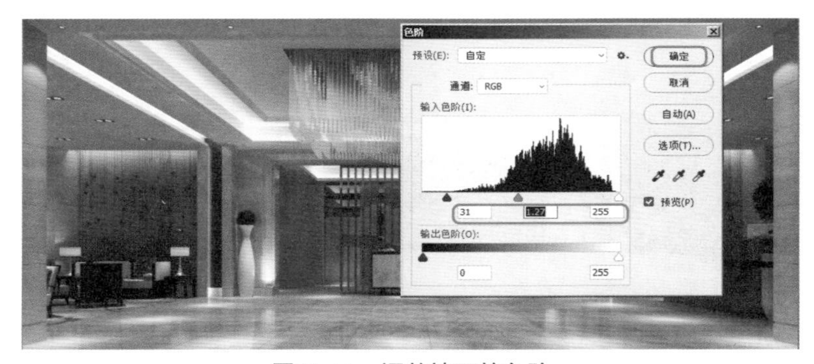

图11-10　调整地面的色阶

Step 5 选择通道所在的“图层1”，单击（魔棒工具）按钮，在图像中单击顶，选中顶部区域，创建的选区如图11-11所示。

如果有多选的区域，可以使用（多边形套索工具）工具，按住【Alt】键减选多选的区域。

图11-11　创建顶部选区

Step 6 创建顶部选区后，选择“背景拷贝”图层，按【Ctrl+J】组合键，将选区中的图像复制到新的图层中。

Step 7 按【Ctrl+U】组合键，在弹出的对话框中降低“饱和度”参数，如图11-12所示。

图11-12 降低饱和度

Step 8 按【Ctrl+M】组合键，在弹出的对话框中调整曲线，稍稍提亮顶部，如图11-13所示。

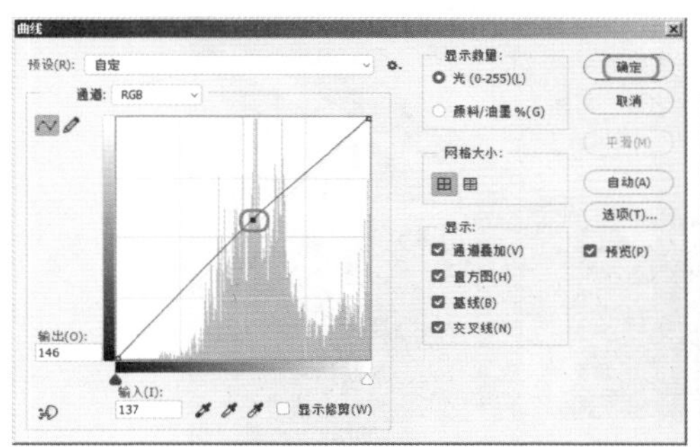

图11-13 调整曲线

图11-14 顶的效果

Step 9 选择通道所在的“图层1”，单击（魔棒工具）按钮，在图像中单击如图11-15所示的装饰墙。

图11-15 创建选区

Step 10 创建选区后，选择“背景拷贝”图层，按【Ctrl+J】组合键，将选区中的图像复制到新的图层中。

Step 11 按【Ctrl+L】组合键，在弹出的对话框中调整色阶参数，如图11-16所示。

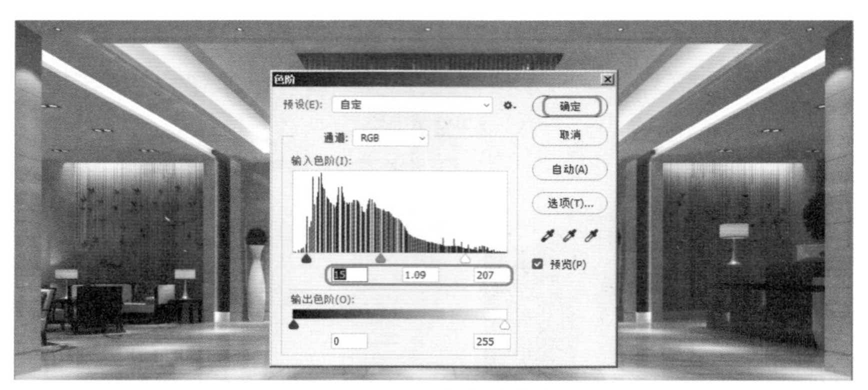

图11-16　调整色阶参数

Step 12 选择通道所在的“图层1”，单击（魔棒工具）按钮，在图像中单击如图11-15所示的装饰墙和顶灯的底座。

图11-17　创建选区

Step 13 创建选区后，选择“背景拷贝”图层，按【Ctrl+J】组合键，将选区中的图像复制到新的图层中。

Step 14 按【Ctrl+M】组合键，在弹出的对话框中调整曲线形状，如图11-18所示。调整色阶后的图像效果，如图11-19所示。

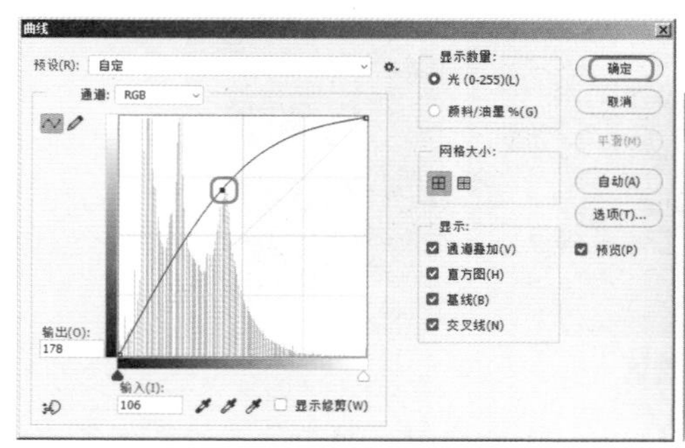

图11-18　调整色阶

图11-19　调整曲线后的效果

Step 15 选择通道所在的“图层1”，单击（魔棒工具）按钮，在图像中单击如图11-20所示柜面区域。

图11-20　创建选区

Step 16 创建选区后，选择“背景拷贝”图层，按【Ctrl+J】组合键，将选区中的图像复制到新的图层中。

Step 17 按【Ctrl+M】组合键，在弹出的对话框中调整曲线形状，如图11-21所示。调整色阶后的图像效果，如图11-22所示。

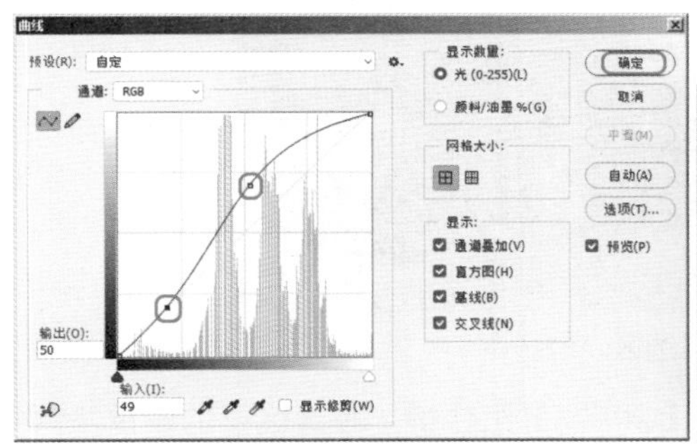

图11-21　调整曲线形状

图11-22　调整后的效果

Step 18 选择通道所在的“图层1”，单击（魔棒工具）按钮，在图像中单击如图11-23所示的花瓶，创建选区。

可以按住【Shift】键多选区域。

图11-23　创建选区

Step 19 创建选区后，选择“背景拷贝”图层，按【Ctrl+J】组合键，将选区中的图像复制到新的图层中。

Step 20 按【Ctrl+U】组合键，在弹出的对话框中降低“饱和度”参数，如图11-24所示。

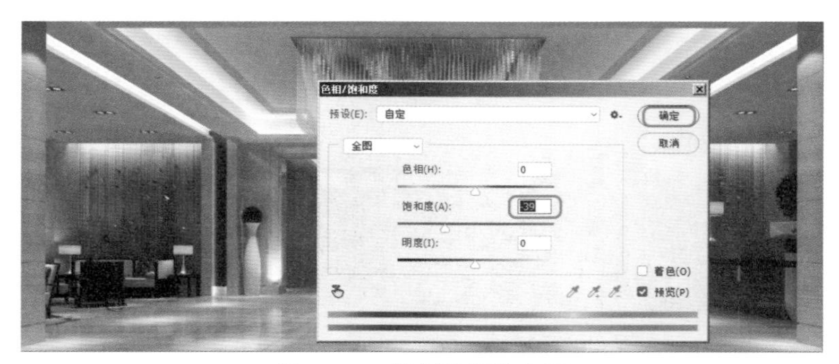

图11-24　降低花瓶饱和度

Step 21 选择通道所在的“图层1”，单击（魔棒工具）按钮，在图像中单击如图11-25所示的门区域，创建选区。

图11-25　创建门选区

Step 22 创建选区后，选择“背景拷贝”图层，按【Ctrl+J】组合键，将选区中的图像复制到新的图层中。

Step 23 按【Ctrl+M】组合键，在弹出的对话框中调整曲线形状，提亮图像，如图11-26所示。提亮门后的效果，如图11-27所示。

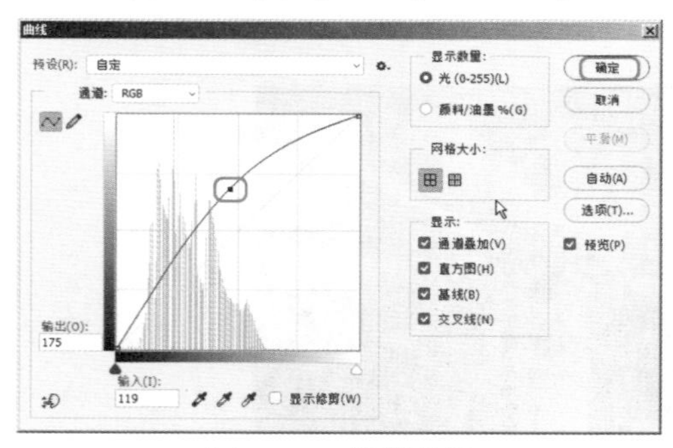

图11-26　调整曲线

图11-27　提亮门后的效果

在图11-27中可以发现右侧的花瓶与服务台模型产生了错误，下面我们将对其进行修改。

Step 24 选择花瓶图像所在的图层，使用（多边形套索工具）工具，创建如图11-28所示的区域。

Step 25 创建选区后，按【Ctrl+T】组合键，使用“自由变换”调整图像的高度，如图11-29所示。调整选区后，按【Ctrl+D】组合键，取消选区的选择。

图11-28　创建选区

图11-29　调整图像高度

Step 26 选择通道所在的“图层1”，单击 （魔棒工具）按钮，在图像中单击如图11-30所示服务台区域，创建服务台选区。

Step 27 创建选区后，选择“背景拷贝”图层，按【Ctrl+J】组合键，将选区中的图像复制到新的图层中。

Step 28 按【Ctrl+M】组合键，在弹出的对话框中调整曲线形状，提亮图像，如图11-31所示。

图11-30　创建服务台选区

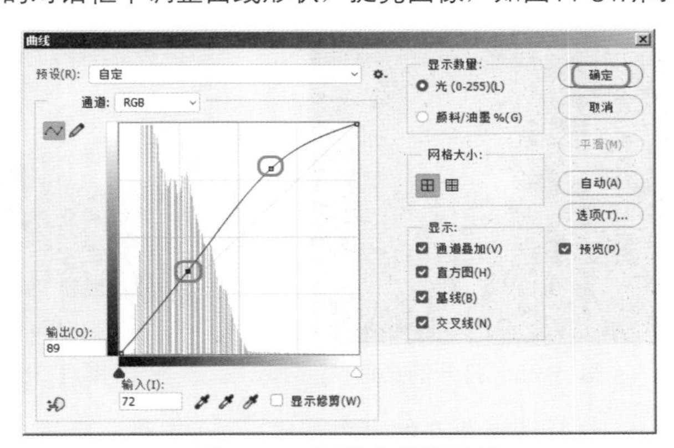

图11-31　调整曲线的形状

Step 29 按【Ctrl+L】组合键，在弹出的对话框中降低“饱和度”参数，如图11-32所示。调整后的服务台效果如图11-33所示。

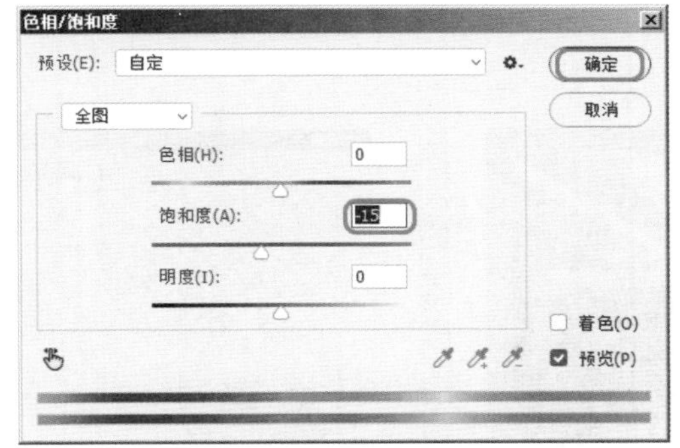

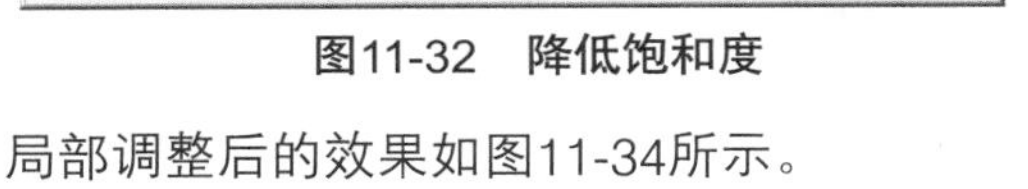

图11-32　降低饱和度

图11-33　调整的服务台效果

局部调整后的效果如图11-34所示。

图11-34　局部调整后的效果

11.2.3　添加光效

继续上一节的操作，下面为场景中的筒灯和吸顶水晶灯添加光效。

Step 1 单击菜单栏中的【文件】|【打开】命令，打开“素材和源文件”\“第11章”文件夹下的“光晕.psd”文件，如图11-35所示。

Step 2 运用工具箱中的（移动工具）将光晕拖入效果图中，调整光效大小，按【Alt】键移动复制光晕，并设置图像的大小，如图11-36所示。

图11-35　打开的文件

图11-36　添加的同等和水晶灯光效

Step 3 择通道所在的“图层1”，单击（魔棒工具）按钮，在图像中单击如图11-37所示三个台灯灯罩，创建选区。

Step 4 创建选区后，选择“背景拷贝”图层，按【Ctrl+J】组合键，将选区中的图像复制到新的图层中。

Step 5 确定复制选区图像所在的图层处于选择状态，在菜单栏中选择【滤镜】|【模糊】|【高斯模糊】命令，在弹出的对话框中设置合适的参数，如图11-38所示。

图11-37　创建台灯灯罩选区

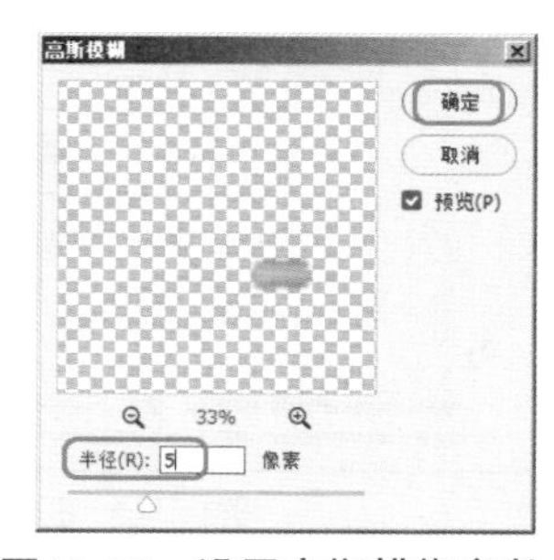

图11-38　设置高斯模糊参数

Step 6 将设置模糊后的图层的混合模式设置为“柔光”，如图11-39所示。

图11-39　调整光效的效果

11.2.4　设置四角压暗

调整完成光效后为效果图设置一个四角压暗的效果。

Step 1 按【Ctrl+Alt+Shift+E】组合键，盖印所有可见图层到新的图层中。

Step 2 选择盖印的图层，按【Ctrl+M】组合键，在弹出的对话框中调整曲线的形状，如图11-40所示。

Step 3 压暗图像后，使用（橡皮擦工具），设置一个柔边笔触，擦除中间图像区域，制作出四角压暗效果，如图11-41所示。

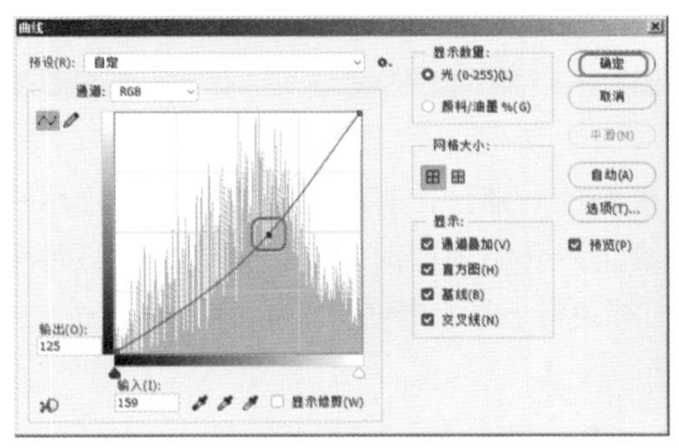

图11-40　调整曲线的形状

图11-41　制作出的四角压暗效果

至此，休闲健身室的后期处理就全部完成了。

Step 4 单击菜单栏中的【文件】｜【存储为】命令，将处理后的文件另存为“大堂后期.psd”文件。

11.3　小结

本章系统地介绍了酒店大堂效果图后期处理的方法和技巧，通过本章知识的学习，希望读者能够对该类工装性质空间的后期处理有一个大体的认识和了解。

效果图后期处理主要靠的是设计师的较高审美能力和想象力，所以读者一定要注意多培养自己这方面的能力。

第12章 制作室内彩平图

本章内容

- 使用AutoCAD软件输出位图
- 素材模块的制作
- 用Photoshop绘制彩平图

本章主要讲解室内彩平图的表现，其实这也是效果图的一部分，有时为了更直观地给用户展示，也需要制作室内彩平图。有了彩平效果图，在给用户介绍户型时就可以很清楚地将每个房间的功能和摆设展现出来，一般房地产或者装饰公司都会做一些这样的图。

本章制作的室内彩平效果图如图12-1所示。

图12-1　彩平效果图

12.1　使用AutoCAD软件输出位图

在制作该类效果图之前，必须将先前用AutoCAD绘制的图纸输出到Photoshop中。

Step 1　启动AutoCAD软件。

Step 2　单击【文件】|【打开】命令，打开“素材和源文件”\“第12章”文件夹下的“室内布局.dwg”文件，如图12-2所示。

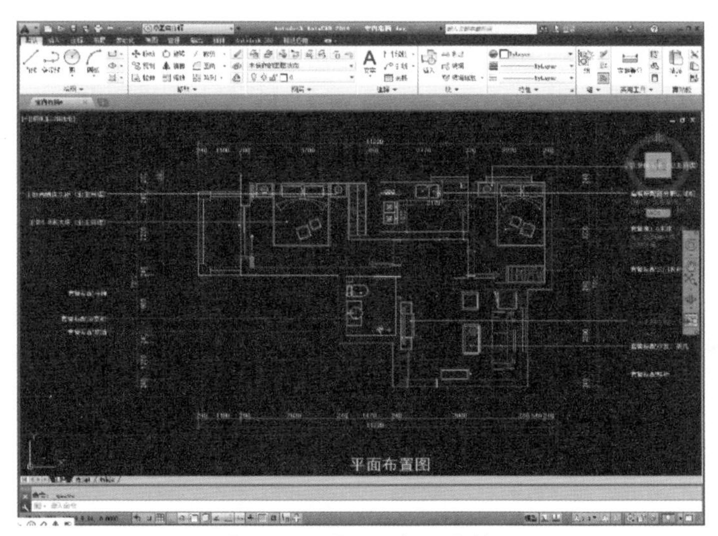

图12-2　用CAD打开文件

Step 3　在打开的文件中将标注删除。

Step 4　删除标注后，单击界面左上角的A按钮，在其下拉菜单中选择【打印】命令，打开“打印”对话框，从中单击“特性”按钮，如图12-4所示。

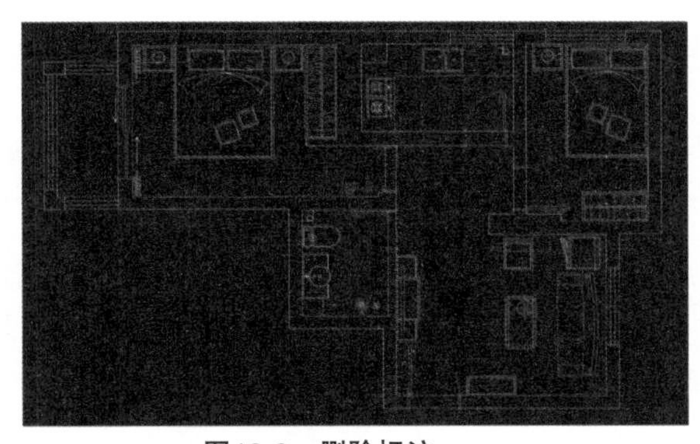

图12-3　删除标注

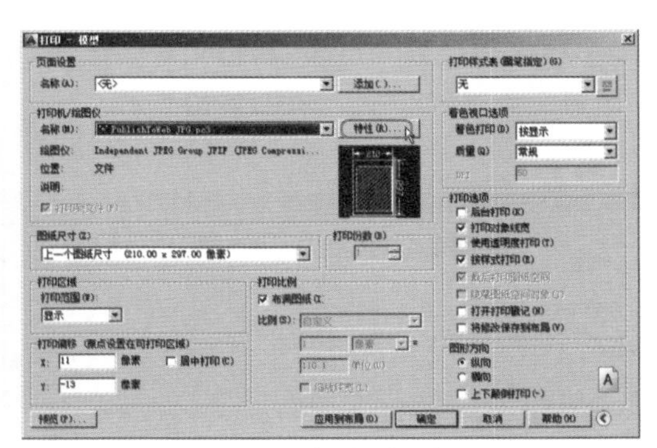

图12-4　打印对话框

Step 5　弹出“绘图仪配置编辑器”对话框，从中选择“自定义图纸尺寸”，单击“添加”按钮，如图12-5所示。

Step 6　弹出“自定义图纸尺寸–开始”对话框，从中选择“创建新图纸”选项，单击“下一步”按钮，如图12-6所示。

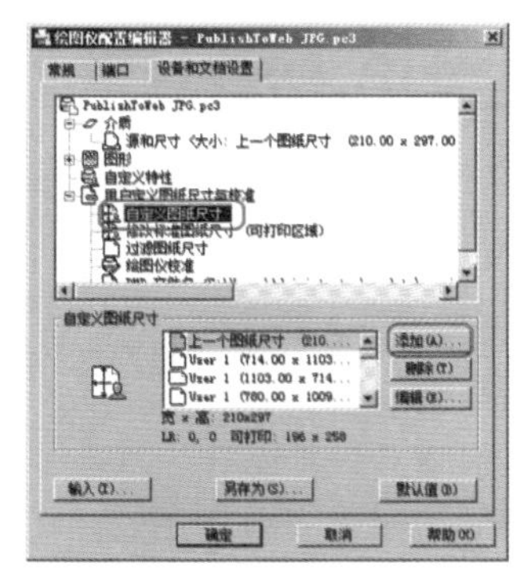

图12-5 自定义图纸尺寸

图12-6 创建新图纸

Step 7 在“自定义图纸尺寸–介质边界”对话框中设置尺寸，单击“下一步”按钮，如图12-7所示。

Step 8 在“自定义图纸尺寸–图纸尺寸名”对话框中命名自定义图纸尺寸的名称，单击“下一步”按钮，如图12-8所示。

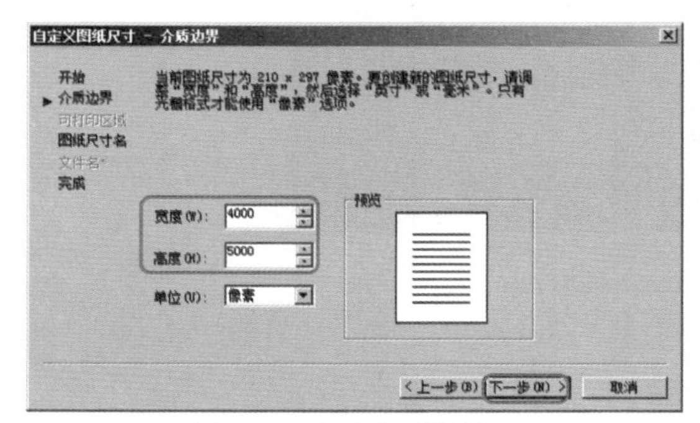

图12-7 设置介质边界

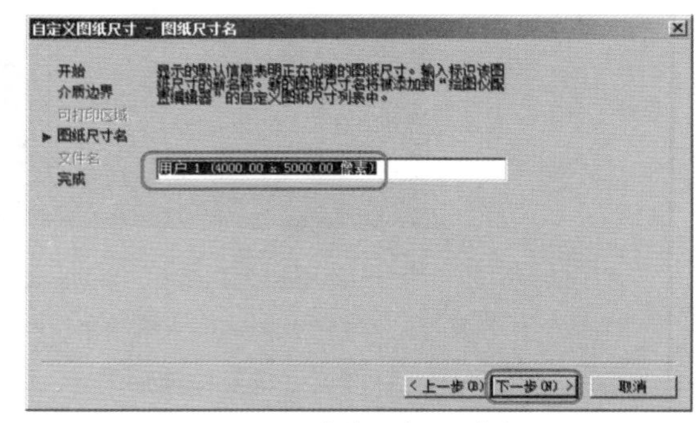

图12-8 命名图纸尺寸名

Step 9 在“自定义图纸尺寸–完成”对话框中单击“完成”按钮，如图12-9所示。

Step 10 返回到“打印–模型”对话框中，从中选择“图纸尺寸”为自定义的尺寸，选择“打印区域”为“窗口”，如图12-10所示。

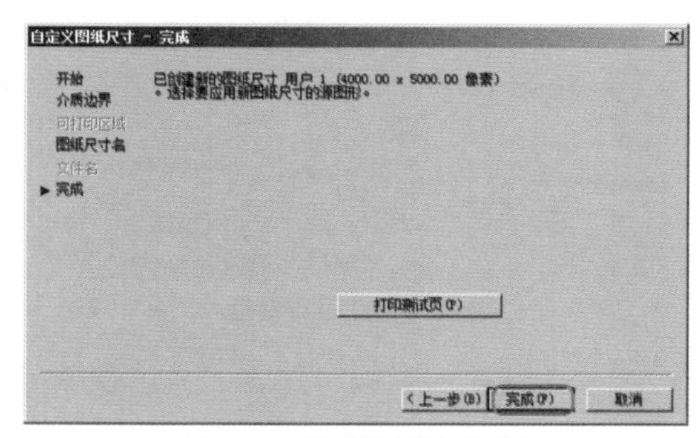

图12-9 完成设置尺寸操作

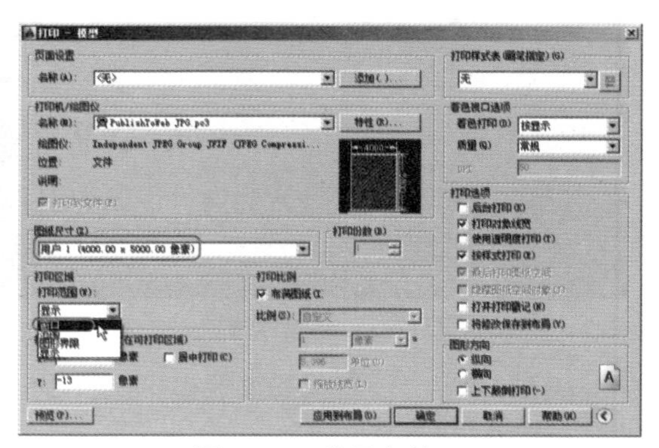

图12-10 设置参数

Step 11 定义“打印区域”为“窗口”后，单击“窗口”按钮，在场景中选择需要打印的区域，如图12-11所示。

Step 12 选择区域后返回到“打印–模型”对话框中，单击“确定”按钮，如图12-12所示。

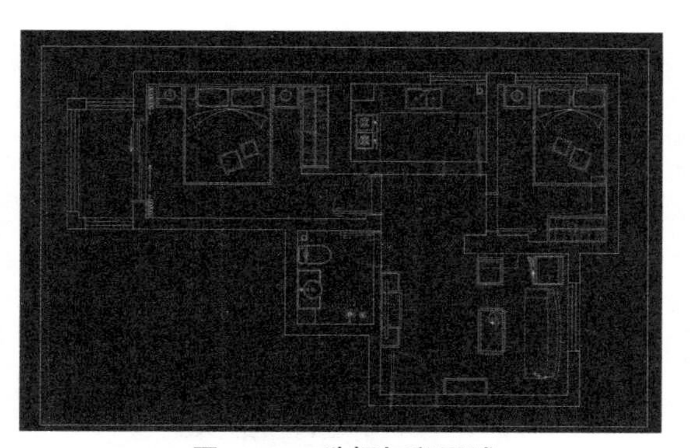

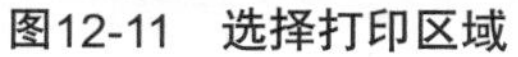

图12-11　选择打印区域

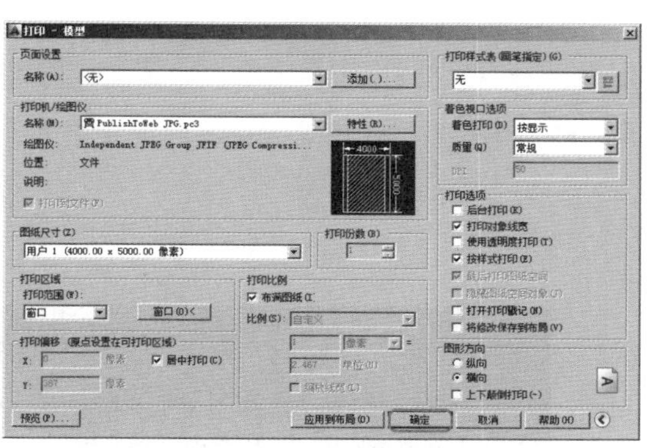

图12-12　单击确定按钮

Step 13 在弹出的“浏览打印文件”对话框中选择一个存储路径，为文件命名，单击“保存”按钮，如图12-13所示。

在对应的路径中可以找到导出的图像，如图12-14所示。

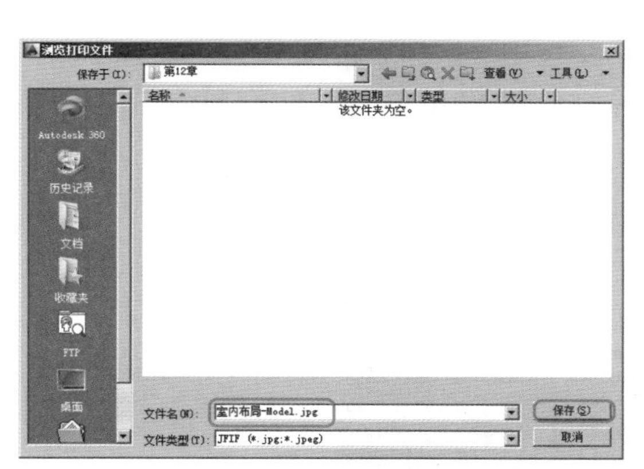

图12-13　存储文件

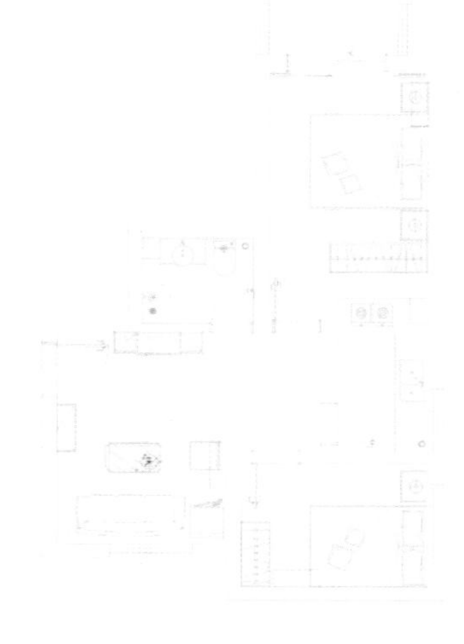

图12-14　导出的图像

12.2　素材模块的制作

在以前的室内户型图制作过程中，运用填充单色的方法来制作家具、植物等模块，这种绘制方法比较粗糙，效果也不是很真实。随着家庭装饰行业的兴起和房地产业的不断发展，市场竞争日趋激烈，客户的要求不断提高。为了更好地表达设计师的设计理念，让用户对方案能有一个直观的认识，绘图者在室内平面图中引入了更多的渲染元素，如形态逼真的花草、器皿、家具等。素材模块的制作有一种很好的方法，那就是运用三维软件（如3ds Max等）中的顶视图来渲染素材模块。

Step 1 运行3ds Max 2016软件。

Step 2 可以打开一个需要的素材，如沙发、茶几、床等模型。这里我们在3ds max中打开一组沙发模型，如图12-15所示。

Step 3 对顶视图进行渲染，渲染的效果如图12-16所示，单击（保存图像）按钮。具体的渲染参数和步骤这里就不详细介绍了。

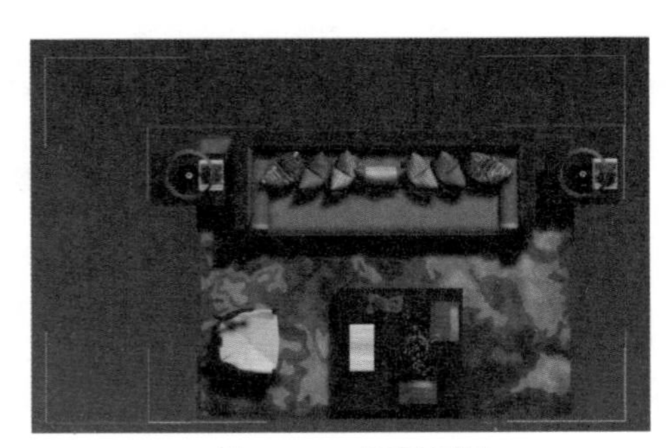

图12-15　打开场景

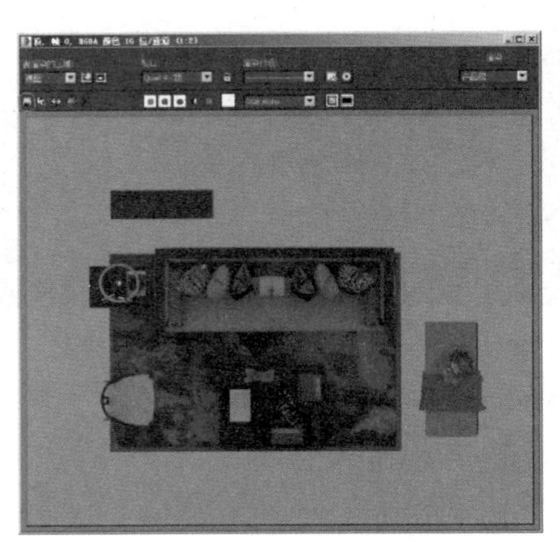

图12-16　渲染场景的效果

Step 4 在弹出的对话框中选择一个存储路径，并为文件命名，选择保存类型为“.tga”，然后单击【保存】按钮，如图12-17所示。

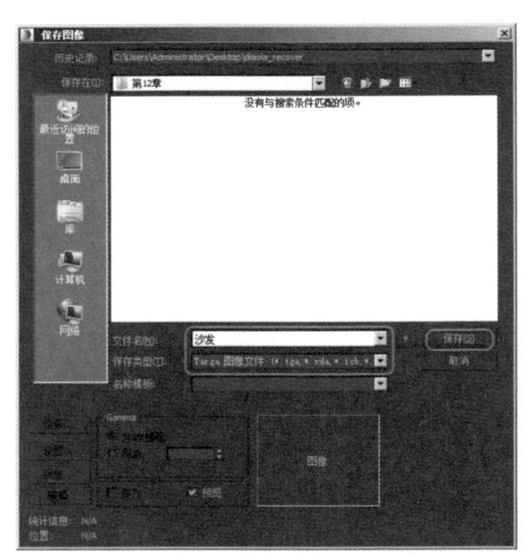

图12-17　保存图像

12.3　用Photoshop绘制室内彩平图

本节将开始室内彩平效果图的制作，在进行制作之前先把打印输出的图纸调整一下，以满足我们的需要。

动手操作——调整图纸

Step 1 启动Photoshop软件。

Step 2 打开刚才打印输出的“室内布局-Model.jpg”文件，如图12-18所示。

可以看到图纸的颜色不明显，下面对其进行调整。

Step 3 按【Cltr+L】组合键，在弹出的对话框中设置参数，如图12-19所示。

图12-18　打开图像文件

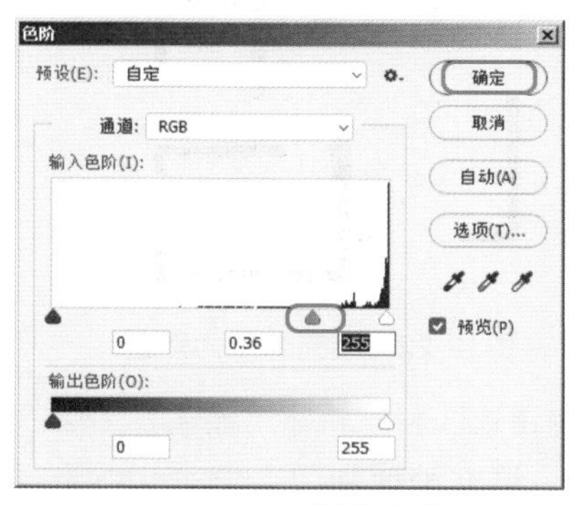

图12-19　调整色阶

Step 4 按【Ctrl＋U】组合键，在弹出的对话框中设置“饱和度”为-100，将图像中的颜色均调整为黑色，如图12-20所示。

动手操作——填充墙体和窗户

调整好图纸后接下来填充基础墙体和窗户的颜色。

Step 1 在工具箱中选择（魔棒工具），在工具选项栏中勾选“连续”选项，选择墙体的区域，如图12-21所示。

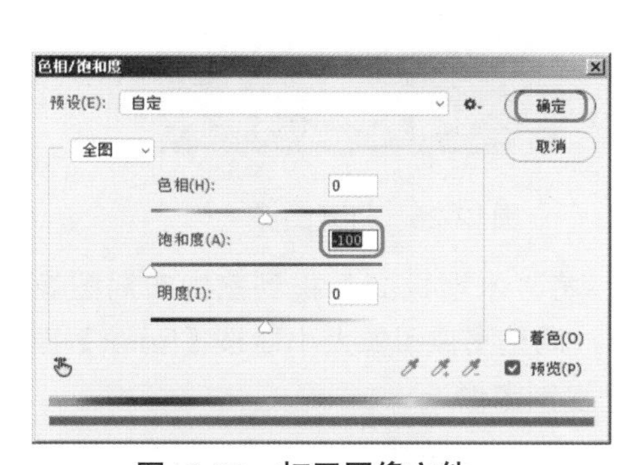

图12-20　打开图像文件

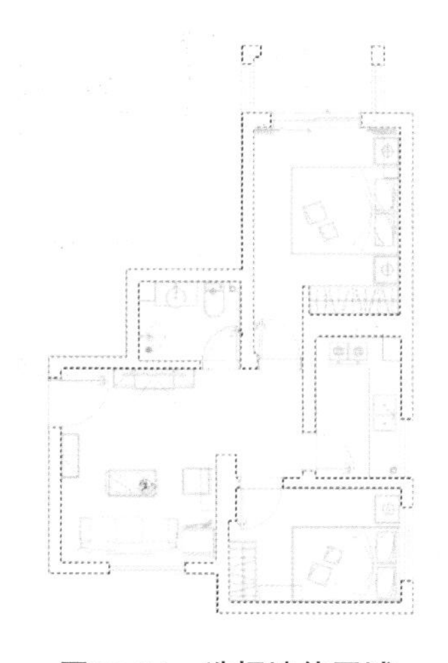

图12-21　选择墙体区域

Step 2 创建选区后，新建“墙”图层，填充选区为“黑色”，如图12-22所示。

Step 3 在工具箱中选择（魔棒工具），选择“背景”图层，选择窗户的区域，如图12-23所示。

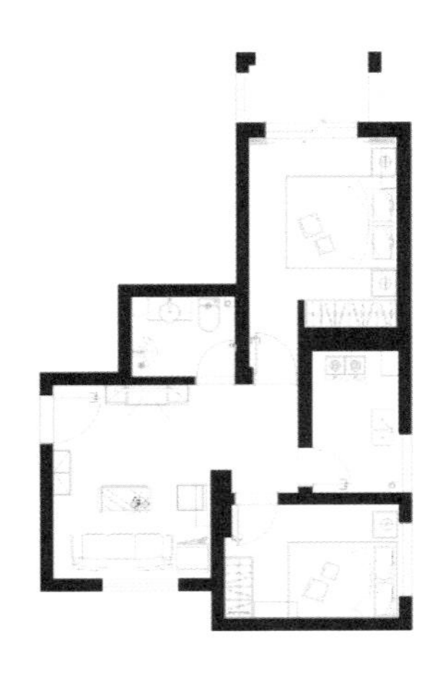

图12-22　填充选区为黑色

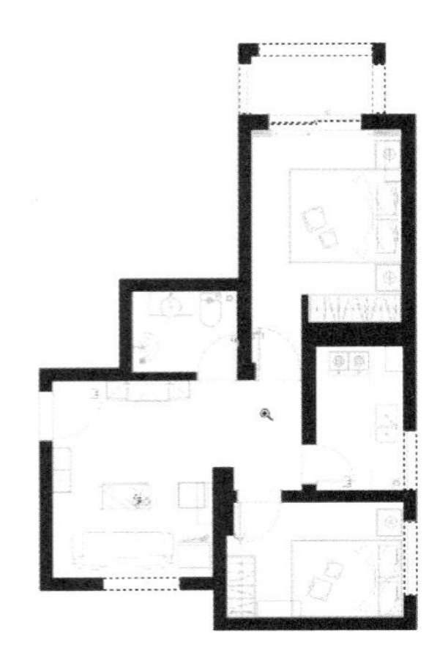

图12-23　选择窗户区域

Step 4 创建选区后，新建“玻璃”图层，填充选区为“浅蓝色”，如图12-24所示。

动手操作——填充地面和门

下面将对平面布局添加地面。

Step 1 单击【文件】|【打开】命令，打开“素材和源文件”\“第12章”文件夹下的“木地板02.jpg”，如图12-25所示。

图12-24　填充选区

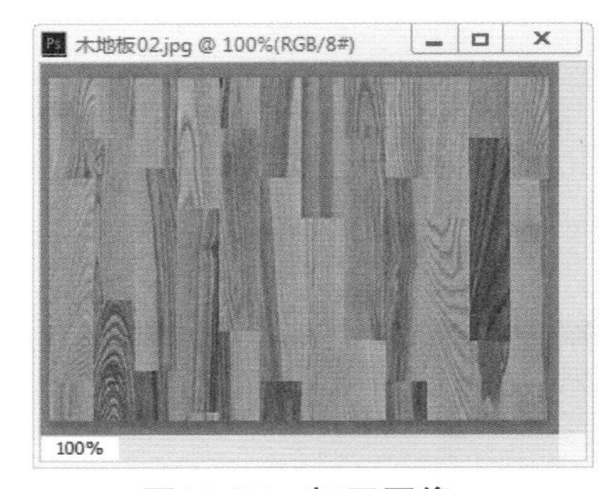

图12-25　打开图像

Step 2 单击工具箱中的（移动工具）按钮，将“木地板02”拖到室内布局图像中，按【Ctrl+T】组合键，打开自有变换调整图像的大小，调整图像图像大小后按【Enter】键，确定调整大小；使用（移动工具）按住【Alt】键移动复制图像。

Step 3 将所有的地板图层选中，按【Ctrl+E】键，合并为一个图层，命名图层为“地板”，使用（矩形选框工具），如图12-26所示。

Step 4 单击【文件】|【打开】命令，打开“素材和源文件”\“第12章”文件夹下的“地砖.jpg、地砖2.png”，如图12-27所示。

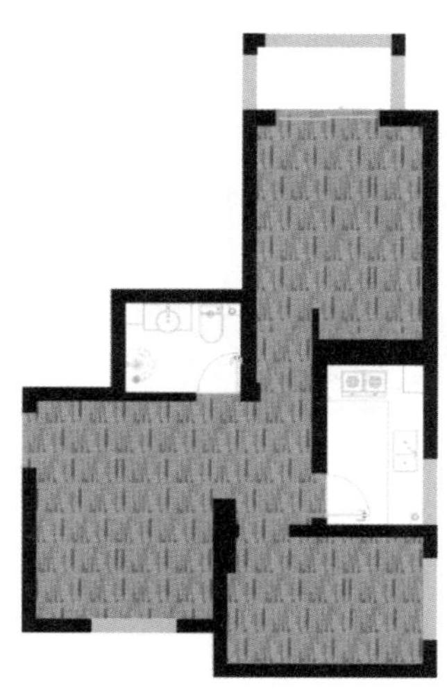

图12-26　添加的地板

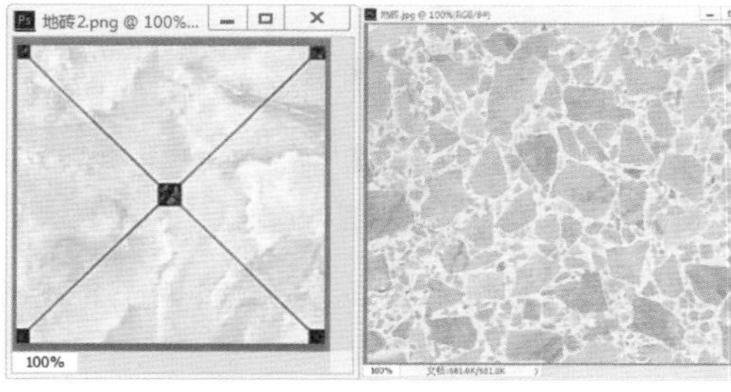

图12-27　打开的文件

Step 5 使用上述添加木地板的方法，将两种地砖添加到效果图中，如图12-28所示。

Step 6 选择“图层1”，创建门的选区，新建“门”图层，并填充门为黑色，使用（钢笔工具），创建路径，设置合适的画笔笔触，并在“路径”面板中单击（使用画笔描边路径）按钮，描边路径，如图12-29所示。

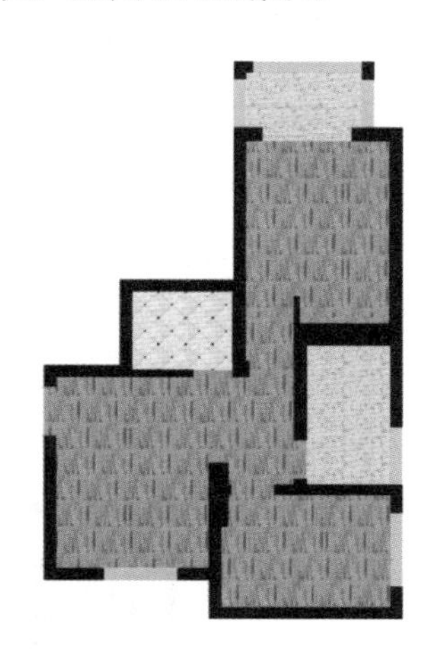

图12-28　添加地板

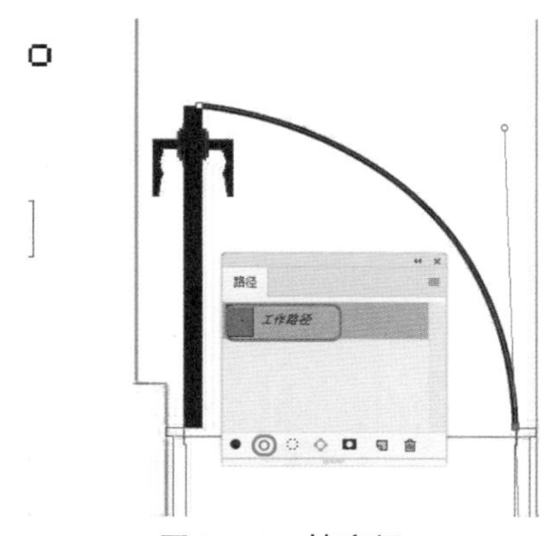

图12-29　填充门

Step 7 对“门”图像进行复制，调整门到相应的位置，如图12-30所示。

动手操作——添加家具

摆放家具就是按照原有的平面布置图进行摆放，注意的主要问题就是整体的色调以及光影效果。

Step 1 打开“素材和源文件”\“第12章”文件夹下的“沙发.tga”文件，在菜单栏中选择【选择】|【载入选区】命令，沙发和其他的家具都载入了选区，如图12-31所示。

Step 2 按【Ctrl+J】组合键，将选区中的图像复制到新的图层中，使用选区工具，将需要的图像选中，并拖动到平面布局场景中。

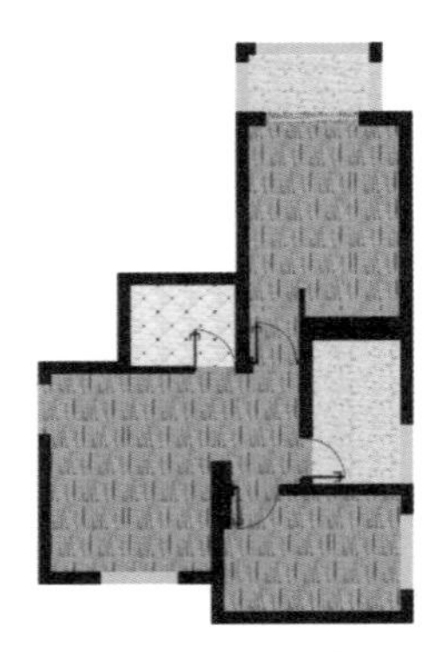

图12-30　调整门的位置

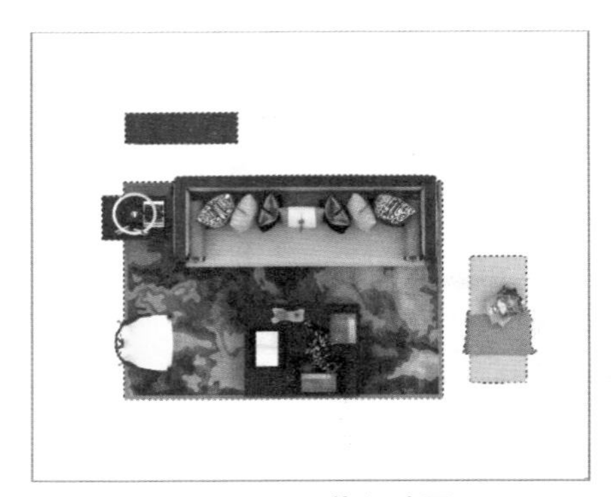

图12-31　载入选区

Step 3 调整沙发的位置角度和大小，并将其他的素材添加的场景中，可以通过“图层1”填充出电视的效果，如图12-32所示。

Step 4 打开“素材和源文件”\“第12章”文件夹下的“彩平图块.psd”文件，如图12-33所示。

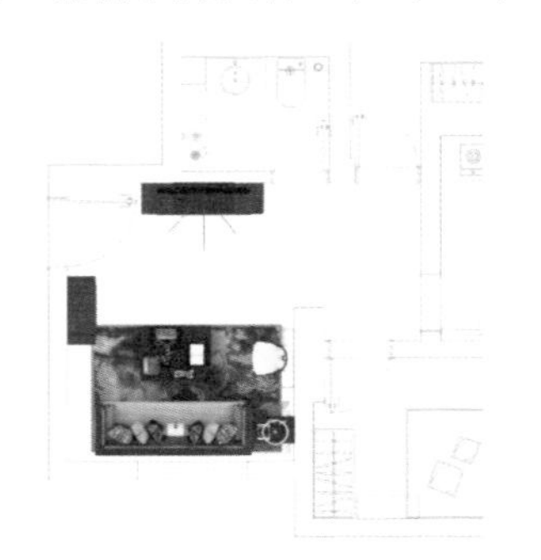

图12-32　添加的素材

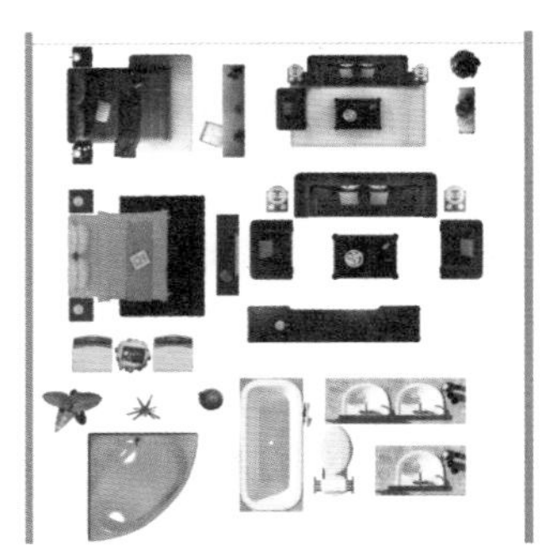

图12-33　打开的彩平图块

Step 5 打开“素材和源文件”\“第12章”文件夹下的“素材.psd”文件，如图12-34所示。

Step 6 使用上述介绍的方法，将素材添加到场景文件中，调整素材的大小和位置，如图12-35所示。

图12-34　打开素材文件

图12-35　添加素材

动手操作——添加标注

添加素材之后，为场景中的各部分功能进行注释。

Step 1 使用T（横排文字工具）在场景中创建文本，标注功能区，如图12-36所示。

Step 2 创建图层组，将图层归类放置。

Step 3 将标注的文字放置到“组1”中，双击图层组，在弹出的“图层样式”对话框中设置“投影”参数，如图12-37所示。

图12-36　添加的标注

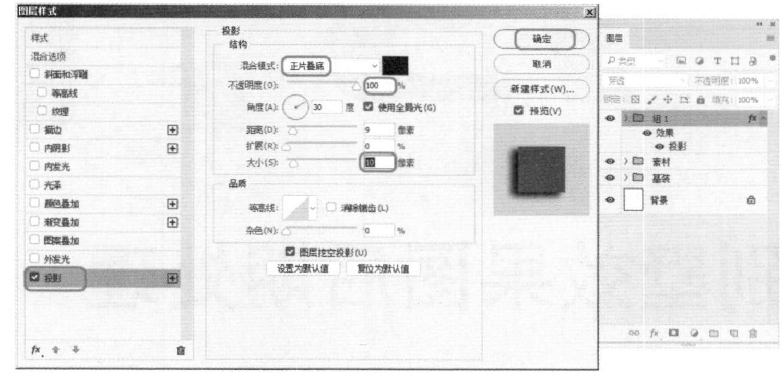

图12-37　设置投影

Step 4 设置投影后的标注效果，如图12-38所示。

图12-38　室内彩平面效果

至此，室内布局的后期处理就全部完成了。

Step 5 单击菜单栏中的【文件】|【存储为】命令，将处理后的文件另存为“室内布局.psd”文件。

12.4　小结

本章着重讲解了利用AutoCAD提供的平面图输出到Photoshop中制作室内彩色户型平面图，相对来说比较简单，制作者需要有一些平面图块才能方便快速地制作出来。

制作该类图像的方法很多，读者不一定要拘泥于本章介绍的方法，完全可以根据个人习惯和需要大胆创新，只要做出来的效果好，任何方法都可以使用。我们甚至可以在三维软件中创建完场景后，渲染其顶视图，直接获取真实的户型平面图，读者朋友可以尝试一下。

第 13 章

别墅效果图后期处理

本章内容

- 别墅建筑效果图后期处理要点
- 调整建筑
- 添加天空背景
- 添加远景和中景配景
- 添加近景配景
- 调整整体效果

本章将对一幅别墅建筑效果图进行后期的制作，通过本例的后期制作过程，主要学习室外别墅建筑效果图背景的添加、建筑细部的刻画，以及各种配景的添加等方面的知识。

本章制作的别墅建筑效果图的处理前后效果如图13-1所示。

图13-1　别墅效果图处理前后效果对比

13.1　别墅建筑效果图后期处理要点

在3ds Max软件中进行室外效果图的后期处理，不仅难度大，而且还不真实。为了正确地表现效果图的环境气氛，衬托主体建筑，通常在Photoshop软件中对效果图进行后期制作。一般都采用为效果图场景中添加配景的方法，使效果图体现出真实自然的感觉。这些配景一般包括天空、草地、辅助建筑、人物、建筑配套设施等，它们的存在将直接影响到整幅效果图的最终表现效果，可以让整个画面内容更加丰富。可以这么说，一幅好的效果图是主体建筑本身与周围环境完美结合的产物，周围环境处理的好坏将直接关系到效果图的成败。

别墅建筑效果图后期处理的流程一般包括以下几个方面。

- 对渲染图片的调整：从3ds Max软件中输出的图片多少都会有一些不尽如人意的地方，一般在Photoshop中运用相应的工具或命令对不理想的地方进行修改，这样既可以保证效果又节省了时间。
- 为场景添加大的环境背景：大的环境背景一般是为场景添加一幅合适的天空背景和草地背景。天空背景一般选择现成的天空素材，在选择天空背景素材时，注意所添加的天空图片的分辨率要与建筑图片的分辨率基本相当，否则将影响到图像的精度与效果。在添加草地配景时，注意所选择草地的色调、透视关系要与场景相协调。
- 为场景添加植物配景：适当地为场景中添加一些植物配景，不仅可以增加场景的空间感，还可以展现场景的自然气息。
- 为场景添加人物配景：在添加人物配景时，注意所添加人人物的形象要与建筑类型相一致；不同位置的人物的明暗程度也会不同，要进行单个的适当调整；要处理好人物与建筑的透视关系、比例关系等。

13.2　调整建筑

在3ds Max软件中输出的图片经常会显得发灰一些，玻璃及建筑墙面的质感不是很理想，这就需要使用Photoshop软件中的选择工具或命令选择所要调整的区域进行调整，直到满意为止。

动手操作——调整建筑

Step 1　单击【文件】|【打开】命令，打开“素材和源文件”\“第13章”\“别墅效果.tga和别墅通道.tga”文件，如图13-2所示。

Step 2　按住【Shift】键，将“别墅通道.tga”文件拖到别墅效果图中，选择“背景”图层，按【Ctrl+J】键，复制出“背景 副本”图层，将其放置到通道图层“图层1”上方，如图13-3所示。

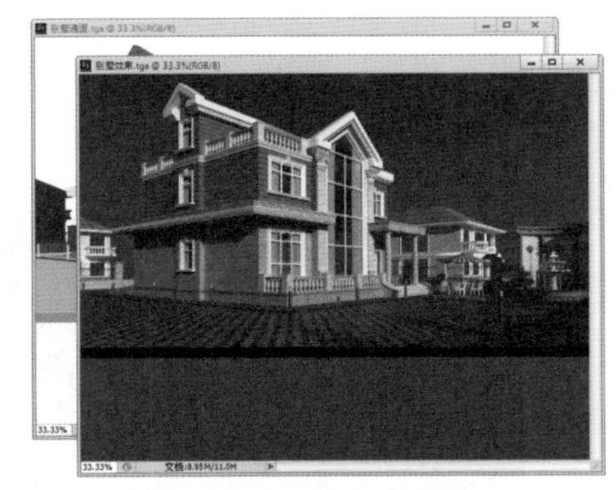

图13-2　打开的图像

图13-3　复制图层

Step 3　使用（裁剪工具）按钮，在场景中裁剪图像，如图13-4所示。

Step 4 选择“背景 副本”图层单击【图像】|【调整】|【亮度/对比度】命令，设置合适的参数，如图13-5所示。

图13-4 裁剪图像

图13-5 设置参数

Step 5 隐藏“背景 副本”图层，显示通道“图层1”图层，使用（魔棒工具），选择墙体和楼板颜色，如图13-6所示。

Step 6 使用（多边形套锁工具），按住【Alt】键减选正面选区，如图13-7所示。

图13-6 创建选区

图13-7 减选选区

Step 7 显示并选择“背景 副本”图层，按【Ctrl+M】键，在弹出的对话框中调整曲线，如图13-8所示。

> **提示**
>
> 在调整各种选区的图像后，按【Ctrl+D】键，可以取消选区的选择，以下选区的取消操作均是这样。

Step 8 使用同样的方法选择通道“图层1”正面的墙体、楼板、装饰、玻璃等模型颜色，如图13-9所示。

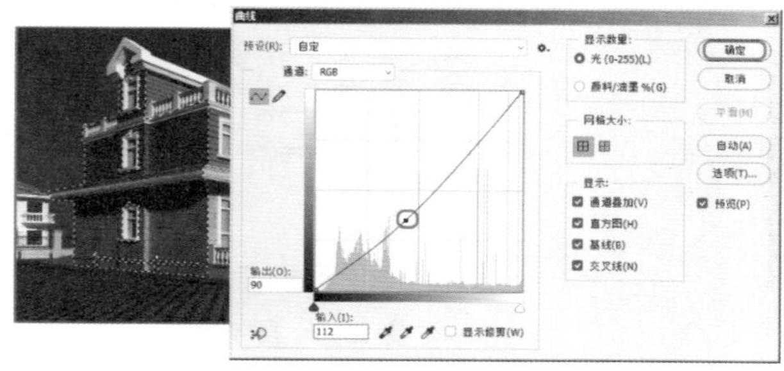

图13-8 调整侧面的曲线

图13-9 选择正面建筑选区

Step 9 选择“背景 副本”图层，按【Ctrl+M】键，在弹出的对话框中调整曲线，如图13-10所示。

Step 10 通过“图层1”通道图层，选择路面和如图13-11所示的草地选区。

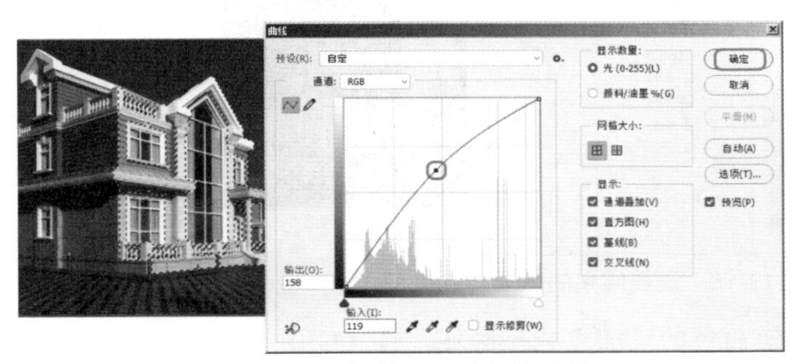

图13-10　调整正面建筑的曲线

图13-11　创建路面选区

Step 11 选择“背景 副本”图层，按【Ctrl+M】键，调整路面和草地的亮度，如图13-12所示。执行以上操作得到如图13-13所示的效果，按【Ctrl+D】键，取消选择。

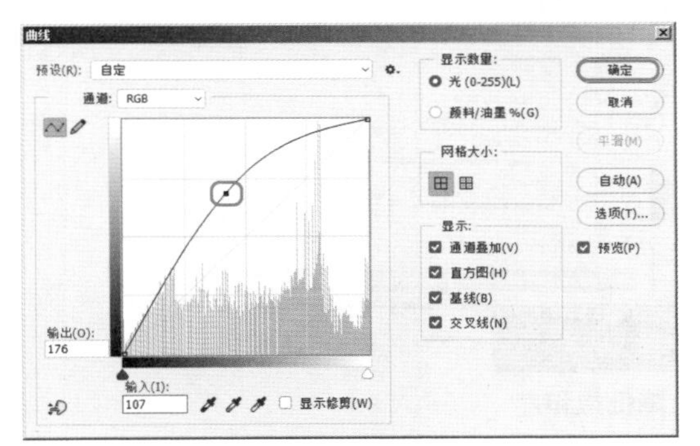

图13-12　调整曲线

图13-13　得到的地面效果

Step 12 使用通道图层选择桌椅颜色区域，然后选择“背景 副本”图层，按【Ctrl+M】键，调整座椅的亮度，如图13-14所示。

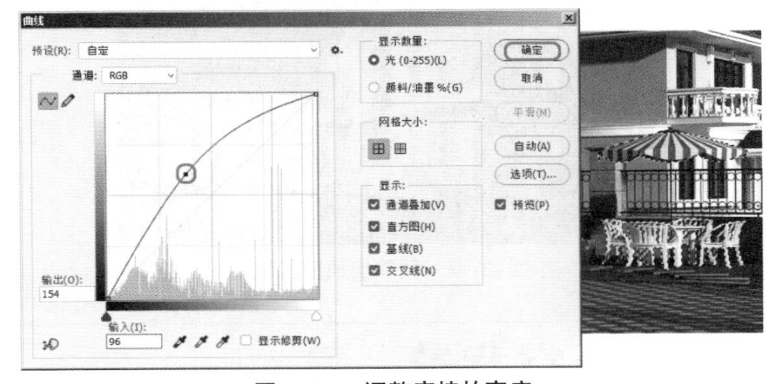

图13-14　调整座椅的亮度

Step 13 使用通道图层选择喷泉的颜色区域，然后选择“背景 副本”图层，按【Ctrl+M】键，调整喷泉的亮度，如图13-15所示。

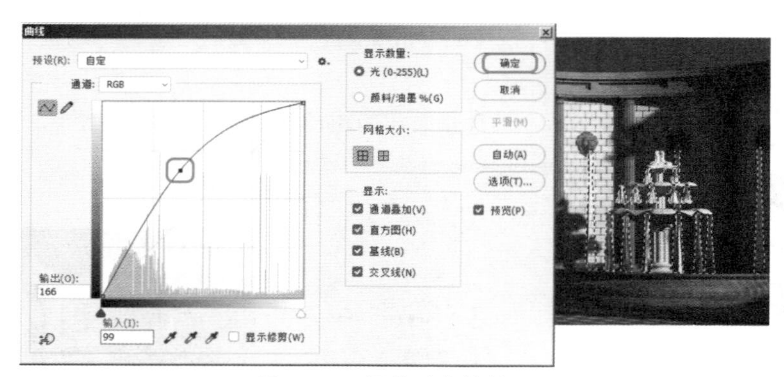

图13-15　调整喷泉的效果

Step 14 通过通道图层选择别墅建筑白色的乳胶漆模型区域，按【Ctrl+U】键，在弹出的【色相/饱和度】中降低“饱和度”，如图13-16所示。

图13-16　降低饱和度

Step 15 使用（裁剪工具），向上裁剪一下效果图区域，如图13-17所示。

图13-17　裁剪出顶部区域

13.3　添加天空背景

在制作室外效果图的天空背景时，一般是直接调用现成的图片，因为这样看起来画面会显得更加真实、自然。

动手操作——添加天空及路面

接着上一节的操作。

图13-18　打开天空素材

Step 1 单击【文件】|【打开】命令，打开“素材和源文件”\“第13章”\“背景.jpg”文件，如图13-18所示。

Step 2 将背景拖到别墅建筑场景中，调整它的大小和位置，将其所在图层调整到建筑图层的下方。

Step 3 选择通道图层，选择座位天空区域的白色和透明区域，如图13-19所示。

Step 4 按【D】键，恢复默认的前景色为黑色，背景色为白色，确定创建选区后，选择天空图层，并单击■（添加矢量蒙版）按钮，为天空创建的蒙版，如图13-20所示。

技巧

如果在添加矢量蒙版时，蒙版出现错误，可以返回到选区步骤，然后按【Ctrl+Shift+I】键，反选选区，然后再创建遮罩，根据情况设置。

图13-19　创建选区

图13-20　创建蒙版

可以看到添加的天空效果。

13.4　添加远景和中景配景

远景和中景配景一般包括高大的辅助建筑、树木、低矮的灌木丛等。在添加这些配景时，需要分层次地处理好这些配景的透视关系，要特别注意把握好它们之间的透视关系与空间关系的变化。另外，如果有的配景本身没有阴影，还要为其制作阴影效果。在制作阴影效果时，要注意处理好配景的受光面与阴影的关系，阴影要与场景的光照方向相一致，要有透明感。

13.4.1　远景素材的添加

接着上一节的操作。

接下来，再为场景中添加一些远景的植物配景。

动手操作——远景的添加

Step 1 打开“素材和源文件”\“第13章”\“树.psd”文件，如图13-21所示。

Step 2 使用✥（移动工具）将该配景拖到场景中，调整素材的大小，按住【Alt】键移动复制图像，将其所在图层命名为“远景树、别墅后树1和别墅后树2”，然后调整它的位置，如图13-22所示。

图13-21　打开的素材

图13-22　拖动复制植物素材

Step 3 按住【Ctrl】键单击天空图层的遮罩缩览窗口，将其载入选区，选择“远景树”，单击◘（添加矢量蒙版）按钮，为远景树创建的蒙版，如图13-23所示。

Step 4 通过通道图层选择中间主建筑的选区，如图13-24所示，根据情况设置“别墅后树1”图层的蒙版。

图13-23　创建远景树的遮罩

图13-24　创建主建筑选区

Step 5 按住【Ctrl】键单击“别墅后树1”图层的遮罩缩览窗口，将其载入选区，选择“别墅后树2”，单击◘（添加矢量蒙版）按钮，为别墅后树创建的蒙版，如图13-25所示。

图13-25　创建遮罩

添加远景植物后的效果如图13-26所示。

Step 6 为了方便管理图层，在【图层】面板中单击▭（创建新组）按钮，将远景装饰素材图层都拖动到图层组中，鼠标右击图层组，可以在弹出的快捷菜单中选择一种颜色，如图13-27所示。

图13-26　添加远景植物后的效果

图13-27　创建图层组

13.4.2　中景素材的添加

动手操作——中景的添加

Step 1　打开“素材和源文件”\“第13章”\“红叶树.psd”文件，如图13-28所示。

Step 2　使用（移动工具）将该配景拖到场景中，调整素材的大小和位置，将其所在的图层命名为“红叶树”，如图13-29所示。

图13-28　打开的素材

图13-29　添加素材到效果图中

Step 3　在场景中选择喷泉的模型区域和地灯颜色，如图13-30所示。

Step 4　按【Ctrl+Shift+I】键，反选选区，选择“红叶树”图层，单击（添加矢量蒙版）按钮，创建图层的蒙版，如图13-31所示。

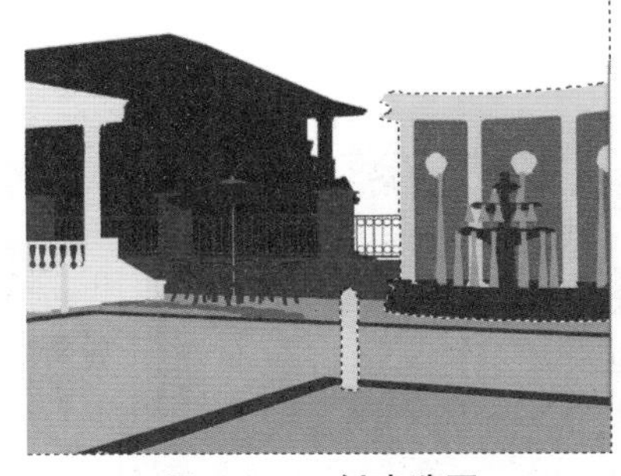

图13-30　创建选区

图13-31　创建植物的蒙版

Step 5　复制红叶树图层，将其蒙版删除，将其命名为“红叶树阴影”，按【Ctrl+T】键，打开自由变换，调整图像的形状，如图13-32所示。

Step 6 按【Ctrl+U】键，在弹出的【色相/饱和度】对话框中设置参数，如图13-33所示。

图13-32 调整图像的变形

图13-33 设置图像的明度

Step 7 单击【滤镜】|【模糊】|【高斯模糊】命令，在弹出的对话框中设置模糊的合适参数，如图13-34所示。

Step 8 设置“红叶树阴影”图层的【不透明度】为40%，如图13-35所示。

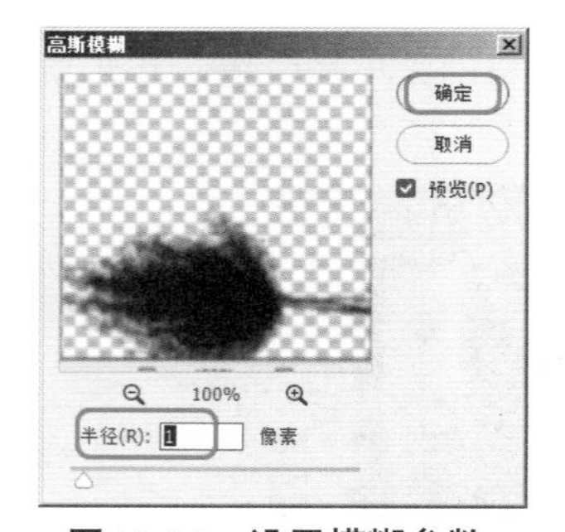

图13-34 设置模糊参数

图13-35 设置图层的不透明度

Step 9 打开“素材和源文件”\“第13章”\“绿篱.psd”文件，如图13-36所示。

Step 10 将素材图像拖到场景中，按【Ctrl+T】键，打开自由变换命令，鼠标右击变换区域，在弹出的快捷菜单中选择【扭曲】命令，调整素材的形状，如图13-37所示。

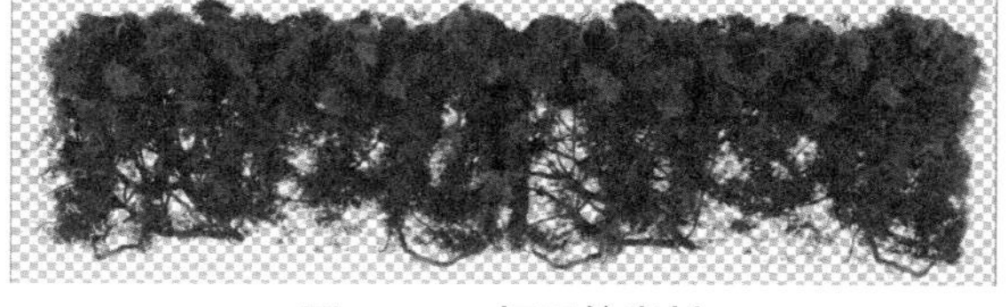

图13-36 打开的素材

Step 11 使用同样的方法，复制调整绿篱，如图13-38所示。

图13-37 调整绿篱素材

图13-38 复制素材

Step 12 将添加的绿篱图层放置到一个图层组中，如图13-39所示。

Step 13 通过通道图层，选择地面和路缘石选区，如图13-40所示。

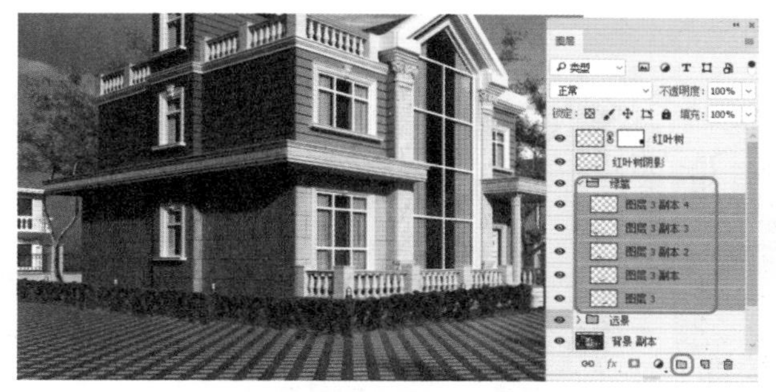

图13-39　将绿篱放置到图层组

图13-40　选择地面和路缘石

Step 14 按【Ctrl+Shift+I】键，反选区域，并为绿篱图层组添加蒙版，如图13-41所示。

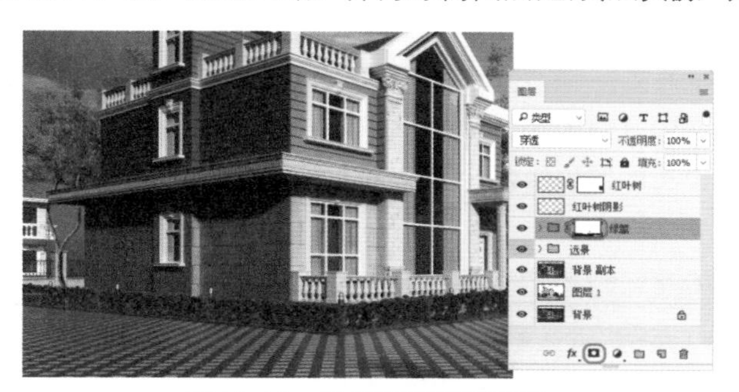

图13-41　设置图层组的蒙版

13.4.3　人物和汽车素材的添加

动手操作——人物和汽车的添加

Step 1 打开“素材和源文件”\“第13章”\“人物.psd”文件，如图13-42所示。

Step 2 将素材文件拖动到效果图中，调整素材的大小，并复制人物素材图层作为阴影，如图13-43所示。

Step 3 选择作为人物阴影的图层，按【Ctrl+U】键，打开【色相/饱和度】对话框，从中降低明度，如图13-44所示。

图13-42　打开人物素材

图13-43　调整任务阴影素材的变形

图13-44　设置明度

Step 4 单击【滤镜】|【模糊】|【高斯模糊】命令，在弹出的对话框中设置合适的参数，如图13-45所示。

Step 5 设置作为人物阴影图层的“不透明度”为40%，如图13-46所示。

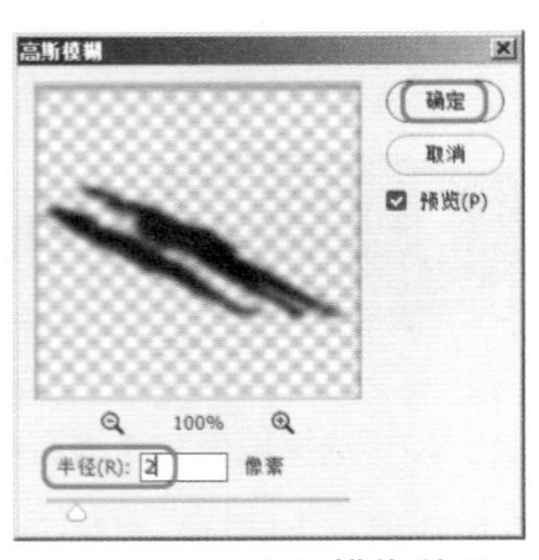

图13-45 设置模糊效果

图13-46 设置图层的不透明度

Step 6 打开“素材和源文件”\“第13章”\“汽车.psd”文件，如图13-47所示。

Step 7 将汽车素材拖到效果图中，调整素材的大小和位置，将中景的素材图层放置到一个“中景”图层组中，可以为图层组设置一个颜色，如图13-48所示。

技巧

在添加配景素材时，一定要密切观察各图层在场景中的顺序，否则就会出现配景之间互相遮挡的情况。

图13-47 打开的汽车素材

图13-48 添加汽车素材

13.5 添加近景配景

近景一般包括小型灌木、枝叶等配景，它们可以使画面的空间感和景深感更强，还可以使画面的构图更加均衡。但是近景的数量要适度，过多则太杂，过少则显得单调。

动手操作——近景的添加

接着上一节的操作。

Step 1 打开“素材和源文件”\“第13章”\“绿篱.psd”文件，将素材文件添加到效果图中，调整素材的形状和大小，作为近景的草地中绿篱，如图13-49所示。

Step 2 选择其中一个绿篱图层，按【Ctrl+M】键，调整曲线，使用同样的方法调整另一个绿篱的曲线，如图13-50所示。

图13-49　打开的汽车素材

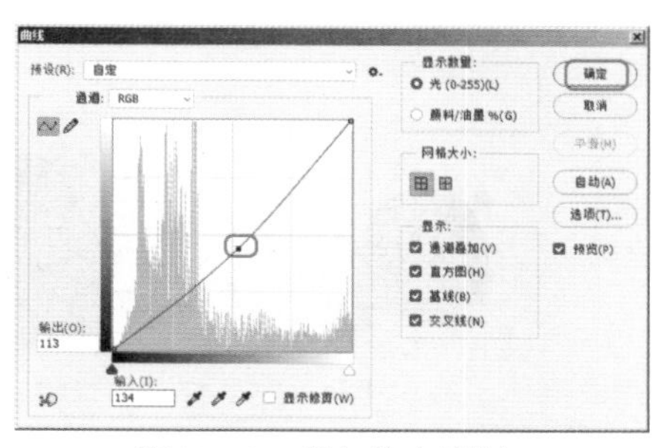

图13-50　添加汽车素材

Step 3 打开“素材和源文件”\“第13章”\“红花.psd”文件，如图13-51所示。

Step 4 将素材拖到效果图中，并调整素材的大小和位置，如图13-52所示。

图13-51　打开的红花素材

图13-52　添加红花素材

Step 5 打开“素材和源文件”\“第13章”\“近景素材2.psd”文件，如图13-53所示。

Step 6 将素材拖到效果图中，并调整素材的大小和位置，如图13-54所示。

图13-53　打开的素材

图13-54　添加素材到效果图中

Step 7 打开“素材和源文件”\“第13章”\“近景素材.psd”文件，如图13-55所示。

Step 8 将需要的素材拖到效果图中，并分别调整和添加素材，如图13-56所示。

图13-55 打开的素材

图13-56 添加素材

Step 9 打开“素材和源文件”\“第13章”\“枫树.psd”文件，如图13-57所示。

Step 10 将素材添加到效果图中，调整素材的大小和位置，如图13-58所示。

图13-57 打开的素材

图13-58 添加素材

Step 11 继续为效果图添加“树.psd”文件，调整其大小和角度，如图13-59所示。

Step 12 对树素材进行复制作为阴影，调整树影的变形，如图13-60所示。

图13-59 添加树素材

图13-60 调整阴影的形状

Step 13 调整阴影的形状后，按【Ctrl+U】键，在弹出的【色相/饱和度】中设置合适的参数，如图13-61所示。

Step 14 单击【滤镜】|【模糊】|【高斯模糊】命令，在弹出的对话框中设置模糊参数，如图13-62所示。设置作为阴影图层的“不透明度”为40%。

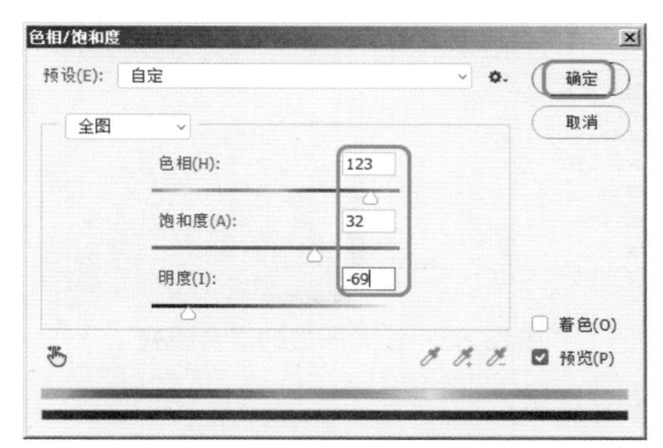

图13-61　调整色相/饱和度

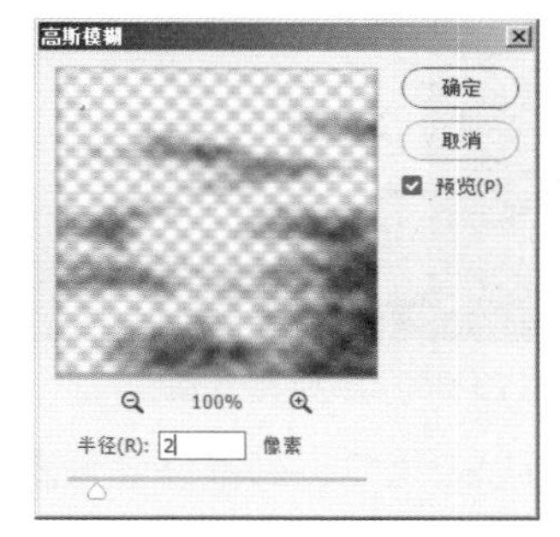

图13-62　设置高斯模糊

Step 15 打开“素材和源文件”\“第13章”\“飞鸟.psd”文件，如图13-63所示。

Step 16 将素材放置到天空中，如图13-64所示。

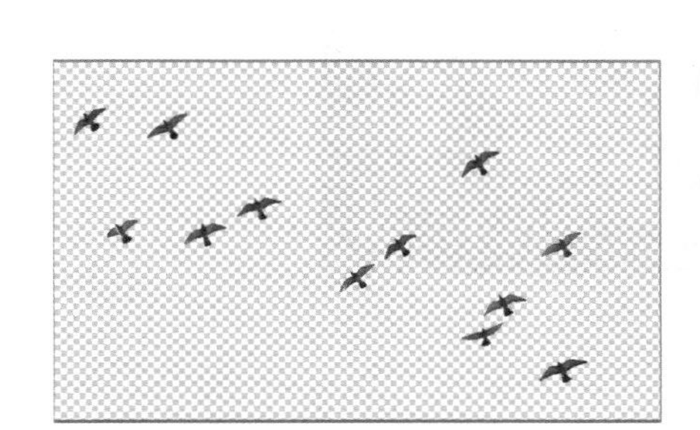

图13-63　打开的飞鸟素材

图13-64　添加飞鸟素材

13.6　调整整体效果

一般情况下，添加完配景后，需要最终统一调整一下，也就是使配景和建筑感觉是一个整体。

动手操作——整体调整

接着上一节的操作。

Step 1 在图13-65所示的效果中可以看到左侧的背景中较为空，使用添加背景素材的方法再为左侧的背景中添加背景植物，如图13-65所示。

Step 2 按【Ctrl+Shift+Alt+E】键，盖印所有可见的图层图像到新的图层中，设置图层的混合模式为【柔光】，设置【不透明度】为30%，按【Ctrl+M】键，在弹出的对话框中调整曲线的形状，如图13-66所示。

图13-65　添加背景植物

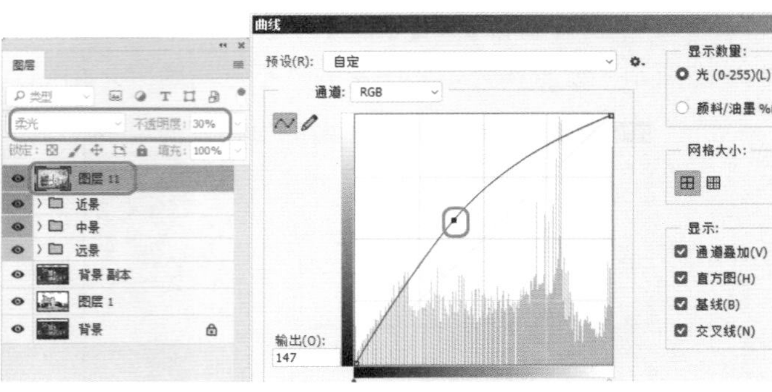

图13-66　设置图层的混合模式

执行以上操作得到最终效果图，如图13-67所示。

图13-67　图像最终效果

13.7　小结

建筑在画面中的主体地位是不可动摇的，但是单靠它自己又远远达不到想要的那种自然、真实的环境氛围。这时往往会为场景添加一些其他的元素，通过这些其他元素来烘托环境气氛、突出主体建筑。这些其他元素就是常说的配景。配景一般包括天空、树木、草地、建筑小品、人物等。它们在场景中除了烘托主体建筑外，还能起到活跃画面气氛、均衡构图的作用。

第14章 居民楼效果图的后期处理

本章带领大家来制作一幅住宅设计方案效果图，在这里要表达的是体现住宅的外部环境，强调环境与建筑的对称与协调，两者相辅相成、相映成趣，通过主体建筑、环境氛围营造及配景添加等诸多方面的结合，体现出建筑环境的整体性，其色调统一、环境优雅。环境因建筑而更加迷人，建筑也因环境更具持久的生命力。希望通过此范例的制作，读者能够掌握住宅建筑环境氛围营造方面的制作流程和技法。

本章制作的住宅建筑效果图的前后效果如图14-1所示。

图14-1　居民楼效果图处理的前后对比

14.1 居民楼效果图后期处理要点

在进行效果图后期处理制作时，为了表现环境，衬托主体建筑，往往会为场景中添加一些用来增强画面生活气息的天空、植物、路灯、小区配套设施、人物等配景素材，这些配景虽然不是效果图场景的主体部分，但是它们对画面整体效果的最终表现却起到了陪衬的作用。一幅完整的效果图，是建筑主体与周围环境完美结合的产物。

在效果图后期处理方面，多少会有一些规律可循。在这里笔者总结了一部分关于住宅建筑环境氛围营造方面的处理要点供读者参考。

- 住宅环境的整体布局方面：所谓整体布局是指场景中各个配景的摆放位置、色彩的搭配等。首先从构图角度来讲，要求场景的构图要在统一中求变化、在变化中求统一。同时，应根据场景所要反映的节气及时间进行色彩的搭配、配景素材的选择等，因为不同的节气、时间所要求的配景种类、配景色彩都不一样。另外，在制作时要时刻注意配景在画面中所占的比重，既不能使某个区域挤得太满，也不能使某区域显得太过空旷。把握好这些方面，就能把握好场景的整体布局。
- 环境配景素材的处理：为了考虑画面中环境的真实性，所添加的配景素材就不能粗制滥造。另外，不管配景素材多么完美无缺，它也是为烘托主体建筑而设的，所以所添加的配景素材在画面中不能太过突出，要充分考虑配景素材与画面氛围的和谐统一。在使用配景素材时，注意不要对配景素材毫无节制地复制、粘贴。这虽然省事，但容易使画面显得太过统一、缺少变化。另外，场景中配景素材的种类也不宜过多，如果种类过多，画面就会显得混乱。由此可见，每幅建筑效果图中配景的选择、添加都要用心去推敲，以确保画面的整体感。
- 环境的整体调整：在将所有的配景素材各就各位后，最后的工作就是对小区环境进行整体调整。做这一步的目的是为了使画面效果显得更加清澈透明。

14.2 调整建筑

对于建筑效果来说，建筑主体的效果非常重要，所以一定要对建筑进行调整，主要调整它的明暗、色调、虚实变化等，有必要的话还要调整一下细部，以免影响后期建筑效果表现。

动手操作——还原建筑墙体原本色调

Step 1 打开“素材和源文件”\“第14章”\“小区渲染.tga”文件，如图14-2所示。

Step 2 打开“素材和源文件”\“第14章”\“阴影通道.tif”文件，如图14-3所示。

图14-2 打开小区渲染的效果图

图14-3 打开阴影通道

Step 3 打开“素材和源文件”\“素材”\“第14章”\“分层通道.tif”文件，如图14-4所示。

Step 4 打开“素材和源文件”\“素材”\“第14章”\“建筑通道.tif”文件，如图14-5所示。

图14-4　打开分层通道

图14-5　打开建筑通道

Step 5 将各种通道拖动到效果图中，为通道命名相应的图层名称，可以看到效果图有“Alpha1”，选择“Alpha1”通道，单击⬚（将路径作为选区载入），选中“RGB”通道，并选择【背景】图层，按【Ctrl+J】组合键，复制选区中的建筑到新的图层中，调整图层到面板的顶部，并命名图层为【建筑】，如图14-6所示。

图14-6　载入通道选区

Step 6 在图层面板中选择“分层通道”，使用🪄（魔棒工具），选择如图14-7所示的区域，创建选区。

图14-7　创建建筑选区

Step 7 创建选区后，选择【建筑】图层，按【Ctrl+J】组合键，将选区中的图像复制到新的图层中，命名图层为【近景建筑墙】，并按【Ctrl+B】组合键，在弹出的对话框中设置合适的色彩平衡参数，还原建筑原本色调，如图14-8所示。

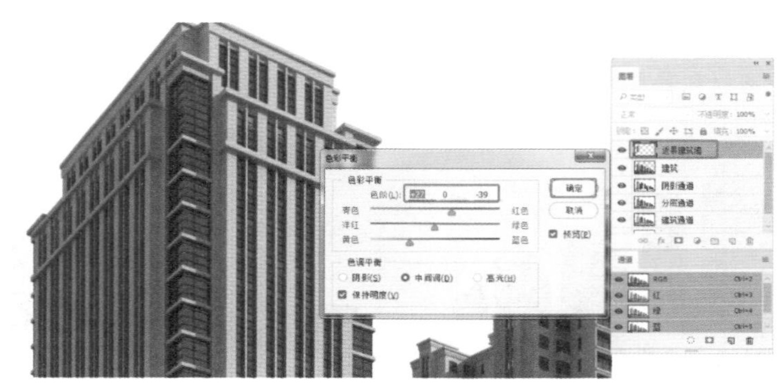

图14-8 复制选区中的图像到新图层

Step 8 在图层面板中选择【分层通道】，使用（魔棒工具），选择如图14-9所示的区域，创建选区。

图14-9 创建选区

Step 9 创建选区后，选择【建筑】图层，按【Ctrl+J】组合键，将选区中的图像复制到新的图层中，命名图层为【近景建筑墙下】，并按【Ctrl+B】组合键，在弹出的对话框中设置合适的色彩平衡参数，还原原本色调，如图14-10所示。

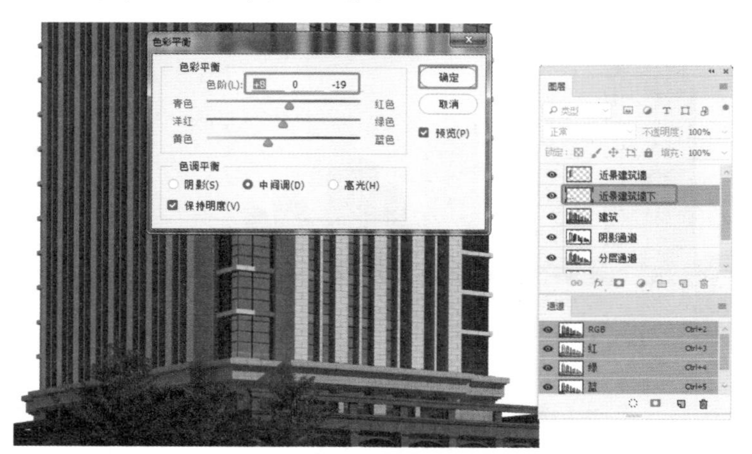

图14-10 设置近景建筑墙下的色彩平衡

Step 10 在图层面板中选择【分层通道】，使用🪄（魔棒工具），选择如图14-11所示的区域，创建选区。

图14-11　创建选区

Step 11 创建选区后，选择【建筑】图层，按【Ctrl+J】组合键，将选区中的图像复制到新的图层中，命名图层为【门头房墙】，并按【Ctrl+B】组合键，在弹出的对话框中设置合适的色彩平衡参数，还原原本色调，如图14-12所示。

图14-12　设置门头房墙的色彩平衡

Step 12 在图层面板中选择【分层通道】，使用🪄（魔棒工具），选择如图14-12所示的区域，创建选区。

图14-13　创建选区

Step 13 创建选区后，选择【建筑】图层，按【Ctrl+J】组合键，将选区中的图像复制到新的图层中，命名图层为【建筑墙体】，并按【Ctrl+B】组合键，在弹出的对话框中设置合适的色彩平衡参数，还原原本色调，如图14-14所示。

图14-14　设置建筑墙体的色彩平衡

动手操作——调整配景色调

调整建筑后，下面将调整马路和植物的效果。

Step 1 在图层面板中选择【分层通道】，使用（魔棒工具），选择如图14-15所示的区域，创建选区。

图14-15　创建选区

Step 2 创建选区后，选择【建筑】图层，按【Ctrl+J】组合键，将选区中的图像复制到新的图层中，命名图层为【路面】，在菜单栏中选择【图像】|【调整】|【亮度/对比度】命令，在弹出的对话框中调整合适的亮度/对比度，如图14-16所示。

Step 3 在图层面板中选择“分层通道”，使用（魔棒工具），选择如图14-17所示的区域，创建选区。

Step 4 创建选区后，选择【建筑】图层，按【Ctrl+J】组合键，将选区中的图像复制到新的图层中，命名图层为【马路】，按【Ctrl+B】组合键，在弹出的对话框中设置合适的色彩平衡参数，还原原本色调，如图14-18所示。

图14-16　设置路面的亮度/对比度

图14-17　创建选区

图14-18　调整马路的色彩平衡

Step 5 确定【马路】图层处于选择状态，在弹出栏中选择【图像】|【调整】|【亮度/对比度】命令，在弹出的对话框中设置合适的亮度/对比度参数，如图14-19所示。

图14-19　调整马路的亮度/对比度

Step 6 在图层面板中选择【分层通道】，使用（魔棒工具），选择如图14-20所示的区域，创建选区。

图14-20　创建选区

Step 7 创建选区后，选择【建筑】图层，按【Ctrl+J】组合键，将选区中的图像复制到新的图层中，命名图层为【花箱】，按【Ctrl+B】组合键，在弹出的对话框中设置合适的色彩平衡参数，还原原本色调，如图14-21所示。

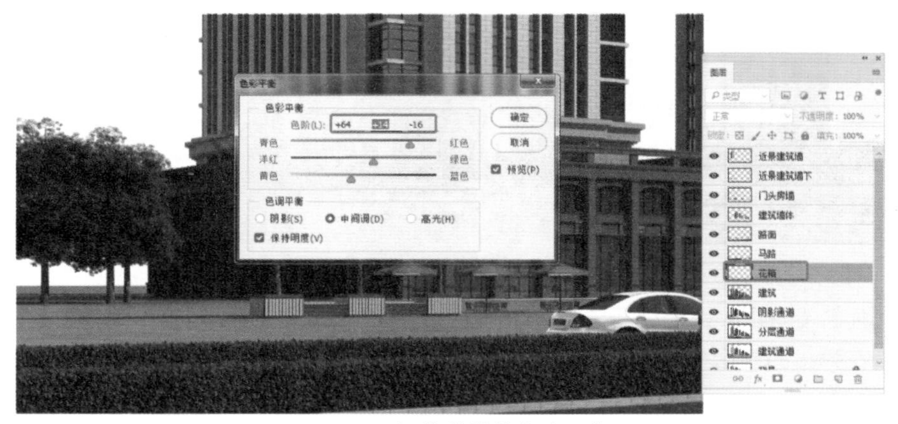

图14-21　调整花箱的色彩平衡

Step 8 在图层面板中选择【分层通道】，使用（魔棒工具），选择如图14-22所示的区域，创建选区。

图14-22　创建选区

Step 9 创建选区后，选择【建筑】图层，按【Ctrl+J】组合键，将选区中的图像复制到新的图层中，命名图层为【花箱大理石】，在菜单栏中选择【图像】|【调整】|【亮度/对比度】命令，设置合适的参数，如图14-23所示。

图14-23　设置花箱大理石的亮度和对比度

Step 10 在图层面板中选择【分层通道】，使用（魔棒工具），选择如图14-24所示的区域，创建选区。

图14-24　创建选区

Step 11 创建选区后，选择【建筑】图层，按【Ctrl+J】组合键，将选区中的图像复制到新的图层中，命名图层为【遮阳伞】，在菜单栏中选择【图像】|【调整】|【亮度/对比度】命令，在弹出的对话框中勾选【使用旧版】选项，设置合适的参数，如图14-25所示。

图14-25　设置遮阳伞的亮度/对比度

Step 12 在图层面板中选择【分层通道】，使用（魔棒工具），选择如图14-26所示的区域，创建选区。

图14-26　创建植物选区

Step 13 创建选区后，选择【建筑】图层，按【Ctrl+J】组合键，将选区中的图像复制到新的图层中，命名图层为【植物01】，按【Ctrl+B】组合键，在弹出的对话框中设置合适的色彩平衡参数，加深一下绿色色调，如图14-27所示。

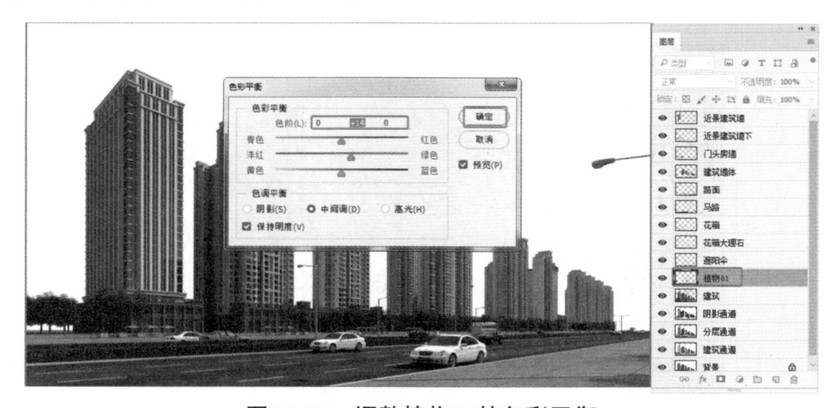

图14-27　调整植物01的色彩平衡

Step 14 在图层面板中选择【分层通道】，使用（魔棒工具），选择如图14-28所示的区域，创建选区。

图14-28　创建植物选区

Step 15 创建选区后，选择【建筑】图层，按【Ctrl+J】组合键，将选区中的图像复制到新的图层中，命名图层为【植物02】，按【Ctrl+B】组合键，在弹出的对话框中设置合适的色彩平衡参数，健身植物的绿色，如图14-29所示。

图14-29　调整植物02的色彩平衡

Step 16 在图层面板中选择【分层通道】，使用（魔棒工具），选择如图14-30所示的区域，创建选区。

图14-30　创建绿篱选区

Step 17 创建选区后，选择【建筑】图层，按【Ctrl+J】组合键，将选区中的图像复制到新的图层中，命名图层为【绿篱】，按【Ctrl+B】组合键，在弹出的对话框中设置合适的色彩平衡参数，加深绿色，如图14-31所示。

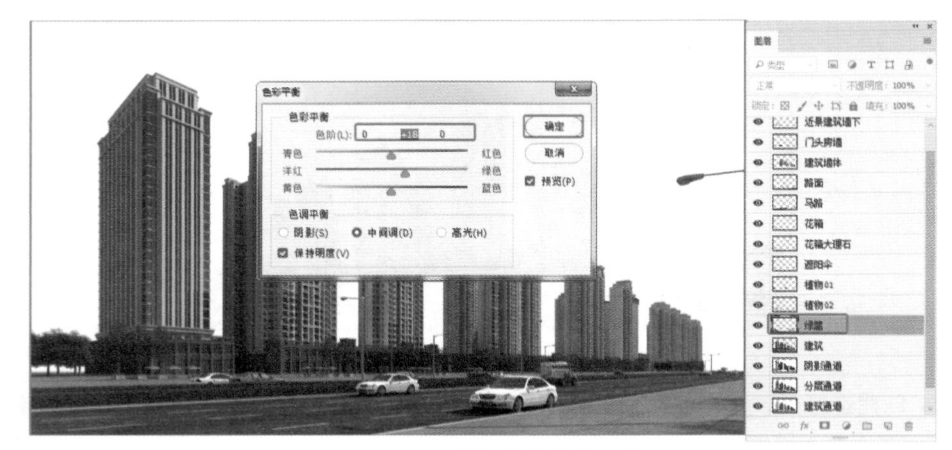

图14-31　设置绿篱的色彩平衡

14.3　设置环境和配景

下面将为效果图添加背景天空，设置辅楼的雾效，并添加和调整植物人物素材，以及设置阴影和玻璃效果。

动手操作——设置背景和远景雾效

Step 1 在工具箱中单击前景色，在弹出的对话框中设置RGB为110、175、232，如图14-32所示。

Step 2 在工具箱中单击背景色，在弹出的对话框中设置RGB为247、255、253，如图14-33所示。

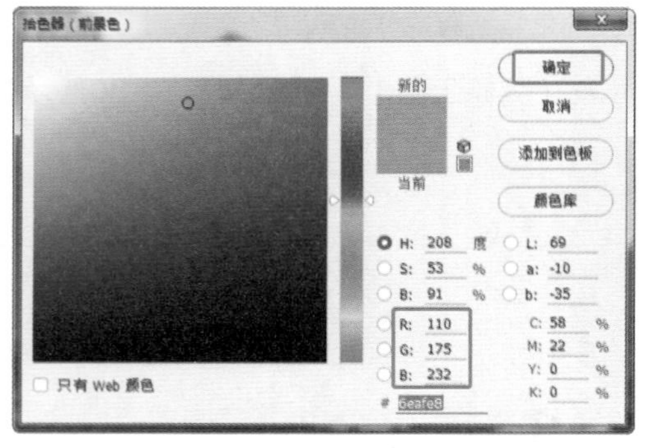

图14-32　设置前景色

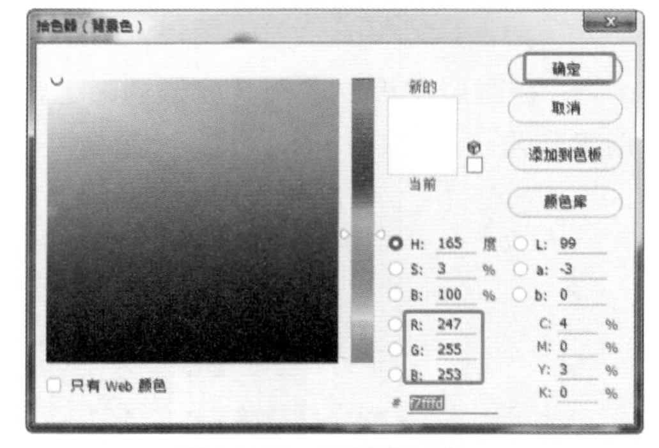

图14-33　设置背景色

Step 3 在【图层】面板中新建【天空】图层，将图层放置到【建筑】图层的下方，使用■（渐变工具），设置从前景色到背景色的渐变，填充天空图层，如图14-34所示。

提示

将相应的图层放置到同一个图层组中，便于管理。

图14-34 填充天空渐变

Step 4 在【图层】面板中选择【建筑通道】图层，使用（魔棒工具），选择如图14-35所示的辅助建筑选区。

图14-35 创建建筑选区

Step 5 在工具箱中设置前景色的RGB为188、221、244，如图14-36所示。

Step 6 使用（渐变工具），设置渐变类型为前景色到透明的渐变，如图14-37所示。

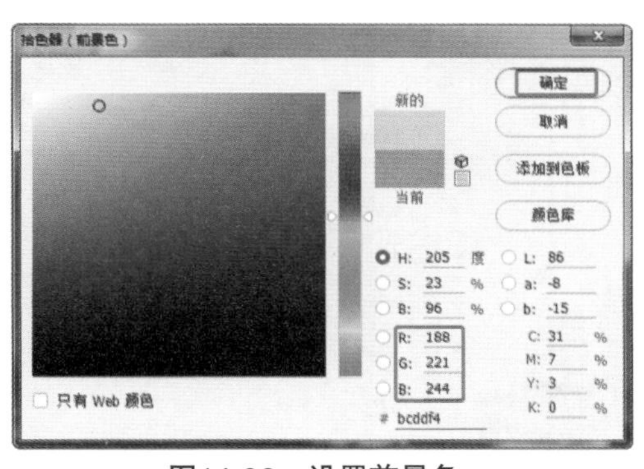

图14-36 设置前景色

图14-37 设置渐变类型

Step 7 确定创建的选区处于选择状态，在【图层】面板中新建图层【建筑遮罩】图层，填充选区渐变，如图14-38所示，填充渐变后，按【Ctrl+D】组合键，取消选区的选择。

图14-38　填充渐变

Step 8 选择【建筑遮罩】图层，设置图层的【不透明度】为40%，如图14-39所示。

图14-39　设置图层的不透明度

Step 9 使用同样分方法创建建筑遮罩效果，如图14-40所示。

Step 10 将相应的图层放置到图层组中，这样便于管理，如图14-41所示。

图14-40　使用同样的方法设置建筑遮罩

图14-41　创建图层组

动手操作——添加远景建筑和植物

Step 1 打开“素材和源文件”\“第14章”\“远景建筑.psd”文件，如图14-42所示。

图14-42　打开远景建筑素材

Step 2 将远景建筑素材拖动到效果图中，调整图层的位置，并设置图层的【不透明度】为50%，如图14-43所示。

图14-43　设置图层的不透明度

Step 3 打开“素材和源文件”\“第14章”\“远景树.psd”文件，如图14-44所示。

图14-44　打开远景树素材

Step 4 选择需要的植物，并将其放置到效果图中，调整素材到建筑的后面，并设置合适的大小，调整相应图层的位置，如图14-45所示。

Step 5 将远景树和建筑放置到一个图层组中，如图14-46所示。

图14-45　添加植物素材　　　　图14-46　放置图层到图层组

Step 6　在图层面板中选择【分层通道】，使用（魔棒工具），选择如图14-47所示的植物区域。

图14-47　创建植物选区

Step 7　创建选区后，选择【建筑】图层，按【Ctrl+J】组合键，将选区中的图像复制到新的图层中，按【Ctrl+T】组合键，调整素材的大小，调整大小后按【Enter】键，将该图层放置到图层面板的顶部，如图14-48所示。

图14-48　调整植物的效果

Step 8　调整素材的大小后，按【Ctrl+U】组合键，在弹出的对话框中降低【饱和度】，如

图14-49所示。

图14-49　降低素材的饱和度

Step 9　对素材进行复制和调整，选择复制出的作为门头房的植物图层，按【Ctrl+E】组合键，合并为一个图层，将素材图层重新命名为【门头上植物】，如图14-50所示。

图14-50

Step 10 选择【分层通道】图层，使用（魔棒工具），创建门头房墙体选区，创建选区后选择【门头上植物】图层，如图14-51所示。

图14-51　创建门头选区

Step 11 选择【门头上植物】图层，单击（添加蒙版）按钮，创建蒙版，选择植物的蒙版窗口，使用画笔工具将蒙版其他区域的地方也隐藏掉，如图14-52所示。

图14-52　设置植物的蒙版

动手操作——绿篱和人物的添加

Step 1 打开“素材和源文件”\“第14章”\“绿篱.psd”文件，如图14-53所示。

Step 2 选择需要的绿篱，将素材拖动到效果图中，调整素材的大小、位置和角度，如图14-54所示。

图14-53　打开的素材文件

图14-54　添加素材到效果图

Step 3 继续添加素材到效果图中，调整合适的绿篱大小，制作出绿篱的植物效果，如图14-55所示。将所有的绿篱图层放置到【绿篱】图层组中。

图14-55　添加植物素材

Step 4 选择【分层通道】图层，使用（魔棒工具），创建遮挡绿篱的车和电线杆的选区，如图14-56所示。

图14-56　创建遮挡物的选区

Step 5 将【绿篱】图层组设置（添加蒙版），完成的绿篱效果，如图14-57所示。

图14-57　设置绿篱的遮罩

Step 6 打开“素材和源文件”\“素材”\“第14章”\“人群.psd”文件，如图14-58所示。

图14-58　打开人群素材

Step 7 在效果图中按【Ctrl+R】组合键，显示标尺，拖动出人高的一个辅助线，为效果图添加人物素材，如图14-59所示。

图14-59　显示标尺添加人物

Step 8 继续添加人物素材到效果图中，如图14-60所示。

图14-60　添加人物素材

Step 9 将添加到效果图中的人物素材图层放置到【人物】图层组中，创建遮挡人物的物体选区，并为其设置遮罩，如图14-61所示。

图14-61　设置人物的遮罩

动手操作——添加马路阴影

Step 1 打开“素材和源文件”\“第14章”\“阴影.psd”文件，如图14-62所示。

图14-62　打开的阴影素材

Step 2 将素材文件拖动到效果图中，调整阴影的位置和大小，并设置图层的混合模式为【正片叠底】，命名图层为【阴影】，如图14-63所示。

图14-63　设置阴影的混合模式

动手操作——玻璃效果的制作

Step 1 在图层面板中选择【分层通道】，使用（魔棒工具），选择如图14-64所示的建筑玻璃区域。

图14-64　创建玻璃选区

Step 2 创建选区后，选择“建筑”图层，按【Ctrl+J】组合键，将选区中的图像复制到新的图层中，命名图层为“玻璃”，按【Ctrl+B】组合键，在弹出的对话框中设置合适的色彩平衡参数，还原原本色调，如图14-65所示。

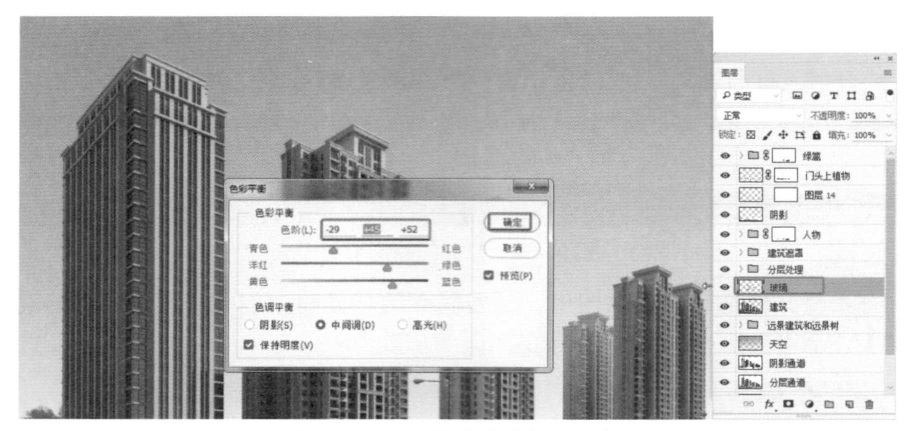

图14-65　设置玻璃的色彩平衡

Step 3　在菜单栏中选择【图像】|【调整】|【亮度/对比度】命令，在弹出的对话框中设置合适的亮度/对比度参数，如图14-66所示。

Step 4　打开“素材和源文件”\“第14章”\“室内.psd”文件，如图14-67所示。

图14-66　设置玻璃的亮度/对比度

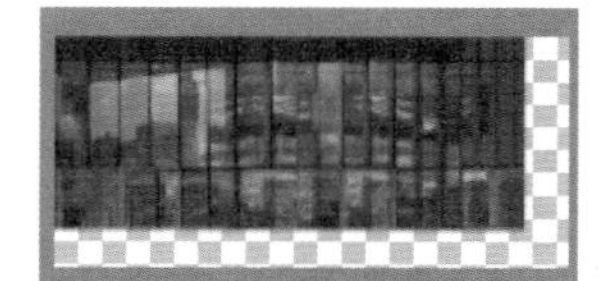

图14-67　打开的室内素材

Step 5　将室内素材拖动到效果图中，调整素材的位置和大小，如图14-68所示，将所有座位门市内景的素材放置到【门市】图层组中，方便管理。

图14-68　添加素材到效果图中

Step 6 在图层面板中选择【分层通道】，使用 （魔棒工具），选择如图14-69所示的门市玻璃区域。

创建选区后，为门市设置遮罩。

图14-69　创建门市玻璃选区

14.4　调整整体效果

下面将对居民楼整体进行修饰。

动手操作——设置整体效果

Step 1 按【Ctrl+Shift+Alt+E】组合键，盖印图层到新的图层中，将盖印的图层放置到图层的最顶部，按【Ctrl+Shift+Alt+2】组合键，提取效果图的高光，如图14-70所示。

图14-70　提取高光

Step 2 提取高光后，按【Ctrl+J】组合键，复制选区到新的图层中，设置图层的混合模式为【颜色减淡】，设置【不透明度】为50%，如图14-71所示。

Step 3 选择“阴影通道”图层，在菜单栏中选择【选择】|【色彩范围】命令，在弹出的对话框中选择建筑的红色区域，在弹出的对话框中设置【颜色容差】为200，如图14-72所示。

图14-71　设置图层的属性

图14-72　选择颜色范围

Step 4 创建选区后，选择盖印的图层，按【Ctrl+J】组合键，将选区中的图像复制到新的图层中，设置图层的混合模式为“线性加深”，设置【不透明度】为30，如图14-73所示。

图14-73　设置图层的属性

Step 5 在图层面板中选择【分层通道】，使用（魔棒工具），选择如图14-74所示的门市玻璃区域。

Step 6 在工具箱中设置前景色的RGB为243、224、121，如图14-75所示。

Step 7 在【图层】面板中新建图层，调整图层的位置，并按【Alt+Delete】键，填充前景色，如图14-76所示。

填充选区，按【Ctrl+D】组合键，取消选区的选择。

图14-74　创建门市玻璃选区

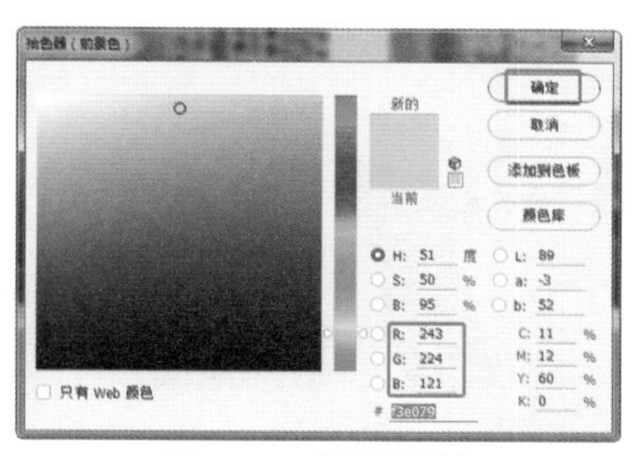

图14-75　设置前景色

图14-76　填充选区

Step 8　填充颜色后，设置图层的混合模式为“叠加”，在菜单栏中选择【滤镜】|【模糊】|【高斯模糊】命令，在弹出的对话框中设置【半径】为100，如图14-77所示。

图14-77　设置模糊的参数

将完成的效果存储为“小区的后期处理.psd”。

14.5　小结

本章介绍了小区居民楼效果图的后期处理，在处理过程中，主体的层次关系是重点考虑的。要从全局出发，把握整体的效果。细节上的问题，比如阴影、配景的大小比例关系等，都要考虑在内。清晰的作图思路和对最终效果的预期是尤为重要的，要坚持总体的思维方式——从全局出发，把握整体的效果。

第15章 中式古建效果图的后期处理

本章带领大家学习中式古建效果图的后期处理。如图15-1所示，处理后的效果图使用了半鸟瞰的角度，有中近景的楼阁亭台、中远景有古朴的村落、远景有茂密的树林、近景有压角植被，再搭配蓝天白云、强烈的色彩对比，以及特有的雕梁、画栋、斗拱、脊兽、柱、门窗等，体现了中国古建筑独有的古朴典雅、气势恢宏、层次分明等特点。

本章制作的古建效果图后期处理的前后对比如图15-1所示。

图15-1　古建效果图处理的前后对比

15.1　中式古建效果图后期处理要点

在进行后期处理之前，首先了解中式古建效果图后期处理的要点。

- 调整建筑：从3ds Max软件中将建筑场景渲染输出后，一般都需要在Photoshop中运用相应的工具或命令对色调、饱和度、明暗关系等不理想的地方进行修改，这样既可以保证效果又节省时间。
- 添加天空背景及远景：提取天空选区，要为场景添加大的环境背景，一般为天空背景或者是渐变颜色。使用渐变颜色时，可以使用纯色或者添加云素材，但最常用的是直接调用合适的天空背景。另外还要为场景添加合适的远景素材，在添加配景时，注意所选择配景的色调、透视关系要与场景相协调，还需添加远景的雾化效果。
- 添加植物配景：为场景中近景添加植物配景，不仅可以真实地反映建筑周围的环境和季节，而且还可以增加场景的空间感、层次感及自然气息。在添加这些植物配景时，注意植物配景的形状及种类要与画面环境相一致，以免引起画面的混乱。并且需将素材色调与大环境相融合，保持画面风格的统一性。
- 综合调整：综合调整是一个整体调整的阶段，通过添加高光、锐化、四角压暗等效果，还可以通过相应的命令把握效果图的整体画面感觉。

15.2　调整建筑

下面将对渲染出的古建效果图的各部分进行调整，调整至合适的亮度和色彩。

动手操作——调整建筑

Step 1 打开“素材和源文件”\“第15章”\“古建效果图.tga”文件，如图15-2所示。

Step 2 打开“素材和源文件”\“第15章”\“通道1.tga”文件，如图15-3所示。

Step 3 打开“素材和源文件”\“第15章”\“通道2.tga”文件，如图15-4所示。

图15-2　打开古建效果图

图15-3　打开通道1

Step 4 打开“素材和源文件”\“第15章”\“通道3.tga”文件，如图15-5所示。

图15-4　打开通道2

图15-5　打开通道3

Step 5 将各种通道拖动到效果图中，为通道命名相应的图层名称，如图15-6所示。

Step 6 可以看到效果图的“通道”中有“Alpha1”，选择“Alpha1”通道，单击⬚（将路径作为选区载入），选中“RGB”通道，在“图层”面板中选择“背景”图层，按【Ctrl+J】组合键，复制选区中的效果图模型到新的图层中，命名图层为“建筑”，调整图层到图层面板的顶部，如图15-7所示。

图15-6　拖动通道到效果图

图15-7　复制建筑区域

Step 7 打开“素材和源文件”\“第15章”\“天空001.jpg”文件，如图15-8所示。

图15-8　打开天空素材

Step 8 拖动天空素材到效果图中，将天空图层放置到建筑图层的下方，按【Ctrl+T】组合键，打开自由变换，调整天空素材图像的大小，如图15-9所示。

图15-9　调整天空的大小

Step 9 在图层面板中选择【分层通道】，使用（魔棒工具），选择如图15-10所示的地面区域。

图15-10　创建地面选区

Step 10 创建选区后，选择【建筑】图层，按【Ctrl+J】组合键，复制选区中的地面图像到新图层中，命名图层为【地面】，在菜单栏中选择【图像】|【调整】|【亮度/对比度】命令，在弹出的对话款中设置合适的亮度/对比度参数，如图15-11所示。

图15-11　调整地面的亮度/对比度

Step 11 在图层面板中选择【分层通道】，使用（魔棒工具），选择如图15-12所示的栏杆区域。

图15-12　创建栏杆选区

Step 12 创建选区后，选择【建筑】图层，按【Ctrl+J】组合键，复制选区中的地面图像到新图层中，命名图层为【栏杆】，在菜单栏中选择【图像】|【调整】|【亮度/对比度】命令，在弹出的对话款中设置合适的亮度/对比度参数，如图15-13所示。

图15-13　调整栏杆的亮度/对比度

Step 13 在图层面板中选择【分层通道】，使用（魔棒工具），选择如图15-14所示的雕花区域。

图15-14　创建栏杆选区

Step 14 创建选区后，选择【建筑】图层，按【Ctrl+J】组合键，复制选区中的地面图像到新图层中，命名图层为【雕花】，按【Ctrl+B】组合键，在弹出的对话框中设置合适的色彩平衡参数，如图15-15所示。

图15-15　设置雕花的色彩平衡

Step 15 在菜单栏中选择【图像】|【调整】|【亮度/对比度】命令，在弹出的对话款中设置合适的亮度/对比度参数，如图15-16所示。

Step 16 在图层面板中选择【分层通道】，使用（魔棒工具），选择如图15-17所示的基墙区域。

图15-16　设置雕花的亮度/对比度

图15-17　创建基墙区域

Step 17 创建选区后，选择【建筑】图层，按【Ctrl+J】组合键，复制选区中的地面图像到新图层中，命名图层为【墙体】，按【Ctrl+L】组合键，在弹出的对话框中设置合适的色阶参数，如图15-18所示。

图15-18　调整墙体的色阶

Step 18 在图层面板中选择【栏杆】图层，在工具箱中选择（加深工具）调整栏杆的阴面的加深效果，如图15-19所示。

图15-19 调整栏杆的加深

Step 19 在图层面板中选择【分层通道】，使用（魔棒工具），选择如图15-20所示的栏杆下的区域。

图15-20 创建栏杆下的建筑区域

Step 20 创建选区后，选择【建筑】图层，按【Ctrl+J】组合键，复制选区中的地面图像到新图层中，命名图层为【栏杆下】，使用（减淡工具）和（加深工具）调整模型向阳面的减淡、阴面的加深效果，如图15-21所示。

图15-21 设置栏杆下的加深和减淡

Step 21 在图层面板中选择【分层通道】，使用（魔棒工具），选择如图15-22所示的圆立柱的区域。

图15-22　创建圆立柱选区

Step 22 创建选区后，选择【建筑】图层，按【Ctrl+J】组合键，复制选区中的地面图像到新图层中，命名图层为【柱子】，使用（减淡工具）和（加深工具）调整模型向阳面的减淡、阴面的加深效果，如图15-23所示。

图15-23　设置柱子的加深和减淡

Step 23 在图层面板中选择【分层通道】，使用（魔棒工具），选择如图15-24所示的瓦的区域。

图15-24　创建瓦选区

Step 24 创建选区后，选择【建筑】图层，按【Ctrl+J】组合键，复制选区中的地面(瓦片)图像到新图层中，命名图层为【瓦】，使用（减淡工具）和（加深工具）调整模型向阳面的减淡、阴面的加深效果，如图15-25所示。

图15-25　设置瓦的效果

Step 25 在图层面板中选择【分层通道】，使用（魔棒工具），选择如图15-26所示区域。

图15-26　创建瓦选区

Step 26 创建选区后，选择【建筑】图层，按【Ctrl+J】组合键，复制选区中的地面图像到新图层中，命名图层为【檐】，使用（减淡工具）和（加深工具）调整模型向阳面的减淡、阴面的加深效果，如图15-27所示。

图15-27　设置檐的效果

Step 27 在图层面板中选择【分层通道】，使用（魔棒工具），选择如图15-28所示顶部装饰区域。

Step 28 创建选区后，选择【建筑】图层，按【Ctrl+J】组合键，复制选区中的地面图像到新图层中，命名图层为【顶中装饰】，使用（减淡工具）和（加深工具）调整模型向阳面的减淡、阴面的加深效果，如图15-29所示。

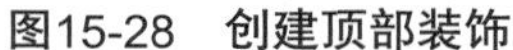

图15-28　创建顶部装饰

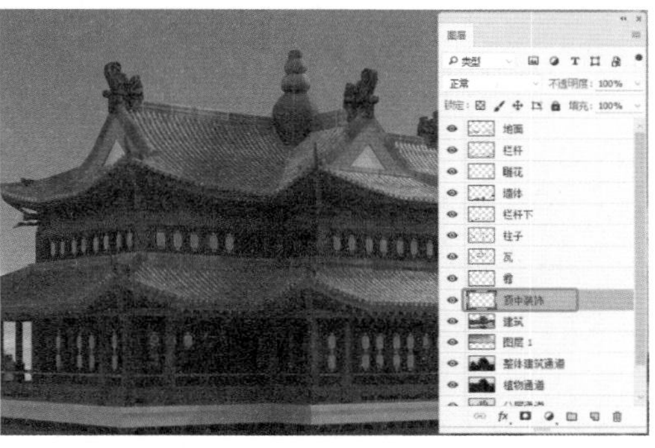

图15-29　设置顶部装饰的效果

Step 29 在图层面板中选择【分层通道】，使用（魔棒工具），选择如图15-30所示的区域。

图15-30　创建选区

Step 30 创建选区后，选择【建筑】图层，按【Ctrl+J】组合键，复制选区中的地面图像到新图层中，命名图层为【屋脊】，使用（减淡工具）和（加深工具）调整模型向阳面的减淡、阴面的加深效果，如图15-31所示。

图15-31　设置屋脊的效果

Step 31 在图层面板中选择【分层通道】，使用（魔棒工具），选择如图15-32所示的二楼墙围区域。

图15-32　创建墙围选区

Step 32 创建选区后，选择【建筑】图层，按【Ctrl+J】组合键，复制选区中的地面图像到新图层中，命名图层为【二楼墙围】，使用（减淡工具）和（加深工具），结合（多边形套索工具），通过创建选区的方式，调整模型向阳面的减淡、阴面的加深效果，使其分界更加明显，如图15-33所示。

图15-33　调整二楼墙围的效果

调整后的二楼墙围效果，如图15-34所示。

Step 33 在图层面板中选择【分层通道】，使用（魔棒工具），选择如图15-35所示的一层墙区域。

图15-34　调整后的二楼墙围

图15-35　创建一层墙

Step 34 创建选区后，选择【建筑】图层，按【Ctrl+J】组合键，复制选区中的地面图像到新图层中，命名图层为【一层墙】，使用（减淡工具）和（加深工具），调整模型向阳面的减淡、阴面的加深效果，使其分界更加明显，如图15-36所示。

图15-36　调整一层墙

Step 35 在图层面板中选择【分层通道】，使用（魔棒工具），选择如图15-37所示区域。

图15-37　创建选区

Step 36 创建选区后，选择【建筑】图层，按【Ctrl+J】组合键，复制选区中的地面图像到新图层中，命名图层为【墙和顶红漆】，使用（减淡工具）和（加深工具），调整模型向阳面的减淡、阴面的加深效果，使其分界更加明显，如图15-38所示。

图15-38　调整墙和顶红漆效果

Step 37 在图层面板中选择【分层通道】，使用（魔棒工具），选择如图15-39所示红墙、红门、红屋檐下区域。

图15-39　创建红色区域

Step 38 创建选区后，选择【建筑】图层，按【Ctrl+J】组合键，复制选区中的地面图像到新图层中，命名图层为【建筑红漆】，使用（减淡工具）和（加深工具），调整模型向阳面的减淡、阴面的加深效果，使其分界更加明显，如图15-40所示。

图15-40　设置建筑红旗的效果

15.3　添加植物和光效

接下来为效果图添加一些光效和植物装饰。

动手操作——设置添加植物和光效

Step 1 打开“素材和源文件”\“第15章”\“远景树.psd”文件，如图15-41所示。

Step 2 拖动远景树到效果图中，调整素材的位置和大小，调整素材到建筑图层的下方，如图15-42所示。

图15-41　打开远景树素材

图15-42　添加远景素材到效果图

Step 3 分别选择远景植物，按【Ctrl+L】组合键，在弹出的对话框中设置合适的色阶，压暗远景树，如图15-43所示。

图15-43　调整远景树的色阶

Step 4 在工具箱中单击前景色，设置RGB为140、173、226，如图15-44所示。

Step 5 按【Q】键，进入快速蒙版模式，使用（渐变工具），填充蒙版，如图15-45所示。

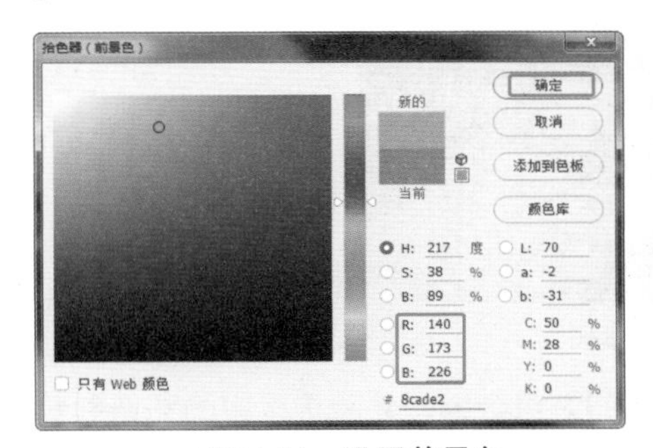

图15-44　设置前景色

图15-45　填充蒙版

Step 6 按【Q】键，退出快速蒙版，可以看到创建的选区，按【Alt+Delete】组合键，填充选区为前景色，命名图层为【雾效】，如图15-46所示。

图15-46　创建的快速蒙版选区

Step 7 按【Ctrl+D】组合键取消选区的选择，选择【整体建筑通道】图层，使用使用（魔棒工具），创建出整体模型，并为【雾效】施加蒙版，设置图层的混合模式为【滤色】，并设置“不透明度”为80%，如图15-47所示。

图15-47　设置雾效的效果

Step 8 选择【植物通道】图层，使用（魔棒工具），创建中景的树的选区，如图15-48所示。

图15-48　创建中景树

Step 9 创建选区后，选择【建筑】图层，按【Ctrl+J】组合键，复制选区中的图像到新的图层中，命名图层为【中景植物】，按【Ctrl+B】组合键，在弹出的对话框中设置合适的色彩平衡参数，如图15-49所示。

图15-49　设置中景植物的色彩平衡

Step 10 使用同样的方法创建并复制出远景和半棵植物的选区，并将其复制到新的图层中，命名图层为【远景和半棵植物】，使用【色彩平衡】命令，调整一下植物的色彩平衡效果，如图15-50所示。

图15-50　设置远景和半棵植物的色彩平衡

Step 11 通过【分层通道】图层，创建出如图15-51所示的植物选区。

图15-51　创建植物选区

Step 12 创建选区后，选择【建筑】图层，按【Ctrl+J】组合键，复制选区中的图像到新的图层中，命名图层为【小树近景】，按【Ctrl+B】组合键，在弹出的对话框中设置合适的色彩平衡参数，如图15-52所示。

图15-52　设置小树近景的色彩平衡

Step 13 打开“素材和源文件”\“第15章”\“近景树01.psd”文件，如图15-53所示。

Step 14 拖动植物到效果图的左下角的位置，调整合适的位置和大小，如图15-54所示，调整图层的位置，按【Ctrl+L】组合键，在弹出的对话框中调整色阶的参数。

图15-53　打开近景树01

图15-54　添加近景树

Step 15 打开“素材和源文件”\“第15章”\“近景树02.psd”文件，如图15-55所示。

Step 16 拖动植物到如图15-56所示的位置，调整素材的大小和位置，按【Ctrl+L】组合键，在弹出的对话框中调整色阶的参数。

图15-55　打开的素材文件

图15-56　调整色阶

Step 17 继续按【Ctrl+B】组合键，在弹出的对话框中设置合适的色彩平衡参数，如图15-57所示。

Step 18 继续按【Ctrl+U】组合键，在弹出的对话框中降低【明度】参数，如图15-58所示。

图15-57　调整植物的色彩平衡

图15-58　降低植物的明度

Step 19 打开“素材和源文件”\“第15章”\“近景树03.psd”文件，如图15-59所示。

Step 20 将素材放置到效果图建筑的的右下角，参考近景树02的调整，调整其合适的颜色和明度，创建遮挡植物的建筑部分，并为植物02添加蒙版，如图15-60所示。

图15-59　打开素材

图15-60　添加近景树03

Step 21 在图层面板中创建新图层，调整图层到面板的最顶部，按【Q】键，进入快速蒙版，使用■（渐变工具），创建如图15-61所示渐变蒙版。

图15-61　创建蒙版

Step 22 按【Q】键退出蒙版，设置前景色为浅黄色，并按【Alt+Delete】组合键，填充选区为前景色，如图15-62所示。

图15-62　填充蒙版区域

Step 23 设置图层的混合模式为【颜色减淡】，并设置图层的【不透明度】为50%，设置

【填充】为15%，如图15-63所示。

图15-63　设置图层的属性

Step 24 在图层面板中创建新图层，调整图层到面板的最顶部，按【Q】键，进入快速蒙版，使用■（渐变工具），创建渐变蒙版，如图15-64所示。

图15-64　创建快速蒙版

Step 25 按【Q】键退出蒙版，设置前景色为浅蓝色，并按【Alt+Delete】组合键，填充选区为前景色，如图15-64所示。

图15-65　填充选区颜色

Step 26 设置图层的混合模式为【正片叠底】，并设置图层的【不透明度】为50%，设置

【填充】为30%，如图15-66所示。

图15-66　设置图层的属性

15.4　调整整体效果

下面将对中式古建效果图整体进行修饰。

动手操作——设置整体效果

Step 1　在【图层】面板中新建图层，调整图层到面板的顶部，双击图层，在弹出的对话框中取消【透明形状图层】选项，单击【确定】按钮，如图15-67所示。

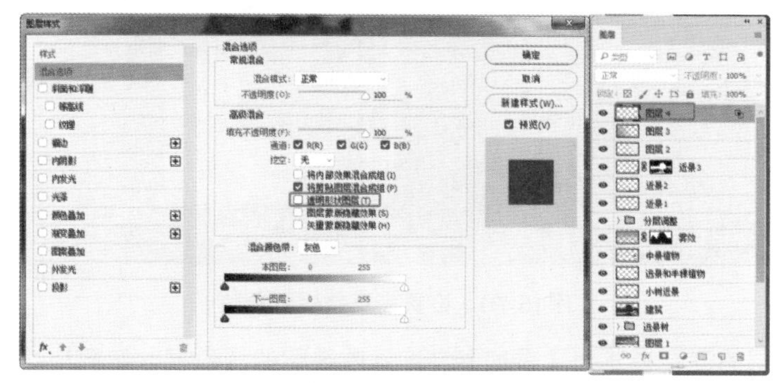

图15-67　新建图层并设置图层的图层样式

Step 2　在工具箱中单击前景色，在弹出的拾色器中设置RGB为219、177、48，如图15-68所示。

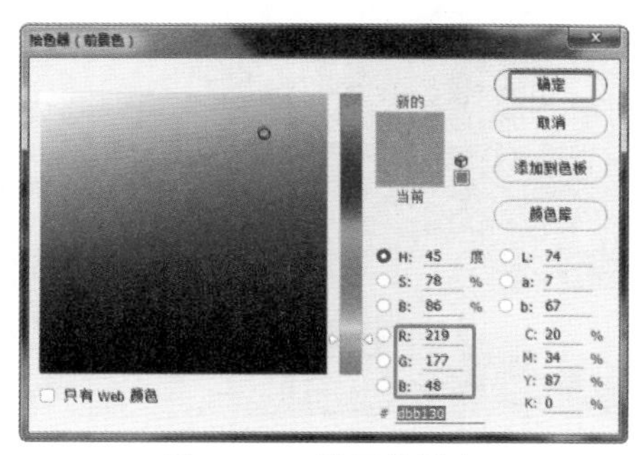

图15-68　设置前景色

Step 3 在效果图中使用（画笔工具），设置合适的柔边笔触，在图中高光的位置绘制颜色，设置其图层的混合模式为【颜色减淡】，并设置图层的【不透明度】为10%，如图15-69所示。

图15-69　设置喷光效果

Step 4 按【Ctrl+Shift+Alt+E】组合键，盖印所有图像到新的图层，将图层放置到该面板的顶部，在菜单栏中选择【滤镜】|【其他】|【高反差保留】命令，在弹出的对话框中设置“半径”为1.5，单击【确定】按钮，如图15-70所示。

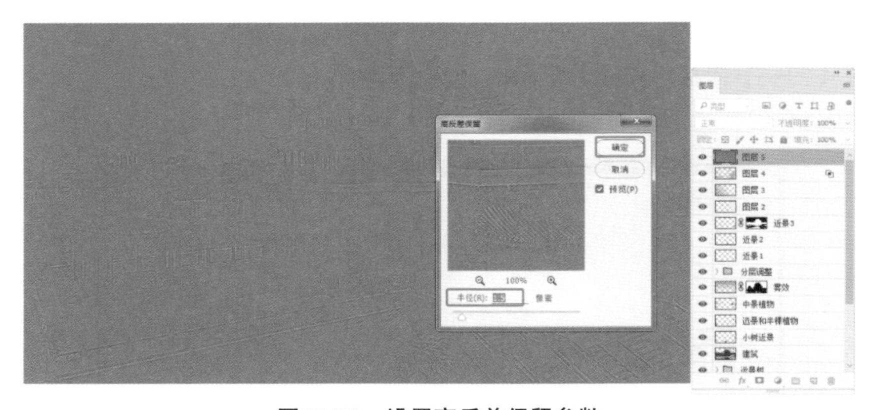

图15-70　设置高反差保留参数

Step 5 设置图层的混合模式为【叠加】，加深效果图的清晰度，如图15-71所示。

图15-71　设置图层的混合模式

Step 6 按【Ctrl+Shift+Alt+E】组合键，再次盖印图层，设置图层的混合模式为【正片叠底】，如图15-72所示。

图15-72　设置图层的混合模式

Step 7 使用（橡皮擦工具），擦除中间的图像，制作出压暗四周的效果，如图15-73所示。

图15-73　设置出的压暗四周

将完成的效果保存为“古建后期.psd”。

15.5　小结

本章主要讲述了中式古建效果图后期处理的方法和技巧。在制作过程中，整个画面的建筑主体外观和明暗层次与绿化环境的层次关系是重点考虑的地方，需要读者在平时的工作中多观摩优秀作品，多积累常用资料，慢慢增强对图像色彩及建筑结构的掌控能力。

第16章

夜景效果图后期处理

本章内容

- 处理的要点及流程
- 修饰建筑
- 制作建筑环境

夜景效果图在各种效果图中是效果最为绚丽的一种，是体现建筑美感的一种常见表现手段。夜景效果图的主要目的不在于表现出建筑的精确形态和外观，而是用于对建筑物夜景的照明设施、形态、整体环境等内容进行展示。

本章制作的夜景下的建筑效果图前后效果对比如图16-1所示。

图16-1　夜景建筑效果图前后效果对比

16.1　处理的要点及流程

日景主要表现的是一种非常阳光的氛围，而夜景因为光线的关系，它在表现方面有些难度，它既要让观者看清建筑的结构、细部，又要能够充分表现出现实中夜晚建筑、路面的那种车水马龙的感觉。

同样，夜景效果图场景也需要添加配景，它所添加的配景与日景的不同就是色调、明暗程度的不同。配景的色调调整好了，也将为场景的整体效果起到添砖加瓦的作用。

室外夜景建筑效果图后期处理的流程一般包括以下几个方面。

- 对渲染图片的调整：在对效果图进行正式的后期处理之前，一般都会对从3ds Max软件中直接渲染输出的夜景效果图进行色调、构图方面的调整。特别是夜景下建筑玻璃和室内环境的处理，这是需要设计师特别注意的两个方面。
- 为场景添加夜景环境背景：在处理夜景效果时，一般是为背景填充上一个合适的渐变颜色，这样可以表现出室外夜景天空的那种深邃感觉。另外，还要为场景中添加上合适的草地配景。
- 为场景添加远景及中景配景：夜晚远处的景物比起日景将会更加地模糊不清，所以一般都会把添加的辅助建筑、远景树木等配景的不透明度适当地调低些，这样场景效果看起来更加真实些。同时，那些中景配景在清晰度上应该比远景配景清晰一些，这更加符合现实的透视原理。
- 为场景添加近景、人物等配景：人物在室外场景中是必不可少的一个重要配景，不同位置人物的明暗程度也会不同，一定要根据实际情况处理。

16.2　调整建筑

建筑是一幅效果图的中心和主题，在进行夜景表现之前，首先要对其色调、明暗进行调整。

动手操作——调整建筑

Step 1　单击【文件】|【打开】命令，打开“素材和源文件”\“第16章”\“xg.tga、tg1.tga和tg2.tga”文件，如图16-2所示。

Step 2　使用（自动工具），将打开的td1和td2两个文件拖动到xg文件中，将通道进行命名，将td图层命名为【通道2】，将td1图层命名为【通道1】，选择【背景】图层，按【Ctrl+J】键，复制【背景副本】，将图层放置到面板的顶部，如图16-3所示。

注意

在调入配景时按住【Shift】键，可以将调入后的图像居中放置。

图16-2　打开的文件

图16-3　添加通道文件到效果图

Step 3　通过【通道2】图层，使用（魔棒工具）选择建筑部分，如图16-4所示。

提示

在通过通道选择颜色区域时，可以按住【Alt】键单击通道前的“眼睛”，这样场景中将只显示出该图层，选择完之后，再按【Alt】键，显示出其他图层，这种方法在后面我们将不再重复。

Step 4 选择【背景 副本】图层，按【Ctrl+M】键，在弹出的曲线面板中调整曲线的形状，如图16-5所示。

图16-4　创建建筑选区

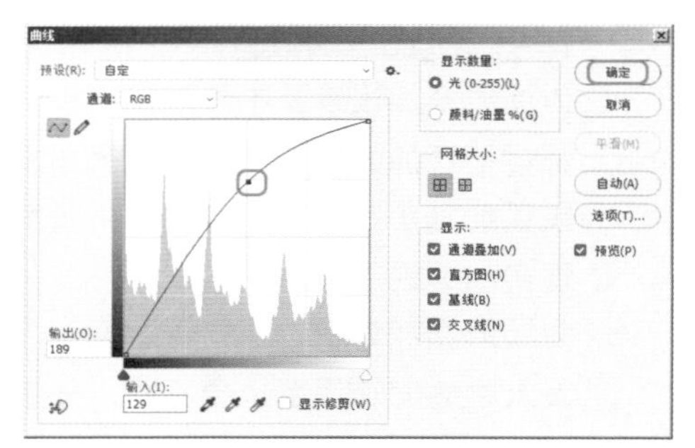

图16-5　调整曲线

注意

在没调整完成一个选区之后，单击【选择】|【取消选择】命令或按【Ctrl+D】快捷键取消选区的选择。

Step 5 通过【通道1】图层，使用（魔棒工具）选择建筑顶部颜色区域，如图16-6所示。

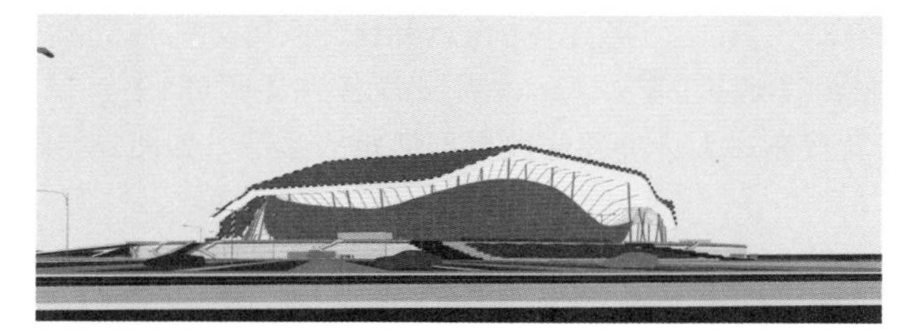

图16-6　创建顶部的选区

Step 6 选择【背景 副本】图层，单击【图像】|【调整】|【亮度/对比度】命令，在弹出的对话框中设置【亮度】和【对比度】的参数，如图16-7所示。

图16-7　调整顶的亮度和对比度

Step 7 通过【通道1】图层，使用（魔棒工具）选择建筑一层的颜色区域，如图16-8所示。

Step 8 选择【背景 副本】图层，按【Ctrl+J】键，复制一层选区到新的图层中，将其图层命名为【一层商铺】，如图16-9所示。

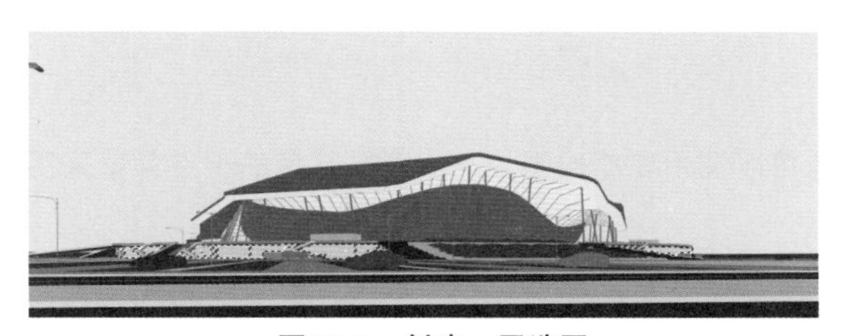

图16-8　创建一层选区

图16-9　复制出一层商铺图层

Step 9 选择【一层商铺】图层，按【Ctrl+M】键，在弹出的对话框中调整曲线的形状，如图16-10所示。

Step 10 设置【一层商铺】图层的混合模式为【柔光】，如图16-11所示。

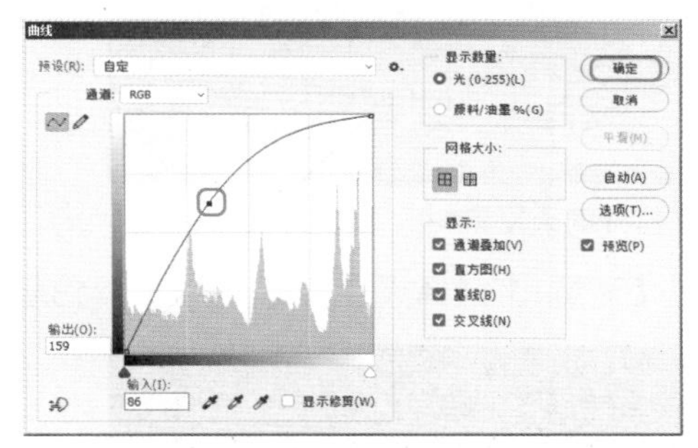

图16-10　调整曲线

图16-11　设置图层的混合模式

执行以上操作，得到一层商铺的效果，如图16-12所示。

图16-12　得到一层商铺的效果

Step 11 继续操作一层商铺效果，单击【图像】|【调整】|【亮度/对比度】命令，设置合适的参数，如图16-13所示。

图16-13　设置亮度和对比度

16.3 添加配景素材

本节将开始为建筑营造环境，室外建筑的环境一般包括天空背景、辅助楼体、树木等。

16.3.1 天空的添加

天空背景既可以使用渐变色，也可以调用现成的图片，本建筑环境的天空背景采用的是直接打开天空图像。

动手操作——天空的添加

Step 1 单击【文件】|【打开】命令，打开“素材和源文件”\“第16章”\“夜景天空.tif”文件，如图16-14所示。

图16-14 打开的天空素材

Step 2 将天空素材拖动到效果图中，通过【通道1】选择天空颜色，如图16-15所示。

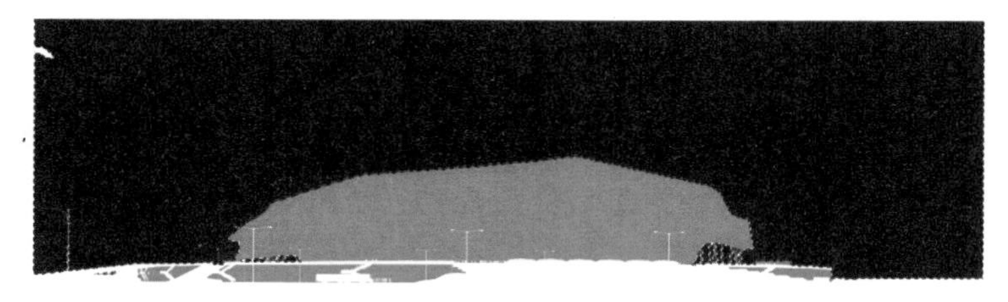

图16-15 创建天空选区

Step 3 选择天空素材图层，单击（添加蒙版）按钮，如图16-16所示。

图16-16 创建天空的蒙版

Step 4 选择【天空】图层，按【Ctrl+M】键，在弹出的对话框中调整曲线，如图16-17所示。

16.3.2　远景的添加

接下来我们将为建筑后方添加一些夜景建筑和植物素材，使图的背景不显得太过空旷。

动手操作——远景素材的添加

Step 1　单击【文件】|【打开】命令，打开“素材和源文件”\“第16章”\“夜景建筑.psd”文件，如图16-18所示。

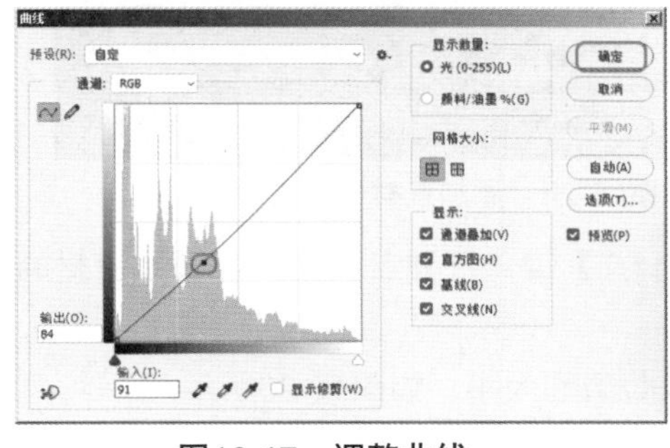

图16-17　调整曲线

图16-18　打开夜景建筑素材

Step 2　将夜景建筑素材拖动到效果图中，按【Ctrl+T】键，打开自由变换，调整素材的大小，并按住【Alt】键，使用（移动工具）移动复制素材，如图16-19所示。

Step 3　选择两个作为背景建筑的图层，按【Ctrl+E】键，合并为一个图层，将其命名为【远景建筑】，按住【Ctrl】键，单击天空的遮罩预览窗口将其遮罩载入选区，选择“远景建筑”单击（添加蒙版）按钮创建蒙版，如图16-20所示。

图16-19　添加夜景建筑

图16-20　设置图像的蒙版

Step 4　选择【远景建筑】图层，按【Ctrl+M】键，在弹出的对话框中调整曲线，如图16-21所示。

Step 5　设置【远景建筑】图层的【不透明度】为60%，如图16-22所示。

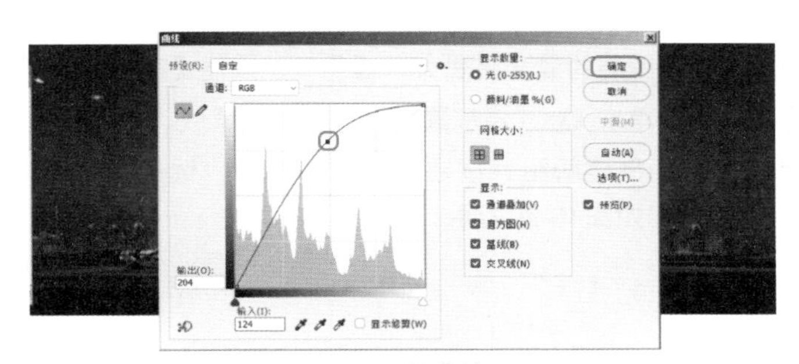

图16-21　调整曲线

图16-22　设置不透明度

Step 6 单击【文件】|【打开】命令，打开“素材和源文件”\“第16章”\“远景植物.psd”文件，如图16-23所示。

Step 7 在需要的素材上鼠标右击，在弹出的快捷菜单中选择需要的图层，并拖动素材到效果图中，调整合适的位置和大小，如图16-24所示。

图16-23　打开的素材

图16-24　添加素材到效果图

Step 8 继续添加另一个松树素材到远景，按【Ctrl+T】键，打开自由变换，调整素材的大小，对素材进行复制，如图16-25所示。

Step 9 继续添加左侧的草坪上的松树素材，调整其位置和大小，如图16-26所示。

图16-25　添加远景松树

图16-26　添加左侧松树

接下来为了修饰空旷的天空我们为其添加烟花效果。

Step 10 单击【文件】|【打开】命令，打开“素材和源文件”\“第16章”\“烟花.psd”文件，如图16-27所示。

图16-27　打开的烟花素材

图16-28　设置烟花素材的效果

Step 11 将素材拖动到效果图中，设置图层的混合模式为“滤色”，按住【Ctrl】键，单击天空的遮罩图层将其载入选区，选择烟花图层单击 （添加蒙版）按钮创建蒙版，如图16-28所示。

Step 12 在【图层】面板中单击 （创建新组）按钮，将组命名为“远景素材”，鼠标右击，弹出快捷菜单，从中选择一种颜色，如图16-29所示。

16.3.3　植物的添加和调整

接下来将添加中景和近景的植物素材。

动手操作——添加和调整植物

Step 1 通过通道图层选择草坪中的花卉区域，如图16-30所示。

Step 2 按【Ctrl+M】键，在弹出的对话框中调整曲线，如图16-31所示。

图16-29　创建图层组

图16-30　创建选区

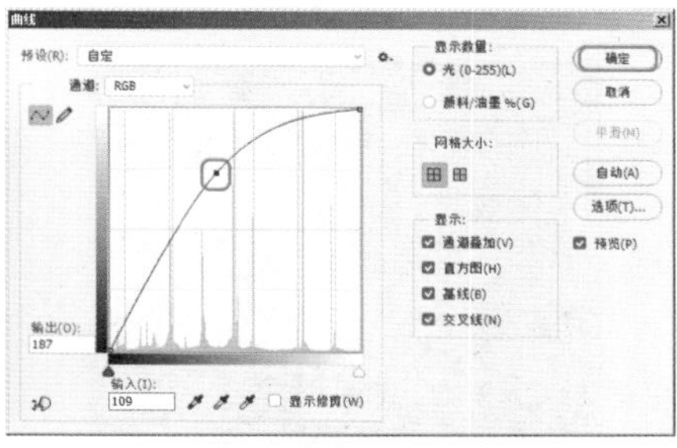

图16-31　调整曲线

Step 3 调整曲线的花卉，如图16-32所示。

Step 4 单击【文件】|【打开】命令，打开“素材和源文件”\“第16章”\“树001.psd”文件，如图16-33所示。

图16-32　调整的效果

图16-33　打开的素材

Step 5 将树素材拖动到效果图中，调整树素材的大小和位置，如图16-34所示。

图16-34　添加植物素材

16.3.4　人物素材的添加

接下来将添加人物素材，为效果图添加些许生机。

动手操作——添加人物素材

Step 1 单击【文件】|【打开】命令，打开“素材和源文件”\“第16章”\“新人群P.psd”

文件，如图16-35所示。

Step 2 在需要的图像上鼠标右击，将弹出快捷菜单，从中选择需要的人物图层，将其拖动到效果图中，按【Ctrl+T】键，打开自由变换命令，调整素材的大小，调整完成后按【Enter】键，确定调整，并调整素材的位置，如图16-36所示。

图16-35　打开的人物素材

图16-36　调整素材

复制人物图层，使用【编辑】|【变换】|【扭曲】命令，调整人物图层副本，将其调整为阴影，通过设置【色相/饱和度】的明度为0；设置一个合适的【高斯模糊】参数；最后设置阴影图层的【不透明度】，直至制作出人物影子效果；也可以参考前面人物阴影的制作来制作出本章中的人物阴影效果，由于篇幅的限制，这里就不详细的讲解制作过程。

Step 3 选择作为快速运动中的人物素材图层，单击【滤镜】|【模糊】|【动感模糊】命令，设置合适的动感模糊参数，如图16-37所示。

图16-37　设置动感模糊

Step 4 添加并调整出人物素材的效果，如图16-38所示。

注意

在添加人物的过程中，需要使用【曲线】压暗人物素材。这里为了方便管理可以将人物图层放置到一个图层组中。

图16-38　添加人物素材

16.3.5　汽车和流光的添加

接下来将添加汽车素材和流光光效，丰富效果图。

动手操作——添加汽车和流光素材

Step 1　单击【文件】|【打开】命令，打开“素材和源文件”\“第16章”\“汽车.psd”文件，如图16-39所示。

Step 2　选择需要的汽车素材拖动到效果图中，按【Ctrl+T】键打开自由变换命令，调整素材的大小，如图16-40所示。

图16-39　打开汽车素材

图16-40　添加汽车素材

Step 3　选择作为汽车的图层，为其设置一个运动的模糊效果。单击【滤镜】|【模糊】|【运动模糊】命令，在弹出的对话框中设置合适的参数，如图16-41所示，使用同样的方法设置另一个汽车的运动模糊效果。

执行以上操作得到如图16-42所示的运动模糊的汽车效果。

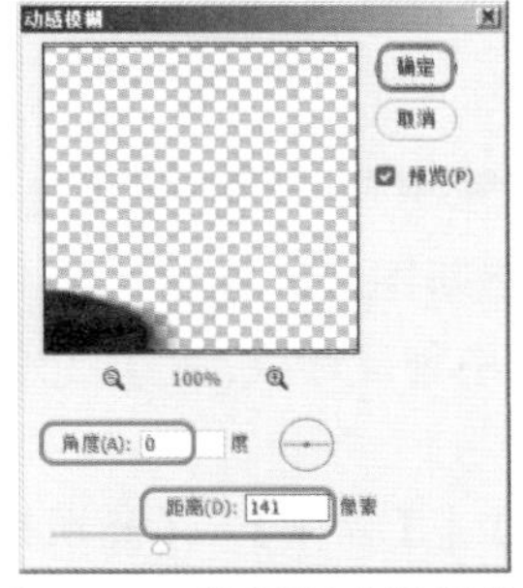

图16-41　设置运动模糊参数

图16-42　运动模糊的汽车效果

Step 4 在图层面板中新建“汽车流光”图层，在效果图中使用（画笔工具）绘制红色和白色，如图16-43所示。

Step 5 单击【滤镜】|【模糊】|【动感模糊】命令，在弹出的对话框中设置合适的参数，如图16-44所示。

图16-43　绘制颜色

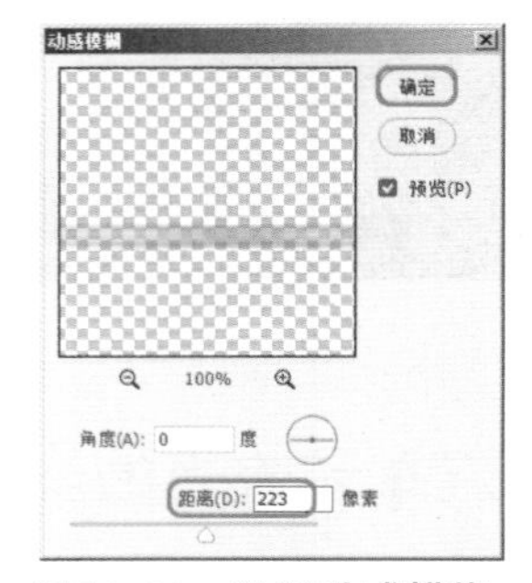

图16-44　设置动感模糊

Step 6 单击【编辑】|【自由变换】命令，调整作为流光的图像，对其进行调整，并对流光进行复制，结合使用（橡皮擦工具），擦除一部分流光区域，完成流光效果如图16-45所示。

Step 7 创建“汽车和汽车流光”图层组，将素材放置到图层组中，这样方便管理图层，也不至于图层过于凌乱，如图16-47所示。

图16-45　制作出的流光效果

图16-46　创建图层组

16.3.6　光效的制作

下面再为效果图添加路灯光效和建筑光柱的光效。

动手操作——添加汽车和流光素材

Step 1 在【图层】面板中单击（创建新组）和（创建新图层）按钮，命名图层为“路灯”，创建图层后，使用（多边形套锁工具），在效果图中创建选区，并填充白色到透明的渐变，如图16-47所示。

Step 2 按【Ctrl+D】组合键，取消选区的选择，单击【滤镜】|【模糊】|【高斯模糊】命令，设置合适的参数，如图16-48所示。

图16-47　填充选区

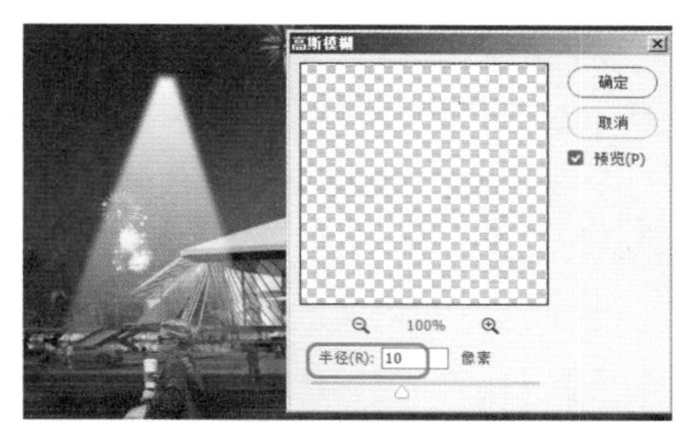

图16-48　设置模糊参数

Step 3　设置“路灯”图层的“不透明度”为20%，如图16-49所示。

Step 4　对“路灯”光效进行复制，复制到每个路灯灯下，如图16-50所示。

图16-49　设置图层的不透明度

图16-50　路灯光效

接下来制作建筑的光柱效果。

Step 5　将路灯光效放置在一个图层组中，在图层组的上方创建新的“光柱”图层，使用（矩形选框工具）创建矩形选区，并调整白色到透明的渐变，如图16-51所示。

图16-51　创建并填充选区

Step 6　按【Ctrl+D】组合键，取消选区的选择，并设置光柱图层的混合模式为“柔光”，结合使用（橡皮擦工具）擦除覆盖建筑的光柱图像，得到如图16-52所示的效果。

图16-52　设置图层的混合模式

Step 7 单击【滤镜】|【模糊】|【高斯模糊】命令，设置合适的模糊参数，如图16-53所示。

Step 8 设置“光柱”的“不透明度”为70%，如图16-54所示。

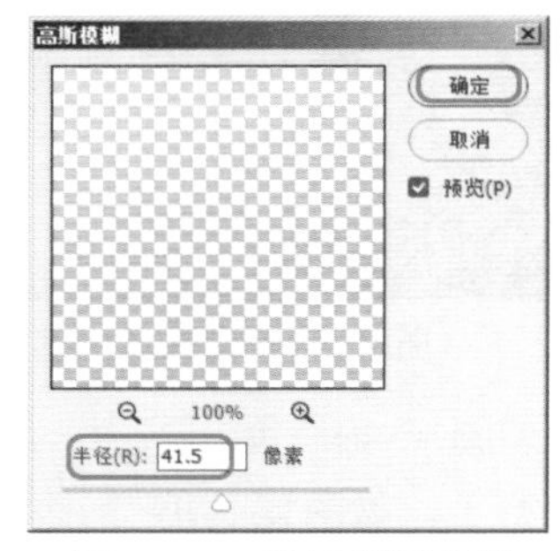

图16-53 设置模糊参数

图16-54 设置不透明度参数

16.3.7 最终调整

最终调整一般是为画面做一些特殊效果以及对画面进行整体色调的调整等。

动手操作——最终调整

按【Ctrl+Shift+Alt+E】快捷键，将可见图层盖印到新的图层中，将该图层放置到图层面板的顶部，设置图层的混合模式为“柔光”，并设置图层的【不透明度】为30%，如图16-55所示。

图16-55 设置图层的混合模式

16.4 小结

本章系统地介绍了室外夜景效果图后期处理的方法和技巧。夜景和日景效果图的处理过程相同，该有的步骤一步也不能少，所不同的就是表现的时间和氛围，从而导致了表现手法稍微有些差别。日景通常要表现的是阳光普照的气氛，而夜景所要表现的是华灯初上、星光璀璨的氛围。在处理日景和夜景时，一定要把握好氛围的不同，具体情况具体分析，只要这样，才能制作出质量上乘的效果图作品。

第17章

鸟瞰效果图的后期处理

本章内容

- 鸟瞰效果图处理注意事项
- 鸟瞰效果的体现

鸟瞰效果图可以将整个小区的规划、绿化，以及楼间距等完整地表现出来，使人一目了然。因此，在一些小区的建设中往往要制作鸟瞰效果图，以表现建筑和景观之间的关系，以及规划布局。本章以一个生态园的鸟瞰图为例，详细介绍建筑鸟瞰图后期处理的制作方法，力求以最简洁、快速的方式展示如何制作出高水平的室外鸟瞰效果。

本章制作的鸟瞰效果图前后效果对比如图17-1所示。

图17-1　鸟瞰建筑效果图后期处理的前后对比

17.1　鸟瞰效果图处理注意事项

在进行室外鸟瞰效果图后期处理时，需要特别注意整体效果图的层次和色彩效果；不要使配景喧宾夺主，以免效果图主题不明确，表达不清楚。

以下总结了一些在进行室外鸟瞰效果图后期处理时的注意事项，供读者参考。

- 构图问题：一般情况下，构图分为对称构图和均衡构图两种方式。均衡构图可以使画面看起来更加活泼、生动；而对称构图则显得相对沉稳，但缺点是画面缺乏生气。因此，在实际工作中均衡构图方式被大量运用。
- 视点问题：视点的高低也会对画面产生影响。视点低，画面呈现的是仰视效果，画面主体形象高大庄严，背景常以天空为主，其他景物下缩，这样主体突出；而视点高，画面呈现俯视效果，画面场景大，广阔而深远，较适宜表现地广人多、场面复杂的画面。鸟瞰效果图图就是高视点，但是在为该类视点的场景添加配景时，一定要注意各配景的透视点与灭点与原画面的透视关系保持一致。
- 配景素材的添加：不管配景素材多么完美，归根结底都是为烘托主体建筑服务的，所以配景素材的添加绝对不能喧宾夺主，力求既要做到各种配景的风格与建筑氛围相统一，又要注意配景素材的种类不宜过多。另外，一定要注意各配景素材之间的透视关系，因为鸟瞰效果图不是一般的效果图，它的视点是与众不同的。
- 整体的调整：最后要运用相应的命令和工具从整体上对画面进行一些基本的调整，使画面更加清新自然。

Ps 17.2　鸟瞰效果的表现

鸟瞰效果图在进行后期处理时也和其他类型的效果图一样，首先对图像的构图色调进行调整，进行大环境的铺设，确定整个场景的色调，然后为场景添加各种适合鸟瞰效果的配景，最后对场景的整体色调进行调整。

17.2.1　调整整体效果

首先需要对渲染出的效果图进行整体效果的调整。

Step 1　打开“素材和源文件”\“第17章”\“鸟瞰01.tga、鸟瞰td.tga”文件，如图17-2所示。将“鸟瞰td”文件拖动到“鸟瞰01”文件中。

Step 2　在“鸟瞰01”场景中选择效果图所在的图层，按【Ctrl+M】组合键，在弹出的对话框中调整曲线的形状，如图17-3所示。

图17-2　打开的图像文件

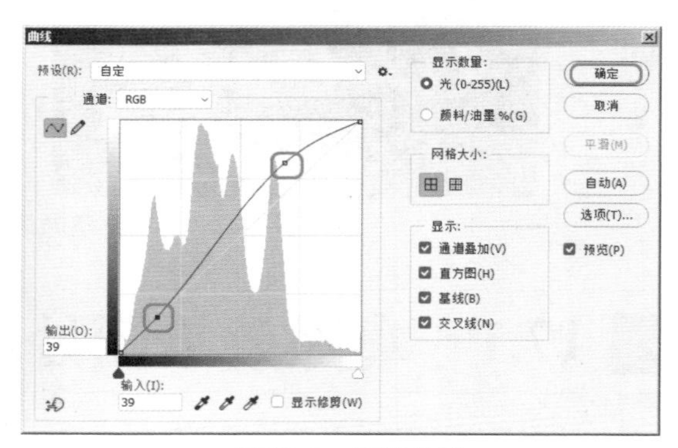

图17-3　调整曲线

Step 3 按【Ctrl+L】组合键，在弹出的对话框中调整色阶参数，如图17-4所示。调整后的鸟瞰图效果，如图17-5所示。

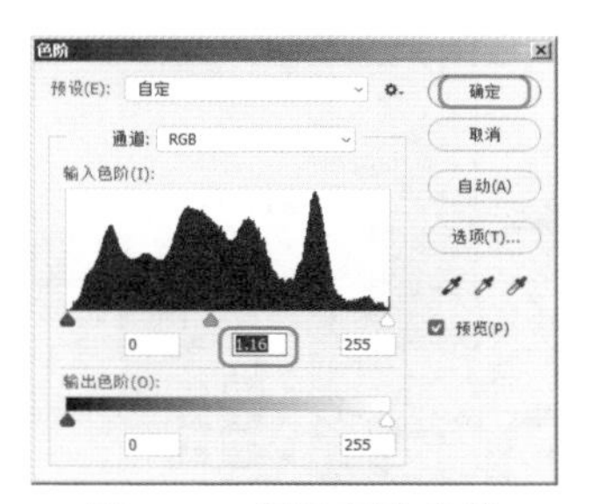

图17-4　调整色阶参数

图17-5　调整后的整体鸟瞰效果

17.2.2　背景的制作

背景是为了更好地突出建筑主体而制作的，背景添加的好坏将影响到鸟瞰效果图作品的最终展示效果，背景处理好了，场景的氛围就出来了。

Step 1 打开“素材和源文件”\“第17章”\“背景草地.jpg”文件，如图17-6所示。该图像作为场景的底色，将其拖动到鸟瞰效果图场景中，调整其大小和位置。

Step 2 打开“素材和源文件”\“第17章”\“大环境背景.jpg”文件，将图像拖动到场景文件中，调整其大小和位置，如图17-7所示。

图17-6　打开的图像

图17-7　打开的环境图像

将大环境背景同样拖动到鸟瞰效果图中，调整其位置和大小。

Step 3 查看当前图像素材所在的图层，选择“图层0”鸟瞰图像所在的图层，按【Ctrl+J】组合键，复制出“图层0拷贝”，并将其放置到当前图层面板的顶部，如图17-8所示。

Step 4 使用（橡皮擦工具），在场景中擦除“图层0拷贝”中的四周多余的图像，显示出添加的环境背景，如图17-9所示。

图17-8　复制图层并调整图层位置

图17-9　擦除图像

Step 5 选择大环境背景图像所在的图层，设置图层的“不透明度”为90%，如图17-10所示。

Step 6 在【图层】面板中新建“图层4”，设置前景色暖黄色，使用■（渐变填充工具），设置填充为前景色到透明的渐变，填充图像，如图17-10所示的效果。

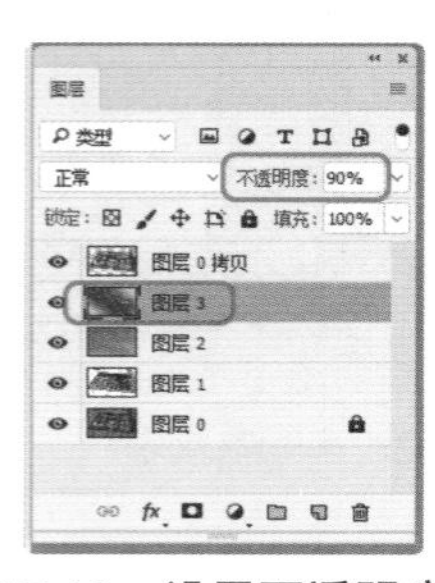

图17-10　设置不透明度

图17-11　填充渐变色

Step 7 设置图层的混合模式为“强光”，设置“不透明度”为20%，如图17-12所示。

图17-12　设置图层属性

Step 8 在【图层】面板中新建“图层5”，填充图层为黑色，如图17-13所示。

填充图层颜色可以首先设置前景色为黑色，按【Alt+Delete】组合键，可以填充前景色。

Step 9 设置前景色为白色，背景色为黑色，在菜单栏中选择【滤镜】|【渲染】|【分层云彩】命令，如图17-14所示。

图17-13　创建新图层

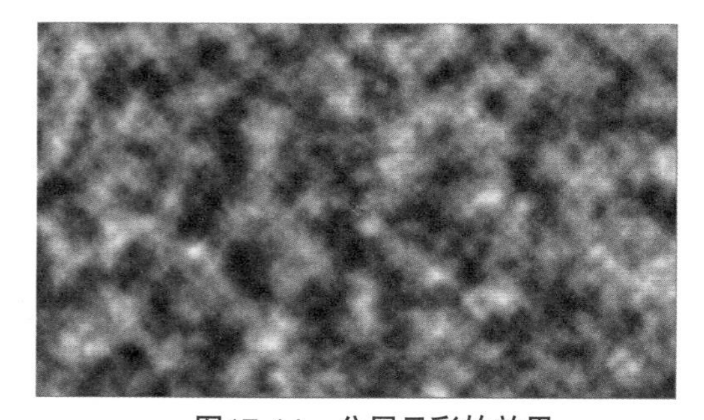

图17-14　分层云彩的效果

Step 10 设置图层的混合模式为“滤色”，如图17-15所示。

Step 11 使用（橡皮擦工具），设置一个柔边的标出，擦除鸟瞰建筑所在区域的云彩，如图17-16所示。

图17-15　设置图层的混合模式

图17-16　擦除图像

17.2.3　调整图像的局部效果

在3ds Max中渲染出的效果图总会有多多少少的缺陷，这些缺陷可以在后期处理中加以调整修补。

Step 1　在【图层】面板中选择通道所在的图层“图层1”，使用（魔棒工具），在场景中选择车位的区域，如图17-17所示。

Step 2　在【图层】面板中选择“图层0拷贝”图层，按【Ctrl+J】组合键，键选区中的图像复制到新的图层中。

Step 3　复制选区到新的图层中之后，按【Ctrl+M】组合键，在弹出的对话框中调整曲线，如图17-18所示。

图17-17　创建选区

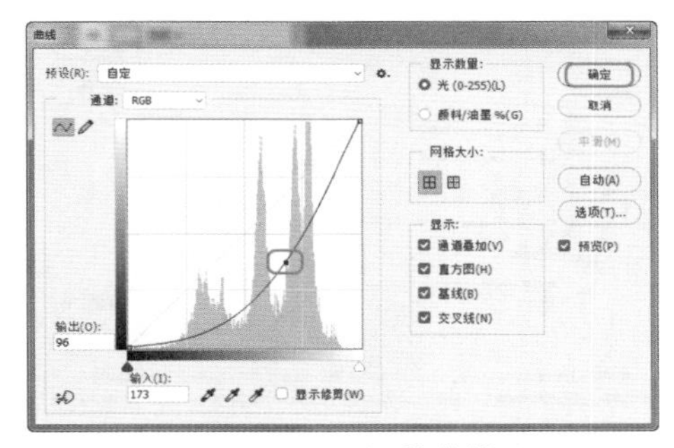

图17-18　调整曲线

调整车位区域的效果如图17-19所示。

Step 4　在【图层】面板中选择通道所在的图层“图层1”，使用（魔棒工具），在场景中选择路面的区域，如图17-20所示。

图17-19　调整的车位

图17-20　创建路面选区

创建选区之后，选择“图层0拷贝”图层，按【Ctrl+J】组合键，键选区中的图像复制到新的图层中。

Step 5 使用（加深工具）、（减淡工具），设置合适的参数，并在场景中设置路面的加深和减淡效果，如图17-21所示。

Step 6 在【图层】面板中选择通道所在的图层“图层1”，使用（魔棒工具），在场景中选如图17-22所示的棚顶区域。

创建选区之后，选择“图层0拷贝”图层，按【Ctrl+J】组合键，将选区中的图像复制到新的图层中。

图17-21　加深和减淡的效果

图17-22　创建选区

Step 7 复制选区到新的图层中之后，按【Ctrl+U】组合键，在弹出的对话框中调整色相/饱和度参数，如图17-23所示。

Step 8 按【Ctrl+L】组合键，在弹出的对话框中调整色阶的参数，如图17-24所示。

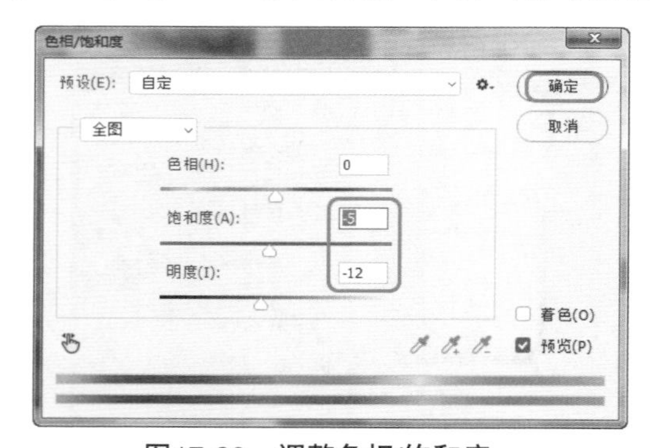

图17-23　调整色相/饱和度

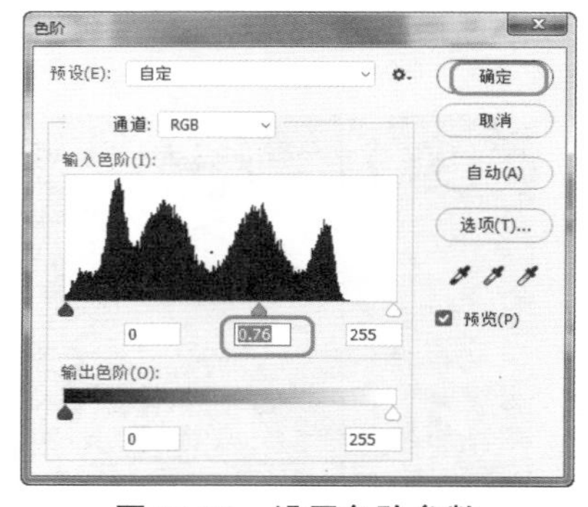

图17-24　设置色阶参数

调整的棚顶效果，如图17-25所示。

Step 9 在【图层】面板中选择通道所在的图层“图层1”，使用（魔棒工具），在场景中选择水面的区域，如图17-26所示。

图17-25　调整的棚顶效果

图17-26　创建的水面选区

创建选区之后，选择“图层0拷贝”图层，按【Ctrl+J】组合键，键选区中的图像复制到新的图层中。

Step 10 按【Ctrl+M】组合键，在弹出的对话框中调整曲线的形状，如图17-27所示。

Step 11 按【Ctrl+U】组合键，在弹出的对话框中调整参数，如图17-28所示。

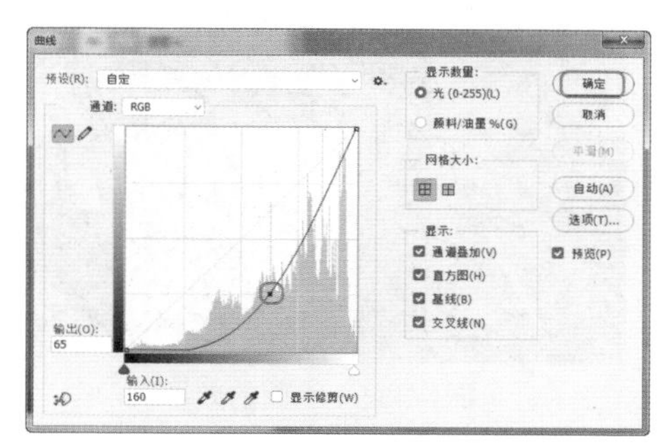

图17-27 调整曲线

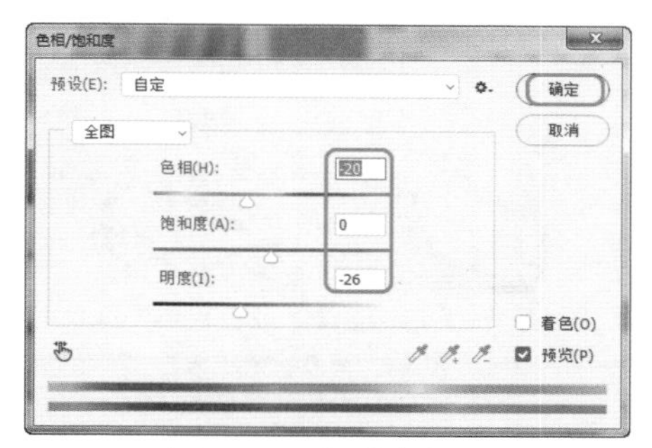

图17-28 调整参数

Step 12 调整的水面的效果，如图17-29所示。

场景中水面的图像没有任何波纹，下面我们将打开的水面放置到场景中，作为水面波纹。

Step 13 打开“素材和源文件”\“第17章”\“水面.jpg”文件，将图像拖动到场景文件中，将其放置到水面的位置，调整其大小，按住【Alt】键移动复制图像复制图像后，选择所有图像的图层，按【Ctrl+E】组合键，如图17-30所示。

图17-29 调整的水面效果

图17-30 打开的水面图像

Step 14 水面图像合并为一个图层后，按住【Ctrl】键，单击水面图层的图层缩览图，将其载入选区，为水面图像所在的图层设置蒙版，并设置图层的混合模式为【正片叠底】，“不透明度”为60%，如图17-31所示。

Step 15 设置的水面图层效果，如图17-32所示。

图17-31 调整的水面效果

图17-32 打开的水面图像

可以看到当前水面效果太平淡，对比不强。

Step 16 按【Ctrl+M】组合键，调整曲线的形状，增强对比，如图17-33所示。调整的水面效果如图17-34所示。

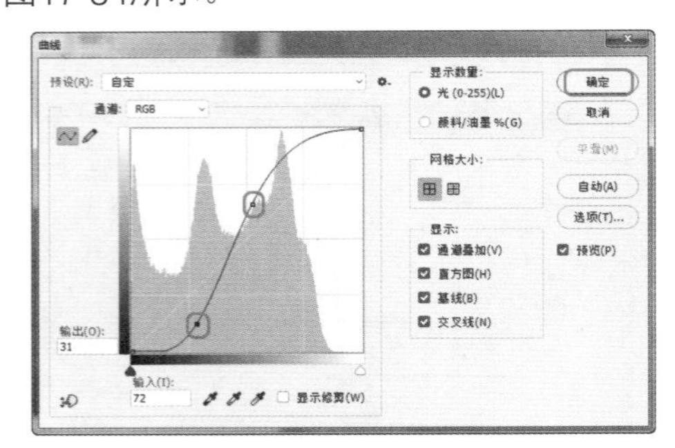

图17-33　调整曲线形状

图17-34　水面的效果

Step 17 使用（魔棒工具），选择“图层1”通道所在的图层，选择水面周围的围挡地面，如图17-35所示。

创建选区之后，选择“图层0拷贝”图层，按【Ctrl+J】组合键，键选区中的图像复制到新的图层中。

Step 18 使用（加深工具）、（减淡工具），设置合适的参数，并在场景中设置图像的加深和减淡效果，如图17-36所示。

图17-35　创建选区

图17-36　加深减淡图像

Step 19 按【Ctrl+M】组合键，在弹出的对话框中调整曲线的形状，如图17-37所示。调整后的图像效果如图17-38所示。

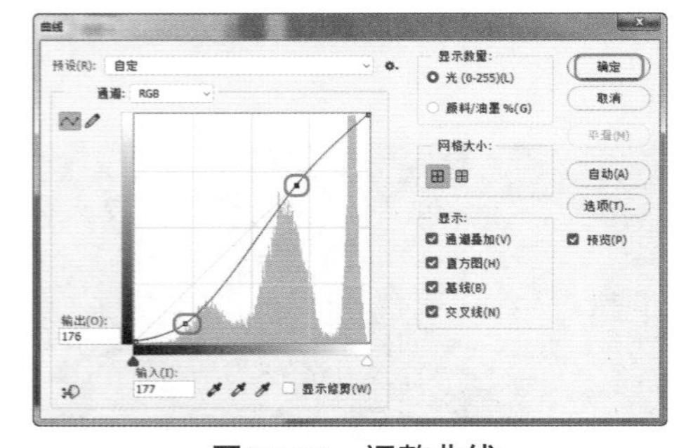

图17-37　调整曲线

图17-38　创建草地选区

Step 20 使用（魔棒工具），选择“图层1”通道所在的图层，选择草地颜色区域，如图17-39所示。

创建选区之后，选择“图层0拷贝”图层，按【Ctrl+J】组合键，键选区中的图像复制到新的图层中。

Step 21 使用（加深工具）、（减淡工具），设置合适的参数，并在场景中设置图像的加深和减淡效果，如图17-40所示。

图17-39　创建草地颜色选区

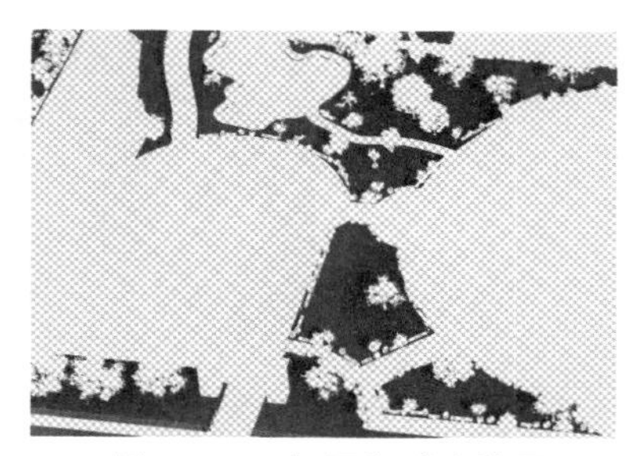

图17-40　加深和减淡效果

Step 22 确定草地图像所在的图层处于选择状态，按【Ctrl+M】组合键，在弹出的对话框中调整曲线，如图17-41所示。

Step 23 使用（魔棒工具），选择“图层1”通道所在的图层，选择建筑顶部玻璃颜色区域，如图17-42所示。

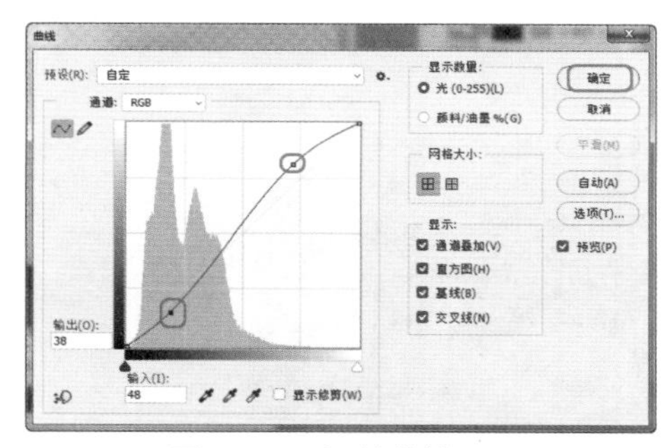

图17-41　调整曲线

图17-42　创建选区

创建选区之后，选择“图层0拷贝”图层，按【Ctrl+J】组合键，键选区中的图像复制到新的图层中。

Step 24 将选区复制到新的图层中之后，按【Ctrl+M】组合键，在弹出的对话框中调整曲线的形状，如图17-43所示。

Step 25 按【Ctrl+L】组合键，在弹出的对话框中设置色阶参数，如图17-44所示。

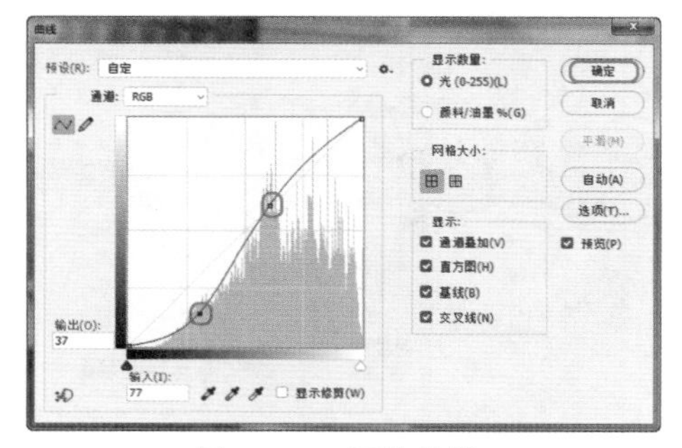

图17-43　调整曲线

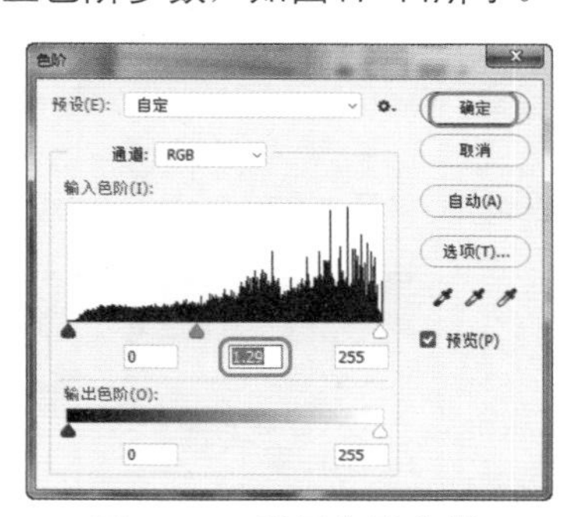

图17-44　设置色阶参数

调整后的玻璃效果，如图17-45所示。

图17-45　调整后的玻璃效果

17.2.4　最终调整

最终调整一般是为画面做一些特殊效果以及对画面进行整体色调的调整等。

Step 1　在【图层】面板中新建一个图层，填充新建的图层为黑色，填充图层后，在菜单栏中选择【滤镜】|【渲染】|【镜头光晕】命令，在弹出的对话框中设置合适的参数，如图17-46所示。

Step 2　设置图层的混合模式为“滤色”，如图17-47所示。

图17-46　镜头光晕效果

图17-47　设置图层属性

Step 3　在【图层】面板底部单击◐（创建新的填充或调整图层），在弹出的菜单中选择“亮度/对比度”命令，在“属性”面板中设置合适的参数，如图14-48所示。

Step 4　选择“亮度/对比度”的遮罩缩览图，镜像填充遮罩，如图17-49所示。

图17-48　设置参数

图17-49　填充遮罩

Step 5 按【Ctrl+Shift+Alt+E】组合键，盖印所有图层到新的图层中，设置图层的混合模式为“叠加”，并设置“不透明度”为50%，使用（橡皮擦工具），擦除建筑所在图像的区域，如图17-50所示。

图17-50　擦除图像

Step 6 擦除图像后，按【Ctrl+J】组合键，复制盖印并修改的图像，如图17-51所示。

图17-51　复制图像

Step 7 创建选区，并填充黑色选区为遮罩，如图17-52所示。

将图像另存为“鸟瞰效果.psd”。

图17-52　创建黑色遮罩

17.3　小结

本章通过室外鸟瞰效果图的后期处理制作过程，系统地讲述了鸟瞰效果图后期处理的基本方法和技巧。有一点需要提醒读者，因为鸟瞰效果图的视角是俯视的，因此在运用Photoshop软件对鸟瞰效果图进行后期处理时，一定要注意凸出主体建筑，切勿让配景素材喧宾夺主。

第18章

制作建筑立面图

本章内容

- 整理图纸
- 背景制作
- 建筑立面调整

建筑立面图具有制作快速与效果明显两大特点，是现在建筑表现常用的手段之一。它包含的元素很多，如真实的建筑材质、配景素材与逼真的光线投影等。

目前建筑立面渲染图的制作方法大致分为两种，一种是和前面介绍的室内彩平图的制作方法极为相似，也是通过AutoCAD将图纸打印输出成位图，然后再进行建立选区、填色等操作。

另一种方法也是当下最流行的方法，就是直接从3ds Max中将需要制作的立面图和它的颜色通道图全部渲染输出，然后在Photoshop中进行调整颜色处理，最后再加上一些合适的真实配景，这样制作出来的立面渲染图效果更加真实。

本章制作的建筑立面图最终效果与处理前如图18-1所示。

图18-1　立面效果图的前后对比

18.1　调整建筑

在制作立面效果图之前首先调整输出的建筑效果图的整体效果。

Step 1　打开“素材和源文件”\“第18章”\“立面.tga、立面TD.tga”文件，如图18-2所示。

Step 2　将立面TD图像拖动到立面图像场景中，并选择“背景”图层，按【Ctrl+J】组合键，复制出“背景拷贝”，调整图层的位置，如图18-4所示。

Step 3　选择“背景拷贝”图层，在菜单栏中选择【图像】|【调整】|【亮度/对比度】命令，在弹出的对话框中调整亮度/对比度参数，如图18-4所示。

图18-2　打开的图像

图18-3　复制图像

图18-4　调整参数

18.2　调整、添加环境素材

调整整体建筑之后下面将添加草地，并调整草地和天空以及远景建筑的效果。

Step 1　打开“素材和源文件”\“第18章”\“草地.png”文件，如图18-5所示。

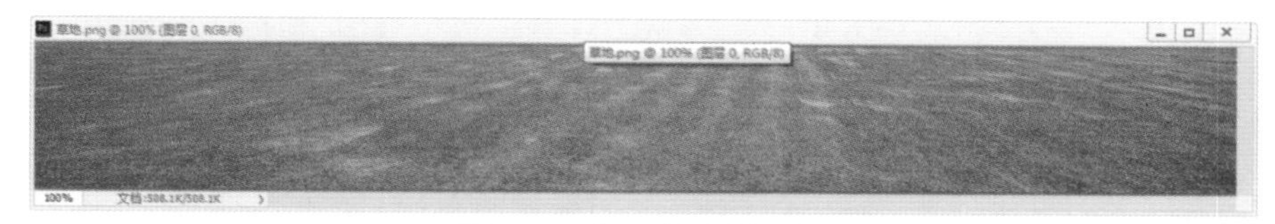

图18-5　打开的素材文件

Step 2　将草地素材拖动到场景文件中，调整其大小和位置，如图18-6所示。

此时发现图像底部有多余的区域，可以使用（裁剪工具）将底部的区域裁剪掉。

Step 3　确定草地图层处于选择状态，，在菜单栏中选择【图像】|【调整】|【亮度/对比度】命令，在弹出的对话框中调整亮度/对比度参数，如图18-7所示。

Step 4　在【图层】面板中选择“图层1”通道图层，使用（魔棒工具），选择建筑颜色，创建建筑颜色选区后，选择“背景拷贝”图层，按【Ctrl+J】组合键，将选区中的建筑复制到新的图层中，再复制出两个，将其放置到建筑的两侧，调整图层的位置大小和“不透明度”，如图18-8所示。

Step 5 在【图层】面板中创建新的图层，将新图层放置到图层面板顶部，设置前景色为黑色、背景色为白色，在菜单栏中选择【滤镜】|【渲染】|【云彩】命令，设置图层云彩效果，并调整其大小，如图18-9所示。

图18-6　添加草地素材

图18-7　调整参数

图18-8　调整辅助建筑

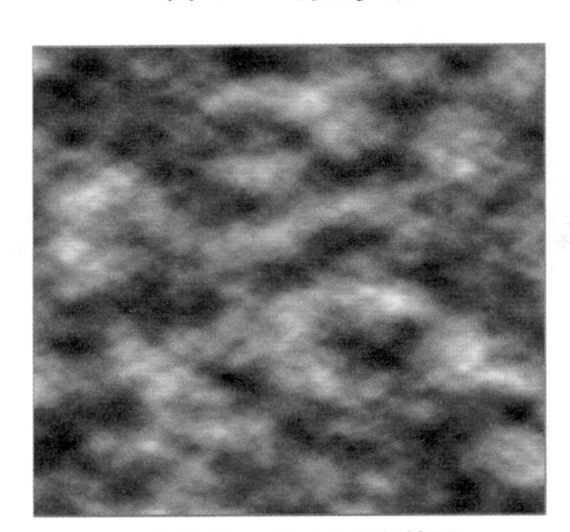

图18-9　设置云彩效果

Step 6 设置图层的混合模式为“滤色”，使用（橡皮擦工具）擦出云彩效果，如图18-10所示。

Step 7 按【Q】键，进入快速蒙版区域，使用（渐变填充工具）设置黑色到白色的填充，填充如图18-11所示的效果。

图18-10　擦出云彩效果

图18-11　填充渐变蒙版

Step 8 创建渐变后按【Q】键，退出快速蒙版，选择“背景拷贝”图层，按【Ctrl+M】组合键，在弹出的对话框中调整曲线的形状，如图18-12所示。调整后的曲线效果如图18-13所示。

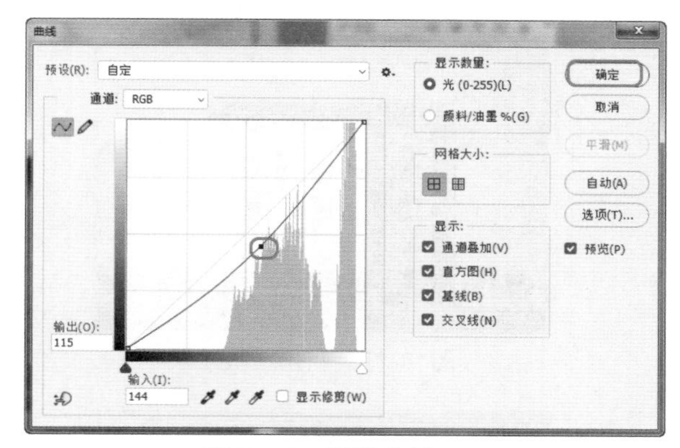

图18-12　调整曲线

图18-13　调整的曲线效果

Step 9 确定选区处于选择状态，按【Ctrl+U】组合键，在弹出的对话框中调整参数，如图18-14所示。

调整的天空效果如图18-15所示。按【Ctrl+D】组合键，取消选区的选择。

图18-14　调整参数

图18-15　调整的效果

18.3　最终效果的调整

最终调整一般是为画面做一些特殊效果以及对画面进行整体色调的调整等。

Step 1 按【Ctrl+Shift+Alt+E】组合键，盖印可见图层到新的图层中，选择盖印的图层，在菜单栏中选择【滤镜】|【渲染】|【镜头光晕】命令，在弹出的对话框中调整光晕的位置和参数，如图18-16所示。

Step 2 添加光晕后，为场景设置一个四角压暗效果，如图18-17所示。

Step 3 在【图层】面板底部单击◐（创建新的填充或调整图层），在弹出的菜单中选择“色彩平衡”命令，在“属性”面板中设置合适的参数，如图18-18所示。调整后的最终效果，如图18-19所示。

图18-16　添加镜头光晕

图18-17　四角压暗效果

图18-18　设置色彩平衡参数

图18-19　最终效果

将图像另存为“立面.psd”。

18.4　小结

本章学习了用Photoshop软件制作建筑立面图的方法。通过本章的学习，读者应掌握用Photoshop软件绘制二维渲染图的方法与技巧。制作二维渲染图的方法多种多样，可以根据自己的绘图习惯和需要，大胆创新、大胆尝试。只要制作出的图像效果好，任何方法都可以使用。

第19章 平面规划图的制作与表现

本章内容

- 调整CAD图纸
- 调整输出图纸
- 大环境及路面的处理
- 主体配景的添加与制作
- 素材模块的制作
- 植被及公共设施的添加
- 图像的整体调整

在建筑装饰业，二维渲染图常常用来展示大型规划与新开发的楼盘等项目，通常又称之为二维渲染图。最初二维渲染图的制作工艺是比较粗糙的，设计师只是用简单的画笔将渲染图绘制在图纸上，而不去做任何的艺术处理，看起来有些类似单色素描，如图19-1所示。后来由于设计师制图水平的提高，以及绘图仪器更新换代等因素的影响，水彩、水粉、喷笔等更多的表现手法随之也出现在二维渲染图上，如图19-2所示。

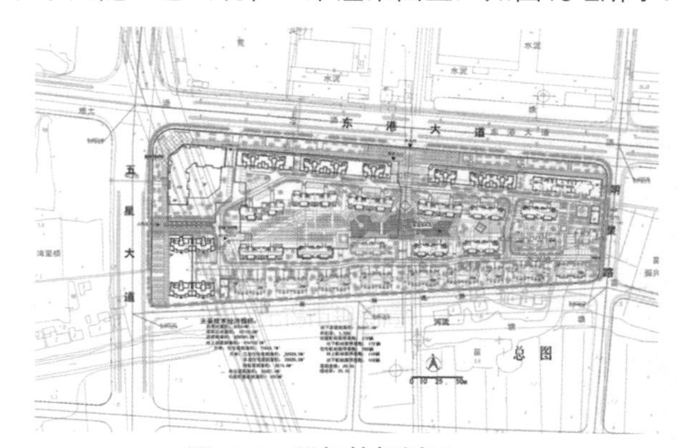

图19-1　最初的规划图

图19-2　进行简单着色后的规划图

为了更好地展示设计师的方案和意图，绘图者在二维渲染图中加入了全新的渲染原色，例如真实的“草地”“水面”与“树木”等，如图19-3所示。

由图19-3可以看出，现在的规划图中加入了更多的自然元素。另外，绘图者更加重视植物的种植位置以及光影方向等问题。同时，还有一部分模块的处理仍是使用早期的表现手段，例如，马路和建筑仍然使用单色进行处理。

本章制作的平面规划图最终效果如图19-4所示。

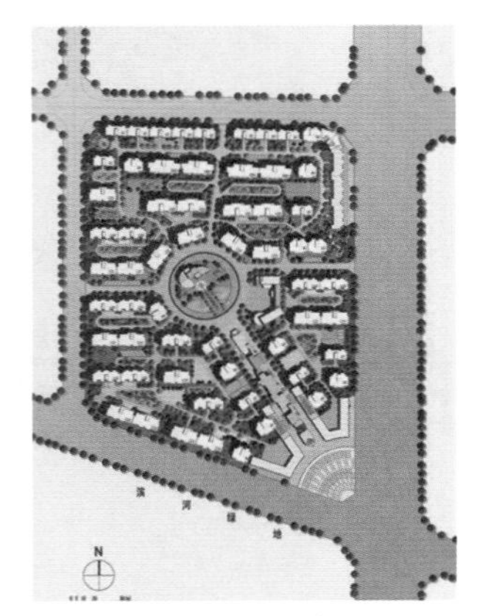

图19-3　现在的规划图

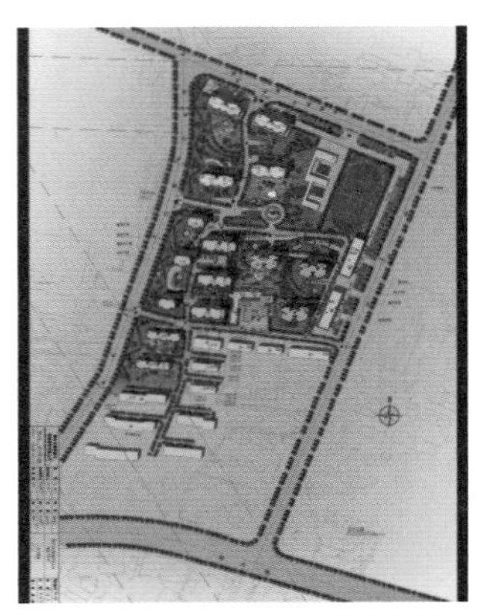

图19-4　平面规划图效果

19.1　调整CAD图纸

制作平面规划图和制作室内彩平图一样，需要先将平面图从AutoCAD软件中输出来，然后才能进行制作。具体操作如下。

动手操作——调整CAD图纸

Step 1 启动AutoCAD软件。

Step 2 单击【文件】|【打开】命令，打开“素材和源文件”\“第19章”\“总平面.dwg”文件，如图19-5所示。

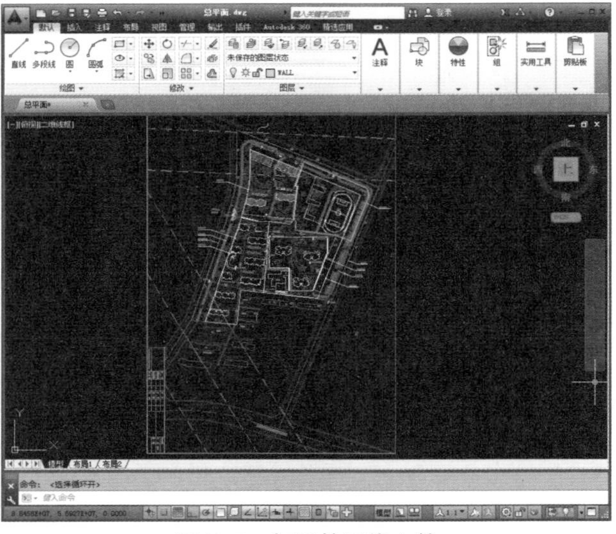

图19-5　打开的图像文件

这是一个住宅小区的规划图，我们将从本图开始学习城市规划平面图的制作方法。因为图纸上有一些不需要的图层，所以在输出之前需要先将图纸处理一下，把不必要的图层冻结，使其便于绘图人员后面使用。

Step 3 在【常用】选项卡下，找到【图层】选项，然后在其下拉列表中依次将“TREE”“TR”“DEFPOINTS”等图层冻结，如图19-6所示。

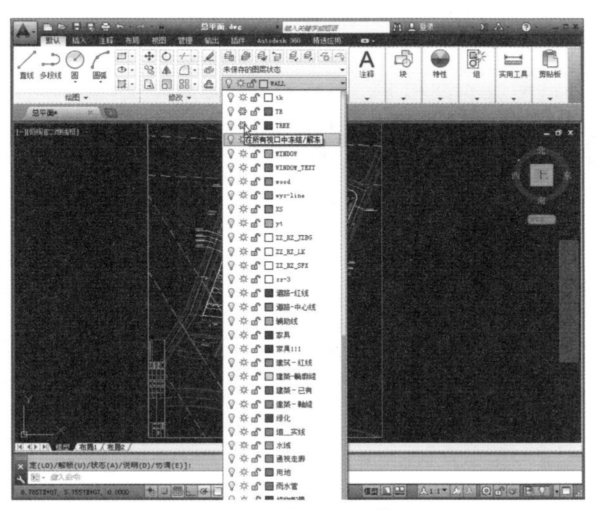

图19-6　冻结不必要的图层

执行上述操作后，图纸效果如图19-7所示。

这样，CAD图纸就调整好了，接下来就使用本书12.1节介绍的方法把图纸从AutoCAD软件中输出成一张3000×4000的png格式的位图文件，如图19-8所示。

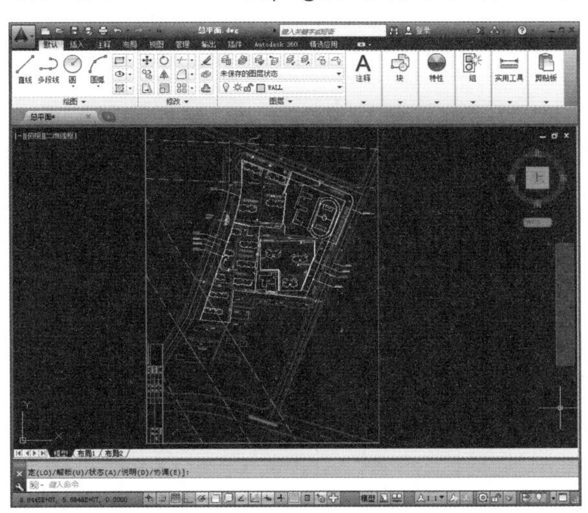

图19-7　冻结图层后的效果

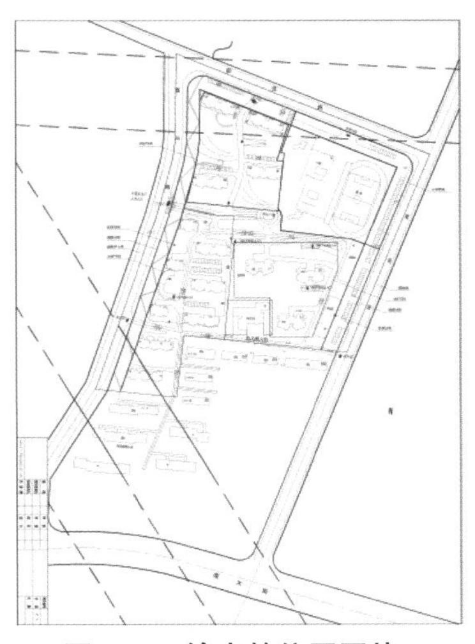

图19-8　输出的位图图片

 19.2　调整输出图纸

图纸输出后，接下来将开始使用Photoshop对输出的图纸进行绘制。在开始绘制之前先把

图纸调整成我们需要的样子，其中包括图片的色调、明度及亮度、对比度等方面的调整。具体操作如下。

动手操作——调整输出图纸

Step 1 启动Photoshop 2018软件。

Step 2 打开刚才打印输出的“总平图–Model.png”文件。

Step 3 单击【图像】|【调整】|【色相/饱和度】命令，打开【色相/饱和度】对话框，设置【饱和度】为-100，降低图像的饱和度，将图纸调整为单色图纸。

降低图纸的饱和度后，图纸效果如图19-9所示。

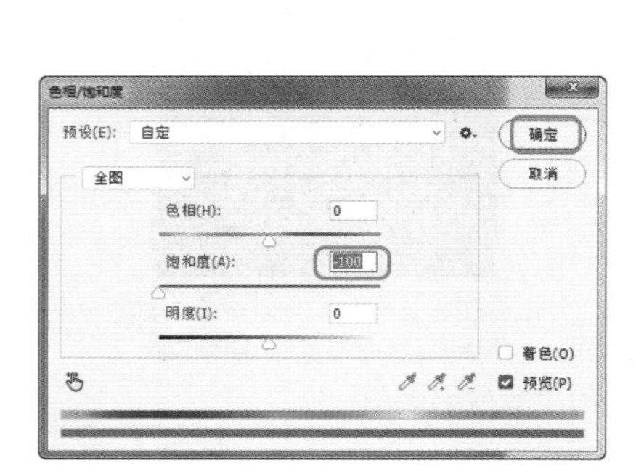

图19-9　参数设置及降低图纸饱和度的效果

由图19-9可以看出，此时图纸中的黑色线条效果并不是很明显，接下来调整图纸的亮度和对比度。

Step 4 单击【图像】|【调整】|【亮度/对比度】命令，打开【亮度/对比度】对话框，设置各项参数如图19-10所示。

执行上述操作后，图纸的对比度明显加大了，效果如图19-11所示。

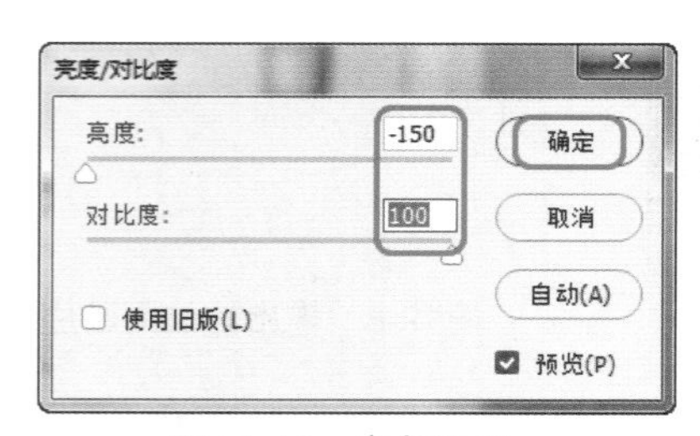

图19-10　参数设置

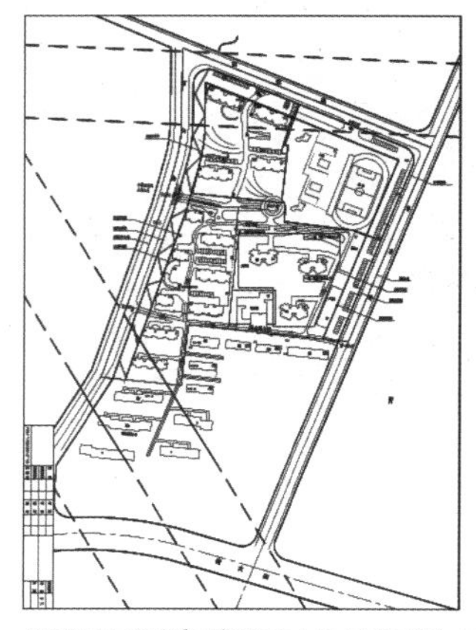

图19-11　调整图纸亮度和对比度后的效果

这样图纸就调整完毕了。接下来将图纸上的黑色线条部分单独作为一层，以方便后面的操作。

Step 5 单击【选择】|【色彩范围】命令，在弹出的【色彩范围】窗口中设置【颜色容差】为100，将吸管放在白色图纸上单击一下，单击“确定”按钮，如图19-12所示。

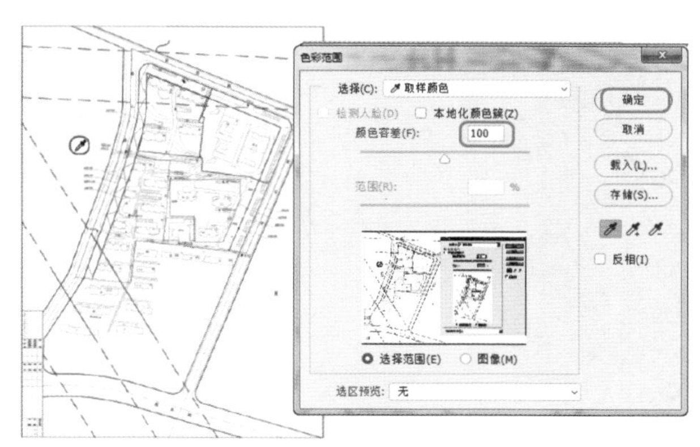

图19-12　参数设置

此时图纸上的白颜色部分全部被选中。

Step 6 按【Ctrl+Shift+I】组合键，将选区反选，按【Ctrl+J】组合键将选区内的内容复制为一个单独的图层，然后将新图层重命名为“底线”。

19.3　大环境及路面的处理

下面将对规划图进行大环境和路面的处理。二维渲染图的绘制方法其实很简单，整个绘制过程无非就是反复地建立选区、填充等操作。具体操作如下：

动手操作——大环境及路面的处理

接着上一节的操作。

Step 1 设置前景色为黑色，使用（缩放工具）将图像局部放大，然后使用（铅笔工具）将图纸中没有封闭的线条封闭起来，以便在后面工作中进行选择，如图19-13所示。

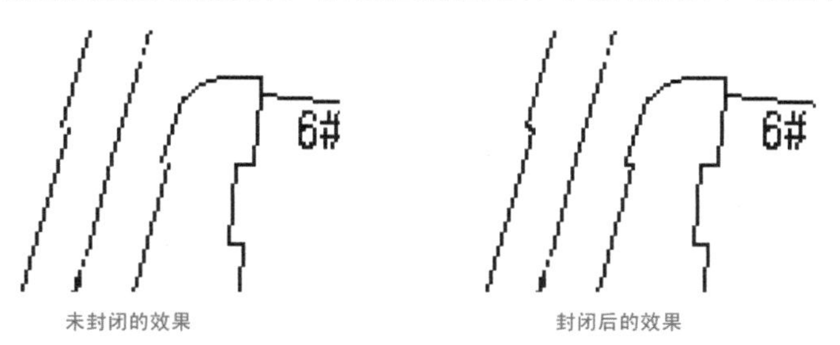

图19-13　封闭线条

Step 2 使用同样的方法，将图纸中所有未封闭的线条封闭起来。

Step 3 设置前景色为淡绿色（R：185，G：200，B：175），将“背景”图层以前景色填充。

Step 4 使用（橡皮擦工具）将“背景”图层的边缘擦除部分，效果如图19-14所示。

Step 5 新建一个名为“底色”的图层，使用（多边形套索工具）在场景中创建一个不规则选区，然后将选区以绿色（R：110，G：135，B：90）填充，效果如图19-15所示。

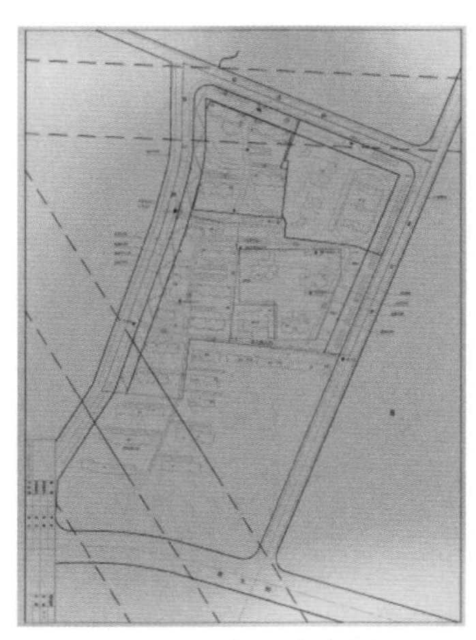

图19-14 处理底色效果

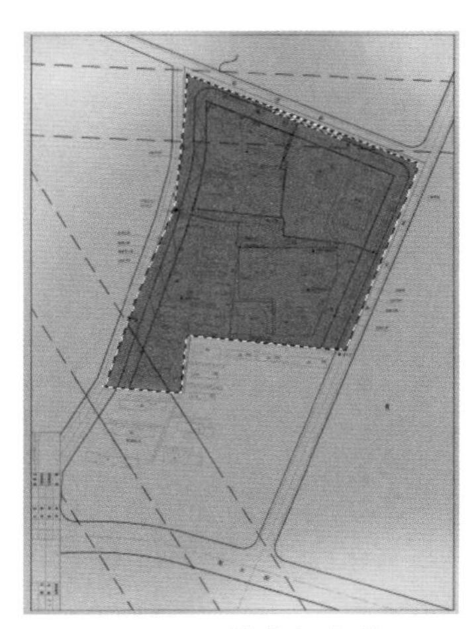

图19-15 填充绿色效果

接下来制作场景中的路面和地面铺设等。

Step 6 使用（魔棒工具）在场景中选择路面部分，选区效果如图19-16所示。

Step 7 新建一个图层，命名为“路面”，使其位于“底线”图层的下方，然后将选区以灰色（R：170，G：180，B：180）填充，填充后的效果如图19-17所示。

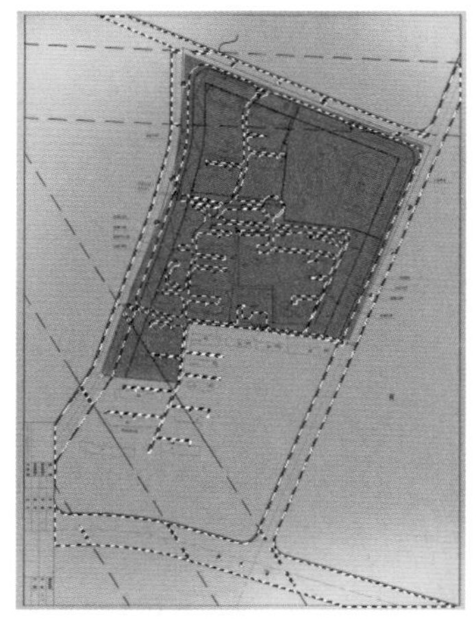

图19-16 使用魔棒工具选择路面

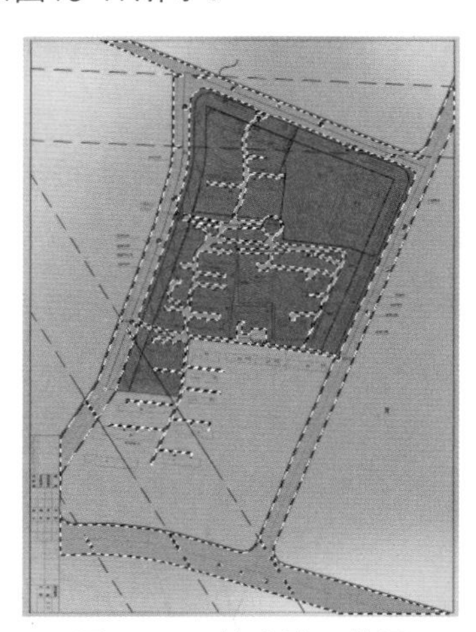

图19-17 填充路面效果

技巧

每次在选择不同元素时都要返回“底线”图层，以后将不再说明。

Step 8 确认“路面”图层为当前层，选择（减淡工具），其属性栏中各项参数设置如图19-18所示。

图19-18 属性栏参数设置

Step 9 使用（减淡工具）在马路中间拖动鼠标，将其局部提亮，制作出路面的立体感，最后将选区取消，效果如图19-19所示。

Step 10 使用（魔棒工具）选择场景中车库标识部分，再将其以深灰色（R：85，G：90，B：90）填充，效果如图19-20所示。

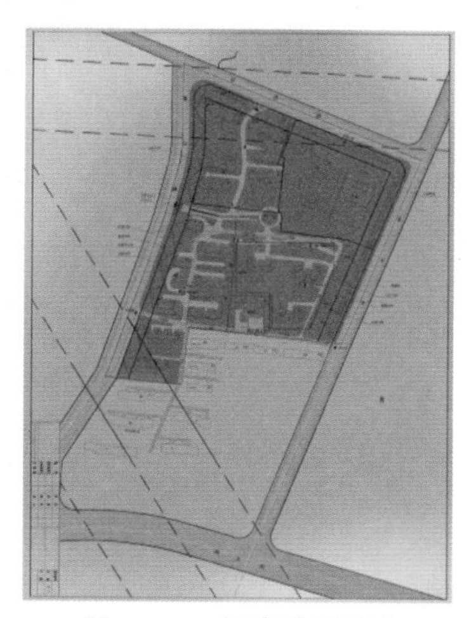

图19-19　提亮路面部分

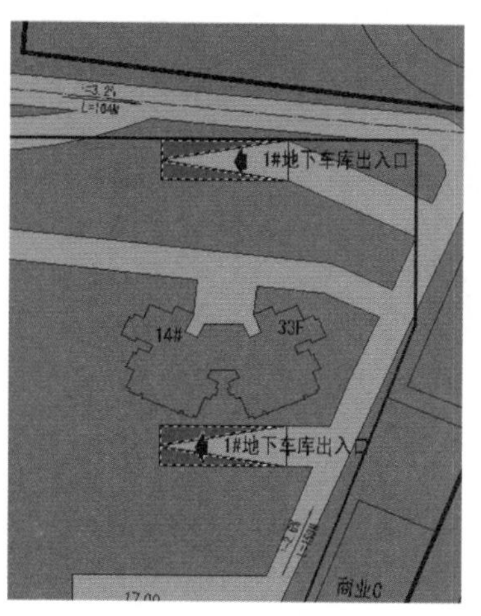

图19-20　填充效果

Step 11 使用（魔棒工具）选择场景中所有停车位，如图19-21所示。

Step 12 打开“素材和源文件”\“第19章”\“车位.jpg”文件，并将其定义为图案。

Step 13 新建一个图层，命名为“车位”，使其位于“底线”图层的下方。

Step 14 单击【编辑】|【填充】命令，打开【填充】对话框，选择新定义的“车位”图案，单击“确定”按钮后，选择的区域将被定义的车位图案填充，如图19-22所示。

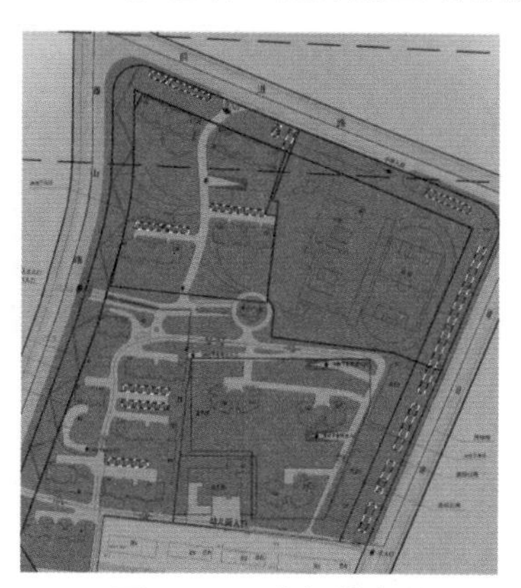

图19-21　选择停车位

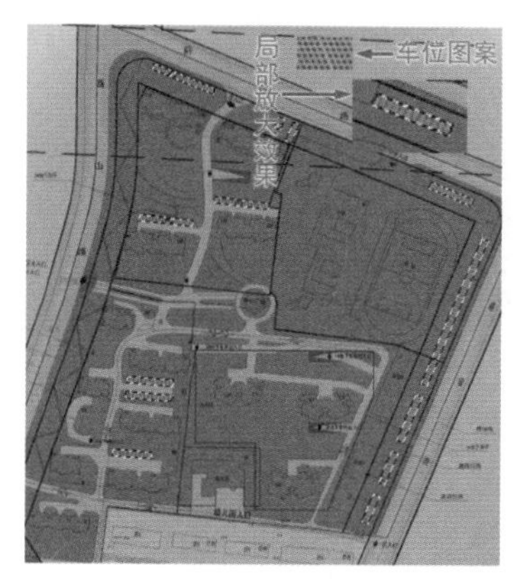

图19-22　填充图案后的效果

Step 15 按【Ctrl+D】组合键将选区取消。

Step 16 使用（魔棒工具）和其他选框工具（如矩形选框工具）选择需要填充地砖图案的区域，如图19-23所示。

Step 17 将“素材和源文件”\“第19章”\“地砖.jpg”图像文件定义为图案，然后再将定义的“地砖”图案填充到选区中，效果如图19-24所示。

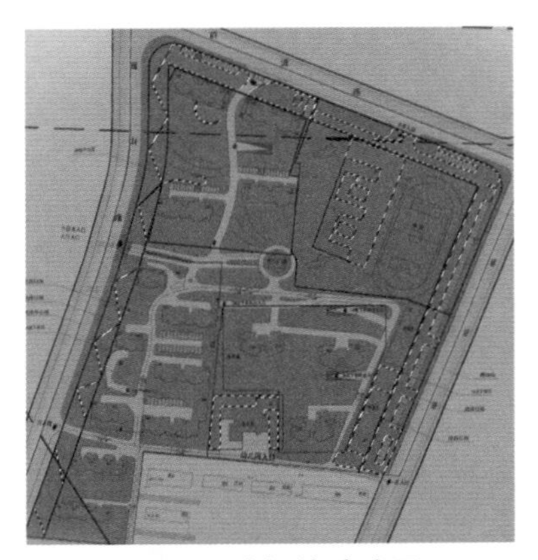
图19-23　选择地砖选区

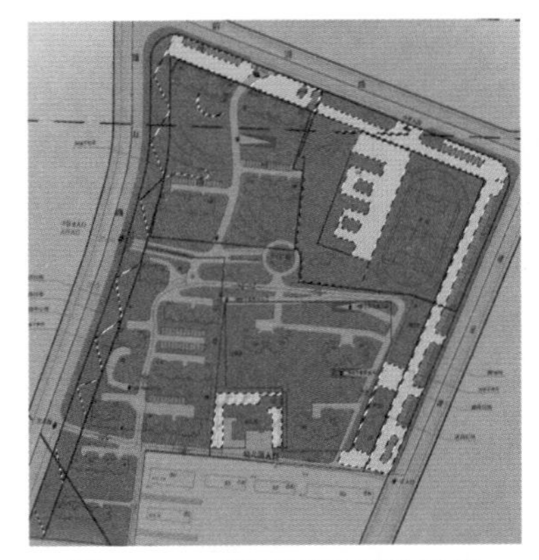
图19-24　填充图案后的效果

Step 18 打开“素材和源文件”\“第19章”\“草地.jpg”文件，并将草地全选，再按【Ctrl+C】组合键复制选区内容。

Step 19 在“总平面”文件中创建如图19-25所示的选区。

Step 20 单击【编辑】|【选择性粘贴】|【贴入】命令，将草地图像粘贴到选区中，调整好它的位置后将其再移动复制一个，效果如图19-26所示。

图19-25　创建选区

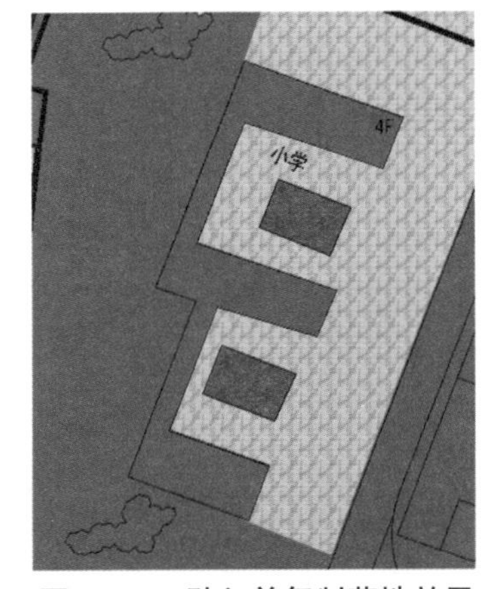

图19-26　贴入并复制草地效果

至此，路面部分基本上全部完成。

19.4　主体配景的添加与制作

下面将为场景添加并制作一些主体配景素材。

动手操作——主体配景的添加及制作

接着上一节的操作。

Step 1 使用（魔棒工具）选择场景中的部分楼顶，如图19-27所示。

Step 2 新建一个名为“楼顶1”的新图层，然后将选区以淡蓝色（R：195，G：210，B：225）填充，填充后的效果如图19-28所示。

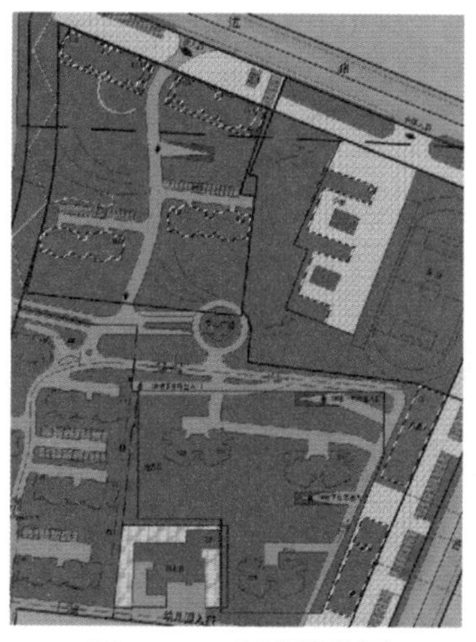

图19-27　创建的选区

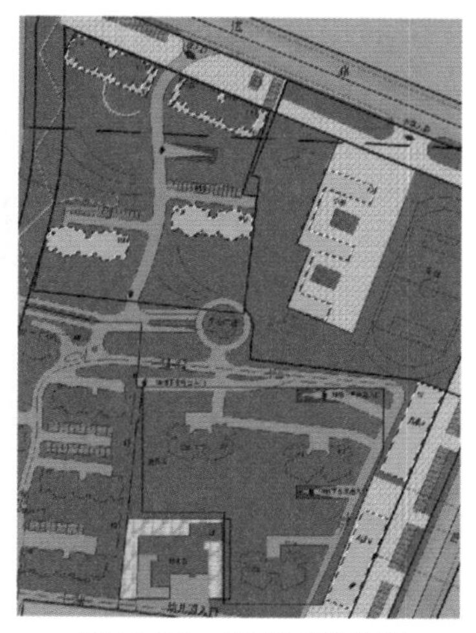

图19-28　填充后的效果

Step 3 双击“楼顶1”图层，打开【图层样式】对话框，选择“内阴影”选项，参数设置如图19-29所示。

Step 4 使用（魔棒工具）选择场景中的其他部分楼顶，并分别填充不同的颜色，如图19-30所示。

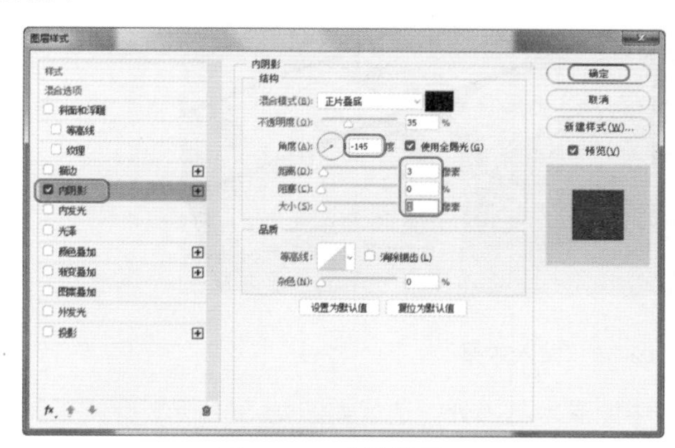

图19-29　参数设置

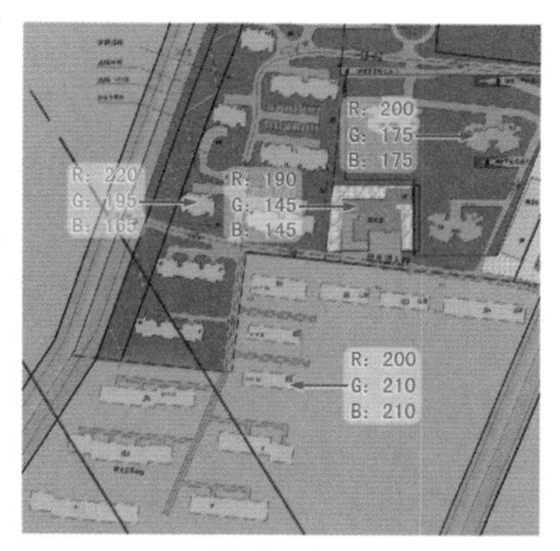

图19-30　填充其他部分效果

Step 5 使用（魔棒工具）选择场景中的部分楼顶，选区效果如图19-31所示。

Step 6 新建一个名为“楼顶6”的新图层，然后将选区以淡蓝色（R：195，G：210，B：255）填充，填充后的效果如图19-32所示。

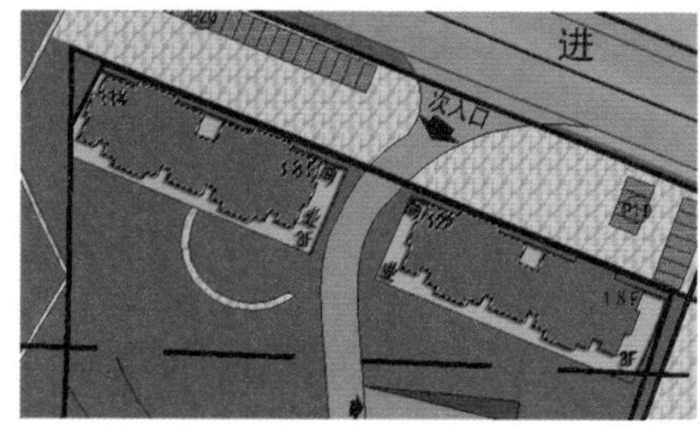

图19-31　创建选区

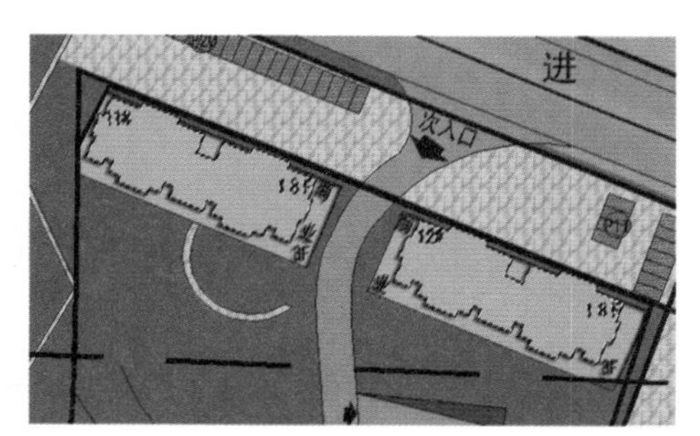

图19-32　填充“楼顶6”效果

Step 7 打开“素材和源文件”\“第19章”\“泳池.jpg”文件，并将泳池全选，再按【Ctrl+C】组合键复制选区内容。

Step 8 在“总平面”文件中选择部分楼顶，如图19-33所示。

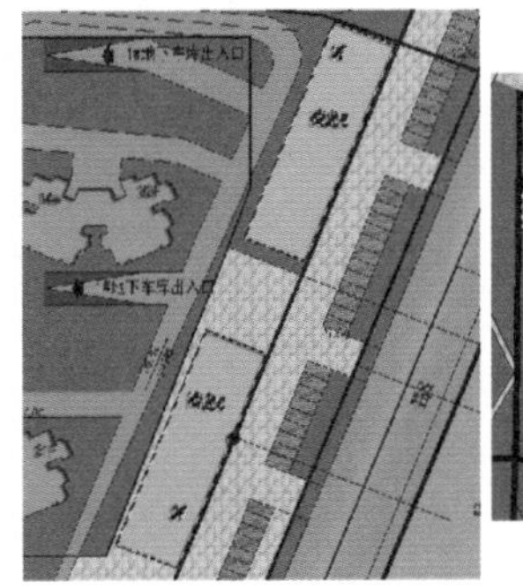
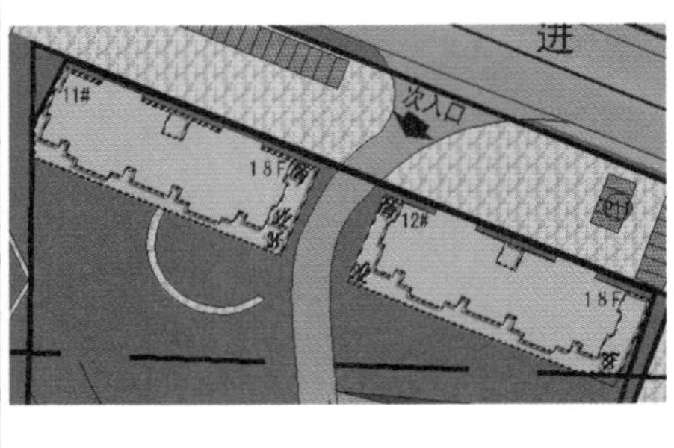

图19-33 创建选区

Step 9 单击【编辑】|【选择性粘贴】|【贴入】命令，将泳池图像粘贴到选区中，调整好它的位置后将其再移动复制一个，并将该图层的混合模式更改为“正片叠底”，图像效果如图19-34所示。

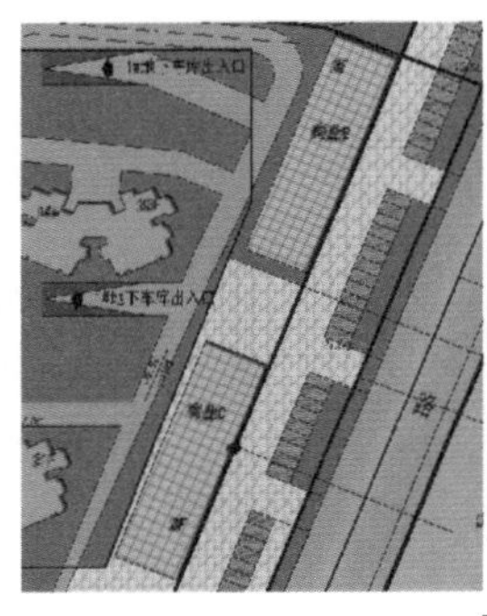
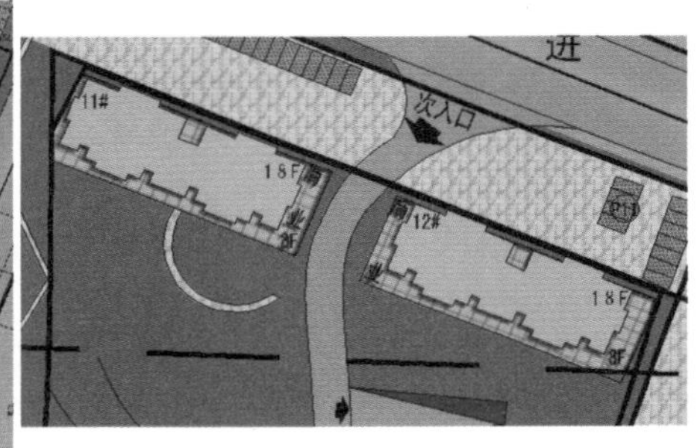

图19-34 贴入效果

Step 10 使用（魔棒工具）选择场景中的灌木丛部分，选区如图19-35所示。

Step 11 新建一个名为“灌木丛”的新图层，然后将选区以深绿色（R：70，G：110，B：50），最后再为其添加【投影】图层样式，效果如图19-36所示。

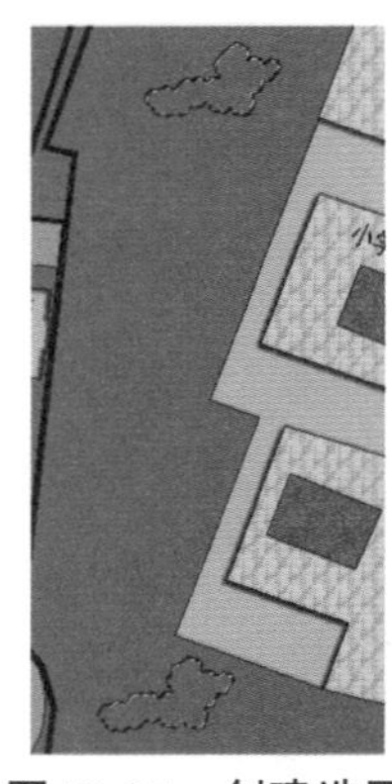

图19-35 创建选区

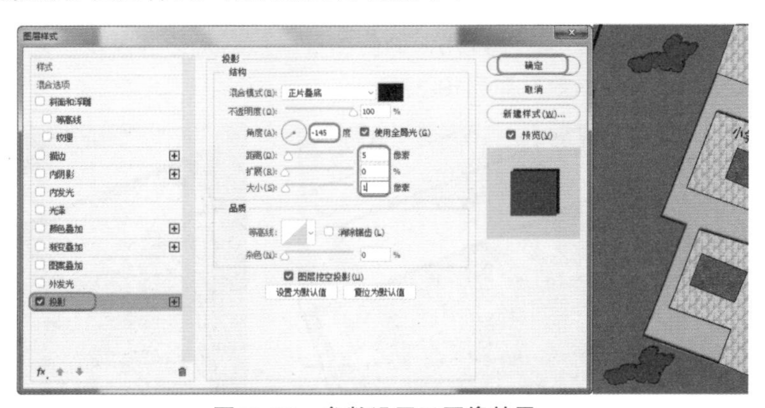

图19-36 参数设置及图像效果

Step 12 单击【文件】|【打开】命令，打开“素材和源文件”\“第19章”\“建筑小品.psd”文件，如图19-37所示。

Step 13 使用（移动工具）将球场调拖到场景中，然后调整好它的位置，如图19-38所示。

Step 14 使用（移动工具）将其他建筑小品一一调拖到场景中，并分别调整好它们的位置，效果，如图19-39所示。

图19-37　打开的图像文件

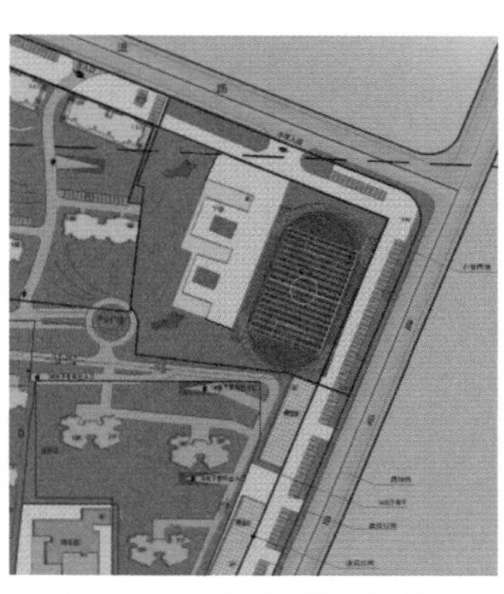

图19-38　调入球场位置

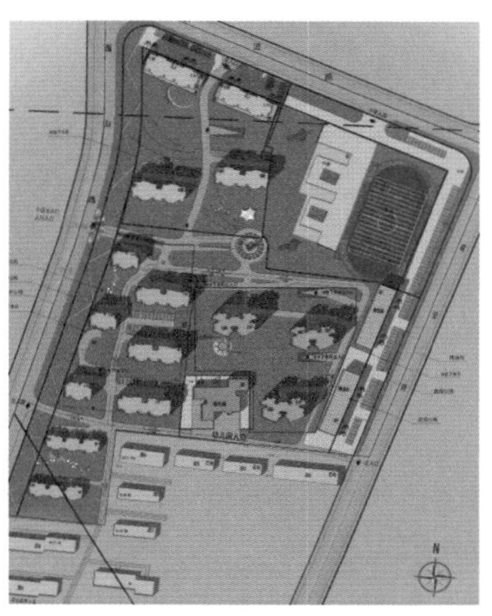

图19-39　调入建筑后的效果

19.5　素材模块的制作

适当地应用树木等植物模块，可以增加整体画面的生动性和真实性。下面介绍一种使用AutoCAD和Photoshop软件相结合制作配景模块的方法。具体操作如下。

动手操作——素材模块的制作

Step 1 启动AutoCAD软件。

Step 2 打开“素材和源文件”\“第19章”\“树.dwg”文件，如图19-40所示。

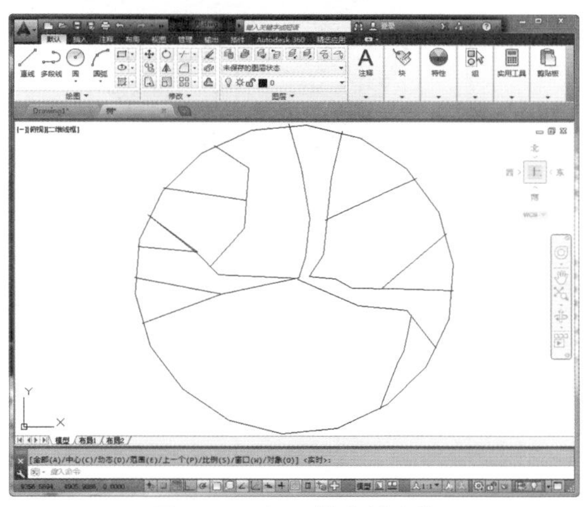

图19-40　打开的素材文件

Step 3 使用前面介绍的方法进行位图的输出，输出后的位图效果如图19-41所示。

Step 4 单击【滤镜】|【其他】|【最小值】命令，打开【最小值】对话框，将【半径】设置为4像素，效果如图19-42所示。

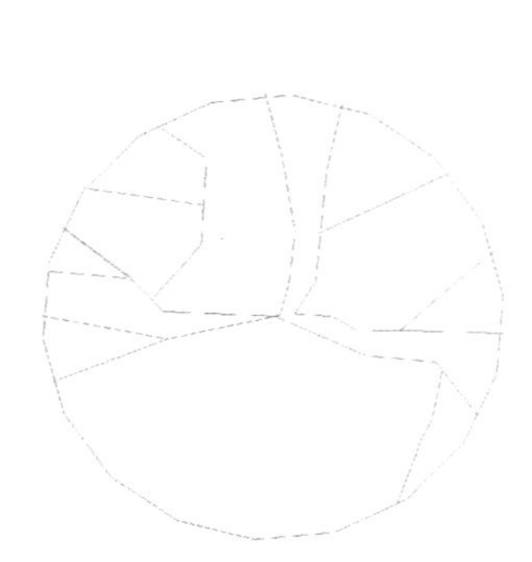

图19-41　输出的位图

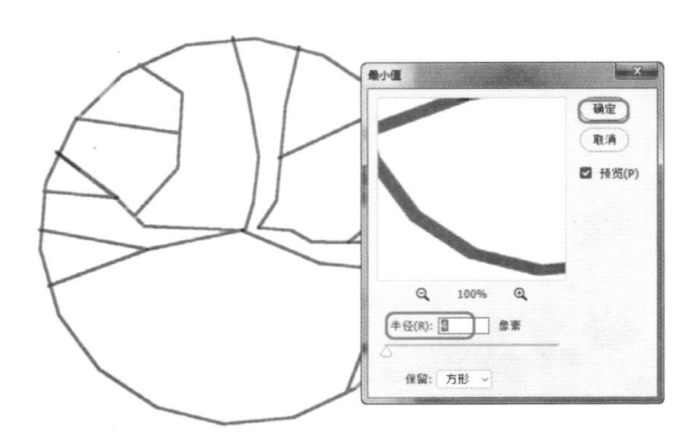

图19-42　参数设置及图像效果

Step 5 创建一个名为“树冠”的新图层，然后使用（椭圆选框工具）在图像中画出树冠的外部轮廓。

Step 6 选择（渐变工具），【渐变编辑器】各项参数设置如图19-43所示。

Step 7 设置好渐变色后，在选择出的树冠轮廓内执行渐变操作，得到如图19-44所示的渐变效果。

Step 8 单击【滤镜】|【杂色】|【添加杂色】命令，打开【添加杂色】对话框，将【数量】设置为25%，效果如图19-45所示。

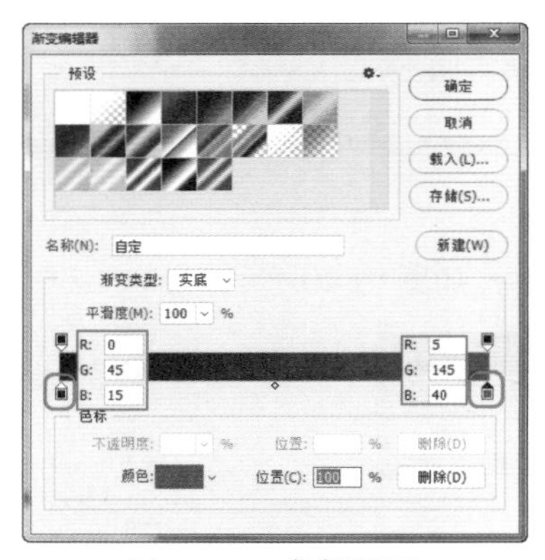

图19-43　参数设置

图19-44　渐变操作后的效果

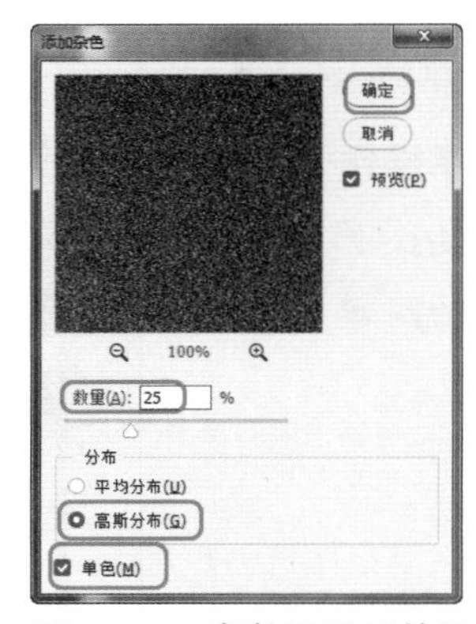

图19-45　参数设置及效果

注意

在使用【添加杂色】滤镜时，要注意数值的设置，否则树冠整体会失真。

Step 9 单击【滤镜】|【艺术效果】|【水彩】命令，打开【水彩】对话框，设置各项参数如图19-46所示。

图19-46　参数设置及图像效果

执行上述操作后，图像效果如图19-47所示。然后按【Ctrl+D】组合键取消选区。

Step 10 将“树冠”图层隐藏，返回“背景”图层，使用（魔棒工具）选中黑色树枝部分，然后再按【Ctrl+J】组合键将其复制为一个单独的图层，并使该层位于【图层】面板的最上方。

Step 11 显示“树冠”图层，此时图像效果如图19-48所示。

图19-47　图像效果

图19-48　粘贴后的效果

Step 12 将“背景”图层以白色填充，然后将其以外的图层链接合并为一个图层。

Step 13 调出树冠所在图层的选区。再按【Shift+F6】组合键，打开【羽化选区】对话框，设置“羽化半径”为10像素，如图19-49所示。

Step 14 执行上步操作后，再将选区反选，然后将选区内的内容删除。

执行上述操作后，按【Ctrl+D】组合键取消选区，效果如图19-50所示。

图19-49　【羽化选区】对话框

图19-50　删除后的效果

接下来为树素材模块制作投影效果，在制作之前先将图纸加大一些。

Step 15 单击【图像】【画布大小】命令，打开【画布大小】对话框，参数设置如图19-51所示。

Step 16 为树冠所在图层添加“投影”图层样式，参数设置如图19-52所示。

图19-51　【画布大小】对话框

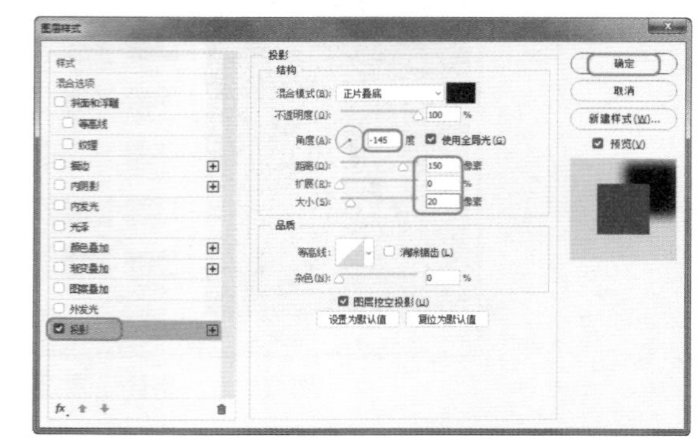

图19-52　参数设置

执行上述操作后，得到素材模块的最终效果如图19-53所示。

图19-53　制作素材模块效果

19.6　植被及公共设施的添加

下面先给规划图添加植物和公共设施等配景。

动手操作——植被及公共设施的添加

接着上一节的操作。

Step 1 单击【文件】|【打开】命令，打开“素材和源文件”\“第19章”\“总平图块.psd”文件，如图19-54所示。

Step 2 使用✥（移动工具）将“植物01”图层中的图像拖到场景中，然后调整它的位置，如图19-55所示。

技巧

为了节省时间，在“总平图块”文件中笔者已经把植被都复制好了，如果读者自己做的话，需要将植物按照规划图的图纸一一复制。

Step 3 使用同样的方法，将其他植物也依次添加到场景中，并分别调整它们的位置，效果如图19-56所示。

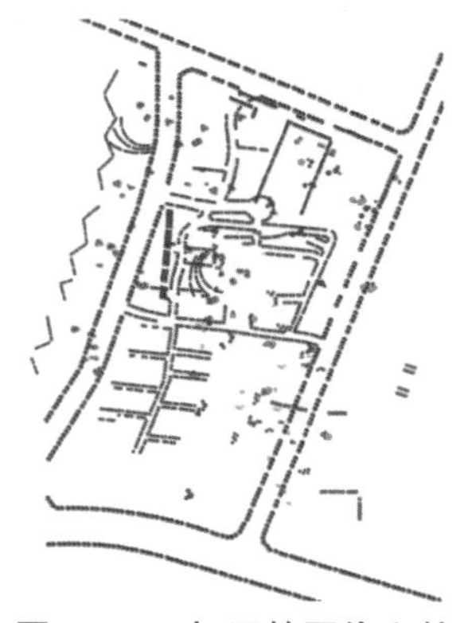

图19-54 打开的图像文件

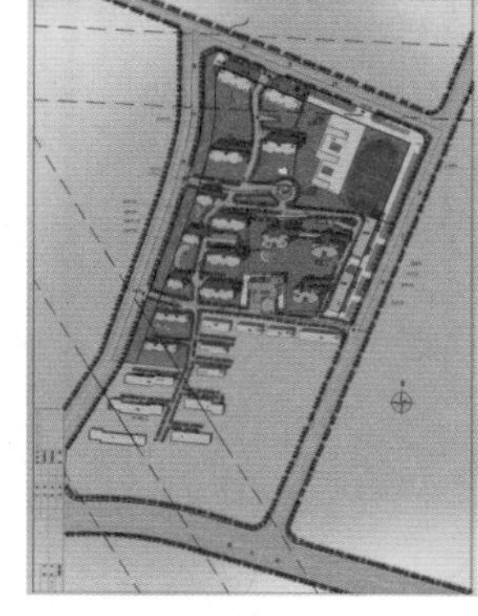

图19-55 调入植被01后的效果

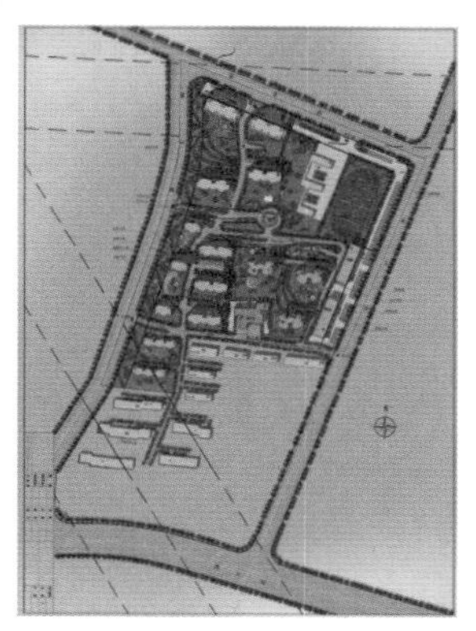

图19-56 添加其他植物后的效果

Step 4 使用同样的方法，将汽车模块添加到场景中，并分别调整它们的位置，效果如图19-57所示。

Step 5 因为场景太大，看不清楚，将它以实际像素显示，效果如图19-58所示。

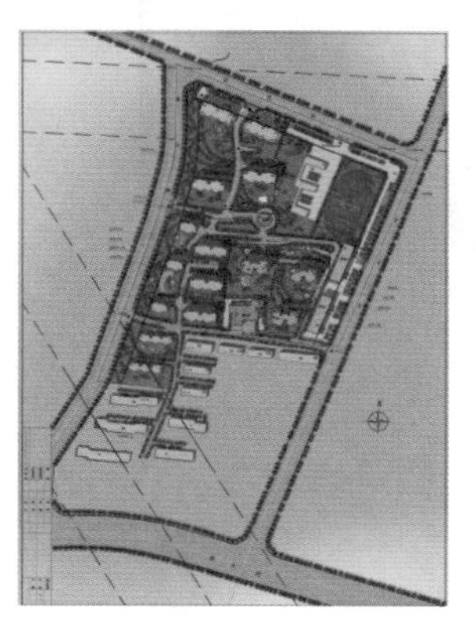

图19-57 添加汽车配景后的效果

图19-58 实际像素显示效果

19.7 图像的整体调整

下面先为画面加上一个边框，使其看起来更加整齐。具体操作如下：

动手操作——图像的整体调整

Step 1 在【图层】面板中新建一个名为“压边”的图层。

Step 2 使用（矩形选框工具）在场景中的左右两边创建两个矩形选区，然后将选区以黑色填充，效果如图19-59所示。

Step 3 将选区取消，然后使用（裁剪工具）将场景的上下两边的边框部分剪掉，效果如图19-60所示。

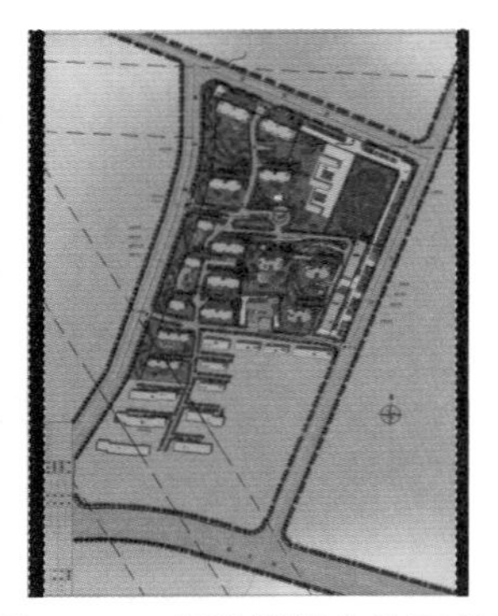

图19-59　创建并填充选区效果

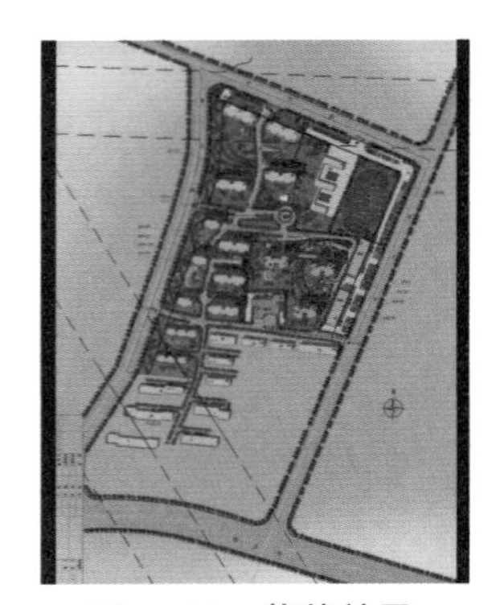

图19-60　裁剪效果

最后调整图像的整体色调。

Step 4 返回最顶层，单击【图层】|【新建调整图层】|【亮度/对比度】命令，在弹出的对话框中设置参数，如图19-61所示。

执行上述操作后，得到图像的最终效果如图19-62所示。

图19-61　参数设置

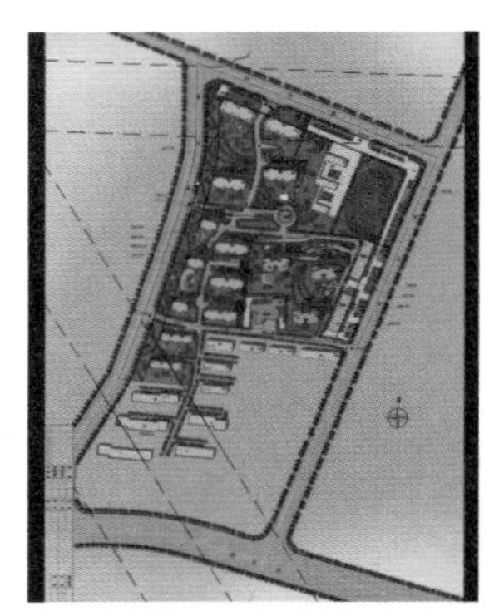

图19-62　最终效果

Step 5 将处理后的文件另存为“总平图.psd”文件。

19.8　小结

本章系统地学习了用Photoshop软件制作室外二维渲染图的方法和各种技巧。通过本章的学习，读者应掌握用Photoshop软件绘制二维渲染图的方法与技巧。

二维渲染图因为场景比较庞大，制作起来也比较烦琐，因此在制作的过程中一定要静下心来，按部就班地把规划图绘制好。

第20章 效果图的打印输出

本章内容

- 效果图打印输出准备工作
- 效果图的打印与输出

在给客户展示效果图时，可以使用电子文档的形式，也可以将图像提供给外部的图形图像输出中心，通过打印机将效果图打印输出。打印输出的效果图会使用户看起来更加直观。如果制作者对图纸的设置不符合打印输出的要求，打印的质量肯定不好，这样有可能使前面的工作付之一炬。所以适当地了解一些打印输出的基本知识将有助于使图像打印效果与预想的保持一致。

20.1　效果图打印输出准备工作

无论是将图像打印到桌面打印机还是将图像发送到印前设备，了解一些有关打印的基础知识都会使打印作业更顺利，并有助于确保完成的图像达到预期的效果。

图像在打印输出之前，都是在计算机屏幕上操作的，对于打印输出则应根据其用途不同而有不同的设置要求。为了确保打印输出的图像和用户的要求一致，打印输出之前制作者必须要弄清楚下面几个事项。

- 制作人必须从一开始就清楚用户最终的输出尺寸，因为它直接影响图像的渲染精度和建模精度。掌握合理的渲染精度，可以避免无意义的额外劳动。
- 对于多数Photoshop用户而言，打印文件意味着将图像发送到喷墨打印机。Photoshop可以将图像发送到多种设备，以便直接在纸上打印图像或将图像转换为胶片上的正片或负片图像。在后一种情况中，可使用胶片创建主印版，以便通过机械印刷机印刷。

- 精确设置图像的分辨率。如果输出一般的写真，分辨率为72像素/英寸即可；如果用于印刷，则分辨率不能低于300像素/英寸；如果是用于制作大型户外广告，分辨率低点也没关系。
- 如果用户要求印刷，则要考虑印刷品与屏幕色彩的巨大差异。因为屏幕的色彩由红、蓝、绿三色发光点组成，印刷品由青、品红、黄、黑四色油墨套色印刷而成。这是两个色彩体系，它们之间总有不兼容的地方。

20.2 效果图的打印与输出

完成作品后，如果要以打印形式输出的话，则需要进行页面设置，即对图像的打印质量、纸张大小和缩放等进行设置。在系统默认状态下，图像会居中打印，如果想将图像打印在页面的其他位置，则必须将其输出至其他排版软件中，重新设置其位置。

20.2.1 打印属性设置

默认情况下，Photoshop软件将打印所有可见的图层或通道，如果只想打印个别的图层或通道，就需要在打印之前将所需打印的图层或通道设置为可见。

在进行正式打印输出之前，必须对其打印结果进行预览。选择菜单栏中的【文件】|【打印】命令，即可弹出【Photoshop打印设置】对话框，如图20-1所示。

图20-1 【Photoshop打印设置】对话框

在【Photoshop打印设置】对话框中，左边的图像框为图像的预览区域，右边为打印参数设置区域，其中包括【位置和大小】、【缩放后的打印尺寸】、【打印机设置】等选项。下面将分别进行介绍。

1. 图像预览区域

在图像预览区域中可以观察图像在打印纸上的打印区域是否合适。

2．位置和大小

图20-2　显示打印选定区域

- 居中：勾选此复选框，表示图像将位于打印纸的中央。一般系统会自动勾选该复选框。
- 顶：表示图像距离打印纸顶边的距离。
- 左：表示图像距离打印纸左边的距离。
- 缩放：表示图像打印的缩放比例，若选中【缩放以适合介质】复选框，则表示Photoshop会自动将图像缩放到合适大小，使图像能满幅打印到纸张上。
- 高度：指打印文件的高度。
- 宽度：指打印文件的宽度。
- 打印选定区域：如果选中该复选框，在预览图中会出现控制点，用鼠标拖动控制点，可以直接拖动调整打印范围，如图20-2所示。

3．打印标记

- 角裁剪标志：选中此复选框，在要裁剪页面的位置打印裁切标记，可以在角上打印裁切标记，如图20-3所示。
- 中心裁剪标志：选择此复选框，可在要裁剪页面的位置打印裁切标记，可在每个边的中心打印裁切标记，以便对准图像中心，如图20-4所示。

图20-3　角裁剪标记

图20-4　中心裁剪标志

- 套准标记：在图像上打印套准标记（包括靶心和星形靶），这些标记主要用于对齐分色，如图20-5所示。
- 说明：打印在【文件简介】对话框中输入的任何说明文本（最多约300个字符）。将始终采用9号Helvetica无格式字体打印说明文本。
- 标签：在图像上方打印文件名。如果打印分色，则将分色名称作为标签的一部分打印。

注意

只有当纸张比打印图像大时，才会打印套准标记、裁切标记和标签。

4．函数

- 药膜朝下：使文字在药膜朝下（胶片或像纸上的感光层背对用户）时可读。正常情况下，打印在纸上的图像是药膜朝上打印的，感光层正对着用户时文字可读。打印在胶片上的图像通常采用药膜朝下的方式打印。
- 负片：打印整个输出（包括所有蒙版和任何背景色）的反相版本。与【图像】菜单中的【反相】命令不同，【负片】选项将输出（而非屏幕上的图像）转换为负片，如图20-6所示。

图20-5　套准标记

图20-6　负片效果

- 背景：选择要在页面上的图像区域外打印的背景色。例如，对于打印到胶片记录仪的幻灯片，黑色或彩色背景可能很理想。要使用该选项，请单击【背景】按钮，然后从拾色器中选择一种颜色，在这里选择黑色，如图20-7所示。这仅是一个打印选项，它不影响图像本身。设置颜色后的背景效果如图20-8所示。

图20-7　设置背景颜色

图20-8　设置背景颜色后的效果

- 边界：在图像周围打印一个黑色边框。单击“边界”按钮，在弹出的【边界】对话框中输入一个数字并选取单位值，指定边框的宽度，如图20-9所示。

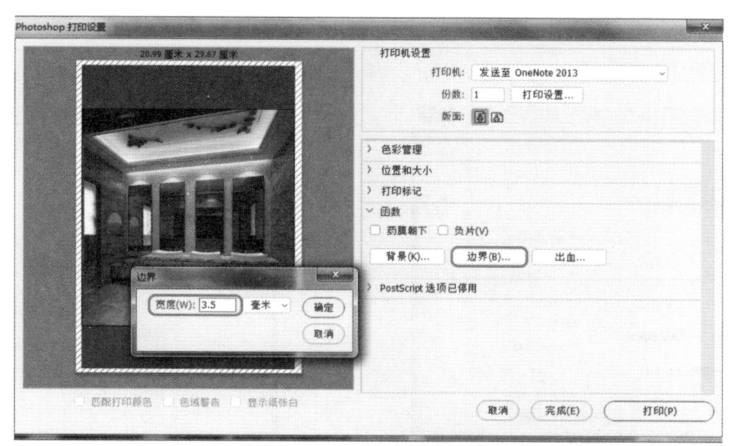

图20-9　设置边界效果

- 出血：在图像内而不是在图像外打印裁切标记。使用此选项可在图形内裁切图像。单击【出血】按钮，在弹出的【出血】对话框中输入一个数字并选取单位值，指定出血的宽度，如图20-10所示。

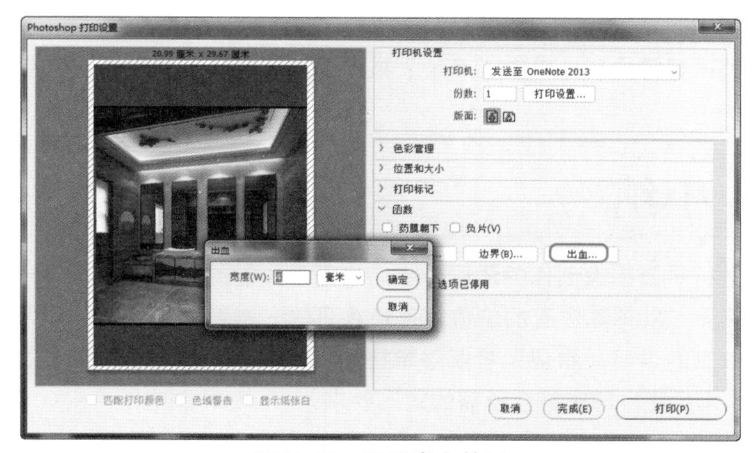

图20-10　设置出血效果

20.2.2　图像的打印设置

继续上一节的设置，单击【Photoshop打印设置】对话框中的【打印】按钮，弹出【打印】对话框，如图20-11所示。

如果用户的计算机上装有多个打印机的驱动程序，可在此对话框的【选择打印机】列表框中选择所用的打印机，当设置确定后，单击【应用】按钮即可应用。

【打印】对话框的【页面范围】选项组中可以设置图像的页面范围，共有以下4个选项。

- 全部：打印整个图像。
- 选定范围：只对图像中选定范围内的图像部分进行打印。
- 当前页面：在文件多页的前提下，选择该单选按钮，只打印当前选择页。
- 页码：在其右侧的文本框中输入打印的起始页与终止页，打印机将只打印此设定页码范围内的图像。

另外，单击对话框中的【首选项】按钮，弹出如图20-12所示的【打印首选项】对话框。

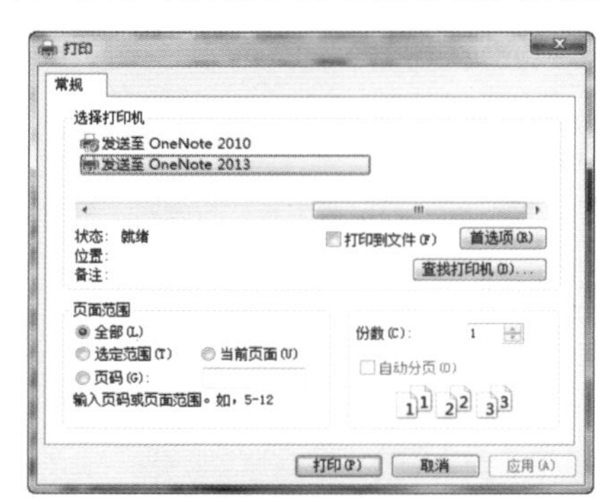

图20-11　【打印】对话框

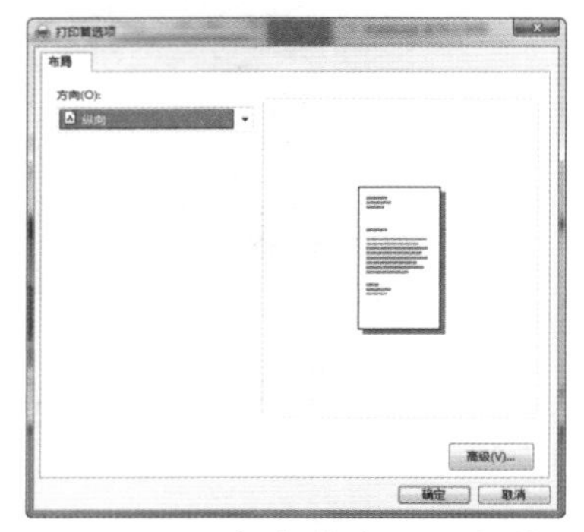

图20-12　【打印首选项】对话框

选择的打印机不一样，出现的打印首选项也会有所不同。

当一切选项都设置完成后，单击【确定】按钮返回【打印】对话框，然后单击【打印】按钮即可进行打印。

20.3　小结

打印输出是进行平面图像创作的最后一步，也是最关键的一步。因为将一幅完美的作品打印出来，被用户接受，发挥其应有的价值，是最终目的。本章主要介绍了图像打印输出方面的一些知识。通过本章的学习，希望读者能够掌握如何在Photoshop软件中修改图像的尺寸和分辨率，并使自己的作品在打印时符合所需的输出要求。